高等院校 CAD/CAM/CAE 规划教材

SolidWorks 2012 中文版

基础应用教程

赵罘　刘玥　张剑峰　等编著

机械工业出版社

本书针对 SolidWorks 2012 中文版系统地介绍了草图建立、特征建模、曲面建模、钣金设计、焊件设计、装配体设计、有限元分析和工程图设计等方面的功能。本书每章先介绍软件的基础知识，再通过一个内容较全面的范例的制作过程讲解具体的操作步骤。本书步骤翔实、图文并茂，引领读者一步一步完成模型的创建，使读者能既快又深入地理解 SolidWorks 软件中的一些抽象的概念和功能。

本书可作为工程技术人员 SolidWorks 软件的自学教程和参考书籍，也可作为大专院校计算机辅助设计课程的指导教材。

本书附光盘一张，包含本书的实例文件、各章的 PPT 演示文件和操作视频录像文件。

图书在版编目（CIP）数据

SolidWorks 2012 中文版基础应用教程 / 赵罘，刘玥，张剑峰等编著. —北京：机械工业出版社，2012.6（2017.7 重印）
高等院校 CAD/CAM/CAE 规划教材
ISBN 978-7-111-38609-4

Ⅰ．①S⋯　Ⅱ．①赵⋯②刘⋯③张⋯　Ⅲ．①计算机辅助设计－应用软件－高等学校－教材　Ⅳ．①TP391.72

中国版本图书馆 CIP 数据核字（2012）第 114996 号

机械工业出版社（北京市百万庄大街 22 号　邮政编码 100037）
责任编辑：张宝珠
责任印制：李　昂
北京瑞德印刷有限公司印刷（三河市胜利装订厂装订）
2017 年 7 月第 1 版第 3 次印刷
184mm×260mm · 22 印张 · 546 千字
4501—5700 册
标准书号：ISBN 978-7-111-38609-4
　　　　　ISBN 978-7-89433-579-1（光盘）
定价：49.80 元（含 1DVD）

前　　言

SolidWorks 公司是一家专业从事三维机械设计、工程分析、产品数据管理软件研发和销售的国际性公司。其产品 SolidWorks 以参数化特征造型为基础，具有功能强大、易学、易用等特点，极大地提高了机械设计工程师的设计效率和设计质量，是目前最优秀的中档三维 CAD 软件之一。其最新版本中文版 SolidWorks 2012 针对设计中的多项功能进行了大量的补充和更新，使设计过程更加便捷。

本书的笔者长期从事 SolidWorks 专业设计和教学，对 SolidWorks 有较深入的了解，并积累了大量的实际工作经验。为了使读者能够更好地学习和掌握软件，同时尽快熟悉中文版 SolidWorks 2012 的各项功能，对本书的主要内容做了如下安排：

（1）软件基础知识，包括 SolidWorks 基本功能、操作方法和常用模块的功用。

（2）草图建立，讲解草图的绘制和修改方法。

（3）特征建模，讲解 SolidWorks 软件大部分的特征建模命令。

（4）装配体设计，讲解装配体的具体设计方法和步骤。

（5）工程图制作，讲解工程图的制作过程。

（6）动画设计，讲解动画制作的具体设计方法和步骤。

（7）曲线与曲面建模，讲解曲线和曲面模型的建立过程。

（8）钣金建模，讲解钣金的建模过程。

（9）焊件建模，讲解焊件的建模过程。

（10）线路设计，讲解电路电缆的布线设计过程

（11）图片制作，讲解图片渲染的制作过程。

（12）计算机模拟分析，讲解有限元分析的方法和过程。

本书配备了多媒体教学光盘，将案例制作过程制作成多媒体进行讲解，方便读者学习使用。同时光盘中还提供了各章的 PPT 演示文件和所有实例的源文件，按章节放置，以便读者练习使用。

本书主要由赵罘、刘玥、张剑峰编写，参加编写的还有王平、刘晔辉、孟春玲、郑玉彬、龚堰珏、薛宝华、张艳婷、刘玢、刘良宝、李耀明、于勇、苏彬、刘奇荣、张妍等。

本书适用于 SolidWorks 的初、中级用户，可以作为理工科高等院校相关专业的学生用书和 CAD 专业课程实训教材、技术培训教材，也适用于工业、企业的产品开发和技术部门人员。

由于水平有限，书中难免会有疏漏和不足之处，恳请广大读者提出宝贵意见，电子邮箱是 zhaoffu@163.com。

编　者

目　录

第1章　SolidWorks 基础

1.1　SolidWorks 概述

SolidWorks 是一个在 Windows 环境下进行机械设计的软件，是一个以设计功能为主的 CAD/CAE/CAM 软件。其界面操作完全使用 Windows 风格，具有人性化的操作界面，从而具备使用简单、操作方便的特点。

SolidWorks 是一个基于特征、参数化的实体造型系统，具有强大的实体建模功能，同时也提供了二次开发的环境和开放的数据结构。SolidWorks 操作界面如图 1-1 所示。

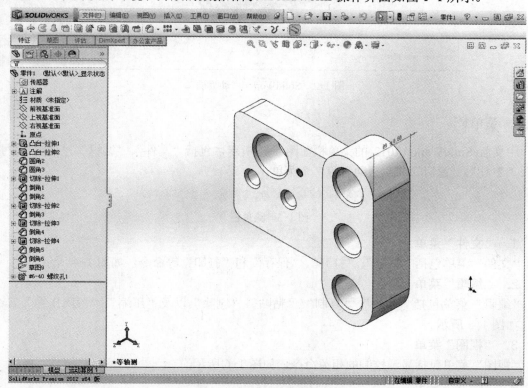

图 1-1　SolidWorks 操作环境

SolidWorks 是美国 SolidWorks 公司开发的三维 CAD 产品，是实行数字化设计的造型软件，在国际上已得到广泛的应用。它同时具有开放的系统，在添加了各种插件后，可实现产品的三维建模、装配校验、运动仿真、有限元分析、加工仿真、数控加工及加工工艺的制订，以保证产品从设计、工程分析、工艺分析、加工模拟、产品制造过程中的数据的一致性，从而真正实现产品的数字化设计和制造，并大幅度提高产品的设计效率和质量。

1.1.1　工作环境简介

安装 SolidWorks 后，在 Windows 的操作环境下，选择"开始"|"程序"|"SolidWorks 2012"|"SolidWorks 2012"命令，或者在桌面双击 SolidWorks 2012 的快捷方式图标，就可以启动 SolidWorks 2012，也可以直接双击打开现有的 SolidWorks 文件，启动 SolidWorks 2012。SolidWorks 启动界面如图 1-2 所示。

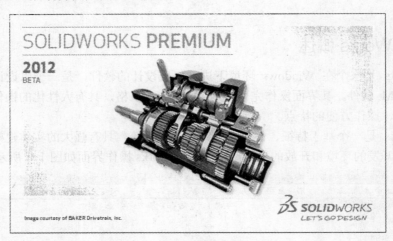

图 1-2　SolidWorks 启动界面

1.1.2　菜单栏

中文版 SolidWorks 2012 的菜单栏如图 1-3 所示，包括"文件"、"编辑"、"视图"、"插入"、"工具"、"窗口"和"帮助"等 7 个菜单。

文件(F)　编辑(E)　视图(V)　插入(I)　工具(T)　窗口(W)　帮助(H)

图 1-3　菜单栏

1．"文件"菜单

"文件"菜单包括"新建"、"打开"、"保存"和"打印"等命令，如图 1-4 所示。

2．"编辑"菜单

"编辑"菜单包括"剪切"、"复制"、"粘贴"、"删除"以及"压缩"、"解除压缩"等命令，如图 1-5 所示。

3．"视图"菜单

"视图"菜单包括显示控制的相关命令，如图 1-6 所示。

4．"插入"菜单

"插入"菜单包括"凸台/基体"、"切除"、"特征"、"阵列/镜向"、"扣合特征"、"曲面"、"钣金"、"模具"等命令，如图 1-7 所示。这些命令也可以通过"特征"工具栏中相对应的按钮来实现。

5．"工具"菜单

"工具"菜单包括多种工具命令，如"草图工具"、"几何关系"、"测量"、"质量特性"、"检查"等，如图 1-8 所示。

图 1-4 "文件"菜单

图 1-5 "编辑"菜单

图 1-6 "视图"菜单

6. "窗口"菜单

"窗口"菜单包括"视口"、"新建窗口"、"层叠"等命令,如图 1-9 所示。

图 1-7 "插入"菜单

图 1-8 "工具"菜单

图 1-9 "窗口"菜单

7. "帮助"菜单

"帮助"菜单命令（如图 1-10 所示）可以提供各种信息查询，例如，"SolidWorks 帮助"命令可以展开 SolidWorks 软件提供的在线帮助文件，"API 帮助主题"命令可以展开 SolidWorks 软件提供的 API（应用程序界面）在线帮助文件。这些均可作为用户学习中文版 SolidWorks 2012 的参考。

此外，用户还可以通过快捷键访问菜单命令或者自定义菜单命令。在 SolidWorks 的绘图区中单击鼠标右键，可以激活与上下文相关的快捷菜单，如图 1-11 所示。快捷菜单可以在图形区域、"FeatureManager（特征管理器）设计树"中使用。

图 1-10 "帮助"菜单

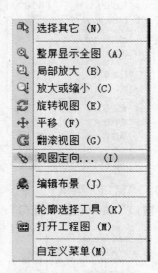

图 1-11 快捷菜单

1.1.3 工具栏

工具栏位于菜单栏的下方，一般分为两排，用户可以根据需要自定义工具栏的位置和显示内容。

（1）"标准"工具栏

"标准"工具栏如图 1-12 所示。这是一个简化后的工具栏，将鼠标指针停放在工具按钮上面，就出现该工具按钮的使用说明，其他和 Windows 的使用方法是一样的，这里就不再说明，读者可以在操作的过程中熟悉。

图 1-12 "标准"工具栏

下面列出部分工具按钮的说明含义。

● "从零件/装配体制作工程图"：生成当前零件或装配体的新工程图。
● "从零件/装配体制作装配体"：生成当前零件或装配体的新装配体。
● "重建模型"：重建零件、装配体或工程图。

- ▣ "系统选项"对话框：更改 SolidWorks 选项的设定。
- ▦ "颜色"属性管理器：将颜色应用到模型中的实体。
- ▤ "材质编辑器"：将材料及其物理属性应用到零件。
- ▦ "纹理"属性管理器：将纹理应用到模型中的实体。
- ⊻ "过滤器"工具栏：切换到"过滤器"工具栏的显示。
- ▯ "选择"按钮：用来选择草图实体、边线、顶点、零部件等。

（2）"视图"工具栏

"视图"工具栏如图 1-13 所示，用于控制模型的显示。

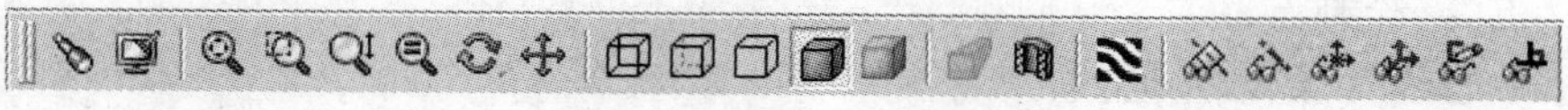

图 1-13 "视图"工具栏

下面列出部分工具按钮的说明含义。

- ◐ "确定视图的方向"：显示一对话框来选择标准或用户定义的视图。
- ◉ "整屏显示全图"：缩放模型以符合窗口的大小。
- ◉ "局部放大图形"：将选定的部分放大到屏幕区域。
- ◉ "放大"或"缩小"：按住鼠标左键上下移动鼠标来放大或缩小视图。
- ◉ "旋转视图"：按住鼠标左键拖动鼠标来旋转视图。
- ✛ "平移视图"：按住鼠标左键拖动图形的位置。
- ▣ "线架图"：显示模型的所有边线。
- ▤ "带边线上色"：以其边线显示模型的上色视图。
- ▥ "剖面视图"：使用一个或多个横断面基准面生成零件或装配体的剖切。
- ≋ "斑马条纹"：显示斑马条纹，可以看到以标准显示很难看到的条纹图。
- ⬡ "观阅基准面"：控制基准面显示的状态。
- ⬠ "观阅基准轴"：控制基准轴显示的状态。
- ✛ "观阅原点"：控制原点显示的状态。
- ✛ "观阅坐标系"：控制坐标系显示的状态。
- ✎ "观阅草图"：控制草图显示的状态。
- ✛ "观阅草图几何关系"：控制草图几何关系显示的状态。

（3）"草图绘制"工具栏

"草图绘制"工具栏包含了与草图绘制有关的大部分功能，其中的工具按钮很多，在这里只介绍一部分比较常用的功能，如图 1-14 所示。

图 1-14 "草图绘制"工具栏

下面列出部分工具按钮的说明含义。

- ✎ "草图绘制"：绘制新草图，或者编辑现有草图。

- ◇ "智能尺寸"：为一个或多个实体生成尺寸。
- ↘ "直线"：绘制直线。
- ▢ "矩形"：绘制矩形。
- ⊙ "多边形"：绘制多边形，在绘制多边形后可以更改边数。
- ⊙ "圆"：绘制圆，选择圆心并移动鼠标设定其半径。
- ▨ "圆心/起点/终点画弧"：绘制中心点圆弧。
- ⊘ "椭圆"：绘制一个完整的椭圆，选择椭圆中心并移动鼠标设定长轴和短轴。
- ∿ "样条曲线"：绘制样条曲线，单击鼠标添加形成曲线的样条曲线点。
- ✳ "点"：绘制点。
- ┊ "中心线"：绘制中心线。
- 🅰 "文字"：绘制文字，可在面、边线及草图实体上绘制文字。
- ⌐ "绘制圆角"：在两个草图相交点处生成切线弧。
- ↘ "绘制倒角"：在两个草图实体交叉点添加一个倒角。
- ⅎ "等距实体"：生成一个与草图实体相等距离的草图。
- ▣ "转换实体引用"：将模型上所选的边线转换为草图实体。
- ✂ "裁剪实体"：裁剪一个草图实体。
- ⬚ "移动实体"：移动草图实体和注解。
- ⬚ "旋转实体"：旋转草图实体和注解。
- ⬚ "复制实体"：复制草图实体和注解。
- 🅰 "镜像实体"：沿中心线镜像所选的实体。
- ▦ "线性草图阵列"：添加草图实体的线性阵列。
- ⁛ "圆周草图阵列"：添加草图实体的圆周阵列。

（4）"尺寸/几何关系"工具栏

"尺寸/几何关系"工具栏用于标注各种控制尺寸和添加的各个对象之间的相对几何关系，如图 1-15 所示。下面简要说明各工具按钮的作用。

- ◇ "智能尺寸"：为一个或多个实体生成尺寸。
- ⊟ "水平尺寸"：在所选实体之间生成水平尺寸。
- ⊡ "垂直尺寸"：在所选实体之间生成垂直尺寸。
- ◈ "尺寸链"：从工程图或草图的横纵轴生成一组尺寸。
- ⊞ "水平尺寸链"：在工程图或草图中生成的水平尺寸链。
- ⊟ "垂直尺寸链"：在工程图或草图中生成的垂直尺寸链。
- ◈ "自动标注尺寸"：在草图和模型的边线之间生成适合定义草图的自动尺寸。
- ⊥ "添加几何关系"：控制带约束的实体。
- ⌐ "自动几何关系"：打开或关闭自动添加几何关系。
- ⬚ "显示/删除几何关系"：显示和删除几何关系。
- ＝ "搜寻相等关系"：在草图上搜寻具有等长或等半径的实体。

（5）"参考几何体"工具栏

"参考几何体"工具栏提供生成与使用参考几何体的工具，如图 1-16 所示。

图 1-15 "尺寸/几何关系" 工具栏    图 1-16 "参考几何体" 工具栏

下面简要说明各工具按钮的作用。

● ◈ "基准面"：添加一个参考基准面。
● ＼ "基准轴"：添加一个参考轴。
● ⊥ "坐标系"：为零件或装配体定义一个坐标系。
● ＊ "点"：添加一个参考点。
● ◨ "配合参考"：为使用自动配合指定作为参考的实体。

（6）"特征" 工具栏

"特征" 工具栏提供生成模型特征的工具，如图 1-17 所示。

图 1-17 "特征" 工具栏

下面列出部分工具按钮的说明含义。

● ◉ "拉伸凸台/基体"：以一个或两个方向拉伸一个草图来生成一个实体。
● ⊕ "旋转凸台/基体"：绕轴心旋转一个草图来生成一个实体特征。
● ◉ "扫描"：沿路径通过扫描闭合轮廓来生成实体特征。
● ◬ "放样凸台/基体"：在两个或多个轮廓之间添加材质来生成实体特征。
● ◉ "拉伸切除"：以一个或两个方向拉伸所绘制的轮廓来切除一个实体模型。
● ◨ "旋转切除"：通过绕轴心旋转绘制的轮廓来切除实体模型。
● ◉ "扫描切除"：沿路径通过扫描闭合轮廓来切除实体模型。
● ◨ "放样切除"：在两个或多个轮廓之间通过移除材质来切除实体模型。
● ◔ "圆角"：沿实体的一条或多条边线来生成圆形内部面或外部面。
● ◔ "倒角"：沿边线、一串切边或顶点生成一条倾斜的边线。
● ◭ "筋"：给实体添加薄壁支撑。
● ◉ "抽壳"：从实体移除材料来生成一个薄壁特征。
● ◉ "简单直孔"：在平面上生成圆柱孔。
● ◉ "异型孔向导"：用预先定义的剖面插入孔。
● ◙ "孔系列"：在装配体中插入一系列孔。
● ◔ "特型"：通过扩展、约束及紧缩将变形曲面添加到平面或非平面上。
● ◉ "弯曲"：弯曲实体和曲面实体。
● ▦ "线性阵列"：以一个或两个线性方向阵列特征、面及实体。
● ◈ "圆周阵列"：绕轴心阵列特征、面及实体。
● ◙ "镜向"：绕面或基准面镜向特征、面及实体。
● ▩ "移动/复制实体"：移动、复制并旋转实体和曲面实体。

（7）"工程图" 工具栏

"工程图" 工具栏提供对齐尺寸及生成工程视图的工具，如图 1-18 所示。

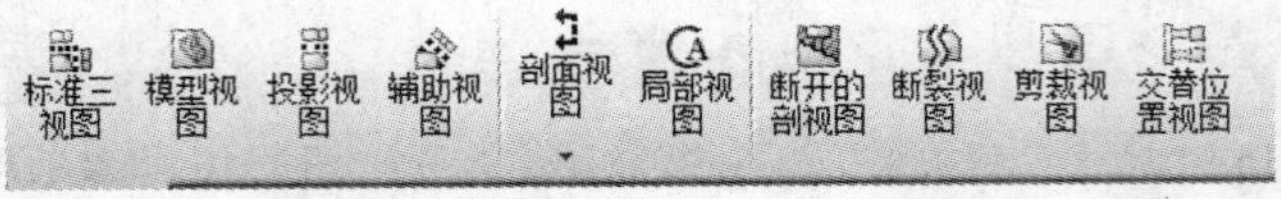

图 1-18 "工程图"工具栏

下面简要说明各工具按钮的作用。

- "标准三视图"：添加三个标准、正交视图。视图的方向可以为第一角或第三角。
- "模型视图"：根据现有零件或装配体添加正交或命名视图。
- "投影视图"：从一个已经存在的视图生成一个投影视图。
- "辅助视图"：从一个线性实体通过展开一个新视图而添加一个视图。
- "剖面视图"：以剖面线切割父视图来添加一个剖面视图。
- "旋转剖视图"：使用在一个角度连接的两条直线来添加对齐的剖面视图。
- "局部视图"：添加一个局部视图来显示一个视图的某部分，通常是放大比例显示的。
- "断开的剖视图"：添加一个显露模型内部细节的视图。
- "断裂视图"：将视图断裂，省略不必要的部分。
- "剪裁视图"：剪裁现有视图以只显示视图的一部分。
- "交替位置视图"：添加模型另一配置的视图。

（8）"装配体"工具栏

"装配体"工具栏用于控制零部件的管理、移动及其配合，如图 1-19 所示：

图 1-19 "装配体"工具栏

下面简要说明各工具按钮的作用。

- "插入零部件"：添加一个现有零件或子装配体到装配体。
- "新零件"：生成一个新零件并插入到装配体中。
- "新装配体"：生成新装配体并插入到当前的装配体中。
- "大型装配体"：为此文件切换大型装配体模式。
- "隐藏/显示零部件"：隐藏或显示零部件。
- "更改透明度"：在 0~75%切换零部件的透明度。
- "改变压缩状态"：压缩或还原零部件。压缩的零部件不在内存中装入。
- "编辑零部件"：显示编辑零部件和主装配体之间的状态。
- "无外部参考"：外部参考在生成或编辑关联特征时不会生成。
- "智能扣件"：使用 SolidWorks Toolbox 标准件库将扣件添加到装配体中。
- "制作智能零部件"：随相关联的零部件或特征定义智能零部件。
- "配合"：定位两个零部件使之相互配合。
- "移动零部件"：在由其配合所定义的自由度内移动零部件。
- "旋转零部件"：在由其配合所定义的自由度内旋转零部件。
- "替换零部件"：以零件或子装配体替换零部件。

- ● 🔲 "替换配合实体"：替换所选零部件的配合实体。
- ● 🔲 "爆炸视图"：将零部件分离成爆炸视图。
- ● 🔲 "爆炸直线草图"：添加或编辑显示爆炸的零部件之间几何关系的三维草图。
- ● 🔲 "干涉检查"：检查零部件之间的任何干涉。
- ● 🔲 "装配体透明度"：设定零部件的透明度。
- ● 🔲 "模拟工具栏"：显示或隐藏模拟工具栏。

（9）退回控制棒

在造型时，有时需要在中间增加新的特征或者需要编辑某一特征，这时就可以利用退回控制棒，将退回控制棒移动到要增加特征或者编辑的特征下面，将模型暂时恢复到其以前的一个状态，并压缩控制棒下面的那些特征，压缩后的特征在特征设计树中变成灰色，而新增加的特征在特征设计树中位于被压缩的特征的上面。

操作方法：将鼠标指针放到特征设计树下方的一条黄线上，鼠标指针由 🖱 变成 🖱 后，单击鼠标，黄线就变成蓝线了，然后移动 🖱 向上，拖动蓝线到要增加或者编辑的特征的下方，即可在图形区显示去掉后面的特征的图形，此时设计树中控制棒下面的特征变成灰色，如图 1-20 所示。做完后，可以继续拖动 🖱 向下到最后，就可以显示所有的特征了。还可以在要增加或者编辑的特征的下面，单击鼠标右键，出现快捷菜单，选择"退回"选项，即可回退到这个特征之前的造型。同样如果编辑结束后，也可使用鼠标右键单击退回控制棒下面的特征，出现如图 1-21 所示的快捷菜单，选择其中一个选项即可。

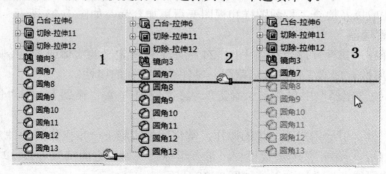

图 1-20　退回控制棒的使用流程

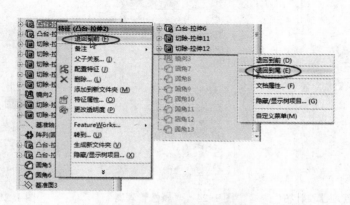

图 1-21　退回控制棒的快捷菜单

1.1.4 状态栏

状态栏显示正在操作中的对象所处的状态，如图 1-22 所示。

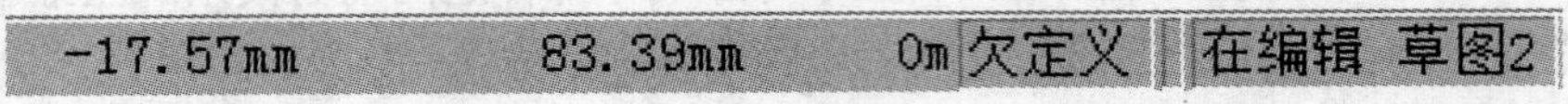

| -17.57mm | 83.39mm | 0m | 欠定义 | 在编辑 草图2 |

图 1-22 状态栏

状态栏中提供的信息如下：
- 当用户将鼠标指针拖动到工具按钮上或者单击菜单命令时进行简要说明。
- 如果用户对要求重建的草图或者零件进行更改，显示"重建模型" ⑧ 图标。
- 当用户进行草图相关操作时，显示草图状态及鼠标指针的坐标。
- 为所选实体进行常规测量，如边线长度等。

1.1.5 管理器窗口

管理器窗口包括 ⊛ "特征管理器设计树"、⊟ "PropertyManager（属性管理器）"、⊞ "ConfigurationManager（配置管理器）"和 ⊕ "公差分析管理器"和 ⊜ "显示管理" 5 个选项卡，其中"特征管理器设计树"和"属性管理器"使用比较普遍，下面进行详细介绍。

1. "特征管理器设计树"

"特征管理器设计树"可以提供激活零件、装配体或者工程图的大纲视图，使观察零件或者装配体的生成以及检查工程图图样和视图变得更加容易，如图 1-23 所示。

2. "属性管理器"

当用户选择在"属性管理器"（如图 1-24 所示）中所定义的实体或者命令时，弹出相应的属性设置。"属性管理器"可以显示草图、零件或者特征的属性。

1）在"属性管理器"中包含 ✔ "确定"、✖ "取消"、❓ "帮助"、➡ "保持可见"等按钮。

2）"信息"框：引导用户下一步的操作，常常列举实施下一步操作的各种方法。

3）选项组框：一组相关的参数设置，带有组标题（如"方向 1"等），单击 ⊗ 或者 ⊛ 箭头图标，可以扩展或者折叠选项组，如图 1-25 所示。

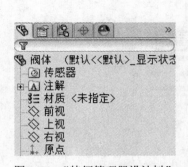

图 1-23 "特征管理器设计树"

图 1-24 "属性管理器"

图 1-25 选项组框

4）选择框：在其中选择任一项目时，所选项在图形区域中
高亮显示。如果需要从中删除选择项目，用鼠标右键单击该项
目，并在弹出的菜单中选择"删除"命令（针对某一项目）或者
选择"消除选择"命令（针对所有项目），如图1-26所示。

图1-26 删除选择项目的
快捷菜单

5）分隔条：可以控制"属性管理器"窗口的显示，将"属
性管理器"与图形区域分开。如果将其来回拖动，则分隔条在
"属性管理器"显示的最佳宽度处捕捉到位，如图1-27所示。

图1-27 分隔条

1.1.6 任务窗口

任务窗口包括"SolidWorks 资源"、"设计库"、"文件探索器"、"搜索"、"查看调色板"
等选项卡，如图1-28和图1-29所示。

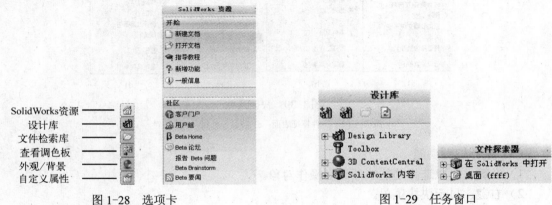

图1-28 选项卡　　　　　　　　　　　　　　　　　图1-29 任务窗口

1.1.7 快捷键和快捷菜单

使用快捷键、快捷菜单和鼠标是提高作图速度及其准确的重要方式。下面主要介绍 SolidWorks 快捷命令的使用和鼠标的特殊用法。

（1）快捷键

快捷键的使用和 Windows 的快捷方式基本上一样，用〈Ctrl〉键+字母，就可以进行快捷操作，这里就不详细介绍了。

（2）快捷菜单

在没有执行命令时，常用的快捷菜单有 4 种：一个是图形区的，一个是零件特征表面的，一个是特征设计树里面单击其中一个特征，还有就是工具栏里面的，单击鼠标右键后就出现如图 1-30 所示的快捷菜单。在有命令执行时，单击不同的位置，也会出现不同的快捷菜单。

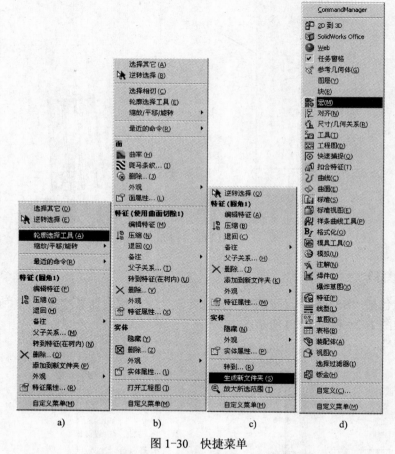

图 1-30 快捷菜单

a) 图形区 b) 零件特征表面 c) 特征设计树 d)工具栏

（3）鼠标按键功能

1）左键：可以选择功能选项或者操作对象。

2）右键：显示快捷菜单。

3）中键：只能在图形区使用，一般用于旋转、平移和缩放。在零件图和装配体的环境下，按住鼠标中键不放，移动鼠标就可以实现旋转；在零件图和装配体的环境下，先按住〈Ctrl〉键，然后按住鼠标中键不放，移动鼠标就可以实现平移；在工程图的环境下，按住鼠标中键，移动鼠标就可以实现平移；先按住〈Shift〉键，然后按住鼠标中键移动鼠标就可以实现缩放，如果是带滚轮的鼠标，直接转动滚轮就可以实现缩放。

1.1.8 模块简介

在 SolidWorks 软件里有零件建模、装配体、工程图等基本模块，因为 SolidWorks 软件是一套基于特征的、参数化的三维设计软件，符合工程设计思维，并可以与 CAMWorks 及 DesignWork 等模块构成一套设计与制造结合的 CAD/CAM/CAE 系统，使用它可以提高设计精度和设计效率。

特征是指可以用参数驱动的实体模型，是一个实体或者零件的具体构成之一，对应一个形状，具有工程上的意义，因此，这里的基于特征就是零件模型是由各种特征生成的，零件的设计其实就是各种特征的叠加。参数化是指对零件上各种特征分别进行各种约束，各个特征的形状和尺寸大小用变量参数来表示，其变量可以是常数，也可以是代数式；若一个特征的变量参数发生变化，则这个零件的这一个特征的几何形状或者尺寸大小将发生变化，与这个参数有关的内容都自动改变，用户不需要自己修改。这里介绍一下零件建模、装配体、工程图等基本模块的特点。

（1）零件建模

SolidWorks 提供了基于特征的、参数化的实体建模功能，可以通过特征工具进行拉伸、旋转、抽壳、阵列、拉伸切除、扫描、扫描切除、放样等操作完成零件的建模。建模后的零件，可以生成零件的工程图，还可以插入装配体中形成装配关系，并且生成数控代码，直接进行零件加工。

（2）装配体

在 SolidWorks 中自上而下生成新零件时，要参考其他零件并保持这种参数关系。在装配环境里，可以方便地设计和修改零部件。在自下而上的设计中，可利用已有的三维零件模型，将两个或者多个零件按照一定的约束关系进行组装，形成产品的虚拟装配，还可以进行运动分析、干涉检查等，因此可以形成产品的真实效果图。

（3）工程图

利用零件及其装配实体模型，可以自动生成零件及装配的工程图，需要指定模型的投影方向或者剖切位置等，就可以得到需要的图形，且工程图是全相关的，当修改图纸的尺寸时，零件模型、各个视图、装配体都自动更新。

1.2 SolidWorks 技能点拨

1.2.1 SolidWorks 基础概念

1）SolidWorks 模型由零件或装配体文档中的三维实体几何体组成。

2）工程图是从模型或通过在工程图文档中绘图而创建出来的。

3）通常从绘制草图开始，然后生成一个基体，并在模型上添加更多的特征（还可以从输入的曲面或几何实体开始）。

4）可以添加特征，编辑特征以及将特征重新排序进一步完善设计。

5）由于零件、装配体及工程图的相关性，所以当其中一个文档或视图改变时，其他所有文档和视图也相应地改变自动。

6）随时可以在设计过程中生成工程图或装配体。

7）执行"工具"|"选项"命令会显示"系统选项和文件属性"窗口，对系统选项或文件属性进行设置。

8）SolidWorks 软件以自动恢复为保存工作，也可以选择通过提示保存的操作。

1.2.2　SolidWorks 的设计思路

在 SolidWorks 中，一个实体模型是由草图特征和应用特征这两种特征构成的，而草图特征是从草图创建得来的特征，如凸台/基体、切除等。其绘图思路一般是创建绘图基准面→绘制草图→标注尺寸及限制条件→实体造型。

应用特征是在已经创建的特征上加入修饰性特征，如倒角、薄壳、镜向等。其绘图思路是选择特征功能→选择操作对象→编辑变量。

1.2.3　SolidWorks 的建模技术

（1）SolidWorks 建模技术概况

SolidWorks 软件有零件、装配体、工程图三个主要模块，和其他三维 CAD 一样，都是利用三维的设计方法建立三维模型。新产品在研制开发的过程中，需要经历三个阶段，即方案设计阶段、详细设计阶段和工程设计阶段。

根据产品研制开发的三个阶段，SolidWorks 软件提供了两种建模技术，一种是基于设计过程的建模技术，就是自顶向下建模；另一种是根据实际应用情况，一般三维 CAD 开始于详细设计阶段的，其建模技术就是自底向上建模。

（2）自顶向下建模

自顶向下建模是符合一般设计思路的建模技术，在当今这种建模方式逐渐趋于成熟。它是一种在装配环境下进行零件设计的，可以利用 ▢ "转换实体引用"按钮，将已经生成的零件的边、环、面、外部草图曲线、外部草图轮廓、一组边线或者一组外部草图曲线等投影到草图基准面中，在草图上生成一个或者多个实体，这样可以避免发生因单独进行零件设计可能造成的尺寸等各方面的冲突。

根据产品研制开发的三个阶段，SolidWorks 软件提供了两种建模技术。

一种是基于设计过程的建模技术，这是一种比较彻底的自顶向下的建模方法。首先在装配环境下绘制一个描述各个零件轮廓和位置关系的装配草图，然后在这个装配环境下进入零件编辑状态，绘制草图轮廓，草图轮廓要同装配草图尺寸一致，利用 ▢ "转换实体引用"按钮操作，这样零件草图同装配草图形成父子关系，改变装配草图，就会改变零件的尺寸。在装配环境下，其过程如下：

装配草图→零件草图→零件→装配体。

另一个比较实用的是自顶向下的建模方式。首先选择一些在装配体中关联关系少的零件，建立零件草图，生成零件模型，然后在装配环境下，插入这些零件，并设置它们之间的装配关系，参照这些已有的零件尺寸，生成新的零件模型，完成装配体。这样也可以避免零件间的冲突。在装配环境下，其过程如下：

零件草图→零件（部分）→装配（部分）→生成新零件草图→生成新零件→装配（完整）

（3）自底向上建模

对于自顶向下建模方式虽然是符合一般设计思路，但是在目前环境下，实现这种建模方式还不是很理想。方案设计阶段主要是由工程技术人员根据经验来进行设计的，目前的三维CAD 软件一般都是在详细设计阶段介入的，SolidWorks 常用在以零件为基础进行建模的，这就是自底向上建模技术，也就是先建立零件，再装配。SolidWorks 的参数化功能可以根据情况随时改变零件的尺寸，而且其零件、装配体和工程图之间相互关联的，可以在任何一个模块中进行尺寸的修改，所有的模块的尺寸都改变，这样可以大大地减少设计人员的工作量。在建立零件模型后，可以在装配环境下直接装配，生成装配体；然后单击🔲"干涉检查"按钮，进行检查，若有干涉，可以直接在装配环境下编辑零件，完成设计。自底向上建模技术的过程如下：

零件草图→零件→装配体

1.2.4　SolidWorks 的实用技巧

1）可以使用〈Ctrl+TAB〉组合键循环进入在 SolidWorks 中打开的文件。

2）可以使用方向键旋转模型。按〈Ctrl〉键加上方向键可以移动模型，按〈Alt〉键加上方向键可以将模型沿顺时针或逆时针方向旋转。

3）使用〈Z〉键来缩小模型或使用〈Shift + Z〉快捷键来放大模型。

4）可以使用工作窗口底边和侧边的窗口分隔条，同时观看两个或多个同一个模型的不同视角。

5）可以按住〈Ctrl〉键并且拖动一个参考基准面来快速地复制出一个等距基准面，然后在此基准面上双击鼠标以精确地指定距离尺寸。

6）可以在特征设计树上以拖动放置方式来改变特征的顺序。

7）完全定义的草图将会以黑色显示所有的实体，若有欠定义的实体则以蓝色显示。

8）可以使用〈Ctrl+R〉组合键重画或重绘画面。

9）当输入一个尺寸数值的时候，可以使用数学式或三角函数式来操作。

10）可以在一个装配体中隐藏或压缩零部件或特征。隐藏一个零部件或特征将可以使其看不见，而压缩就是从激活的装配体中将其功能性地移除，但并未删除它。

11）可以从一个剖面视图中生成一个投影视图。

12）若要将尺寸文字置于尺寸界线的中间，可以在该尺寸上单击鼠标右键，并且选择文字对中的命令。

13）可以使用设计树中的配置来控制零件的颜色。

14）SolidWorks 在其官方网站的支持部分设有常见问题解答以及详细的技术提示知识库。用户只需登录到 www.solidworks.com 的支持部分，然后选择知识库即可。

15）SolidWorks 设有一广泛的范例模型库。这些范例设在 SolidWorks 网站支持部分的模型库内。这些模型可供 SolidWorks 订购用户免费下载，登录到 www.solidworks.com 的支持部分，然后选择模型库。

第2章　参考几何体

参考几何体是 SolidWorks 中的重要概念，又被称为基准特征，是创建模型的参考基准。在较复杂的零件设计中，经常需要使用参考几何体作为建模的参考基准。参考几何体工具按钮集中在"参考几何体"工具栏中，主要有 ◇ "基准面"、◥ "基准轴"、♣ "坐标系"、※ "点"等 4 种基本参考几何体类型。

参考几何体属于辅助特征，没有体积和质量等物理属性，显示与否不影响其他零部件的显示。当辅助特征过多时，屏幕会显得过于凌乱，所以一般在需要时才显示参考几何体，不需要时则将它们隐藏起来。

2.1　参考点

SolidWorks 可以生成多种类型的参考点以用做构造对象，还可以在彼此间以指定距离分割的曲线来生成指定数量的参考点。通过选择"视图"｜"点"菜单命令，切换参考点的显示。

单击"参考几何体"工具栏中的 ※ "点"按钮（或者选择"插入）｜"参考几何体"｜"点"菜单命令），在"属性管理器"中弹出"点"的属性设置，如图 2-1 所示。

在"选择"选项组中，单击 ▣ "参考实体"选择框，在图形区域中选择用以生成点的实体；选择要生成的点的类型，其中包括以下几种类型。

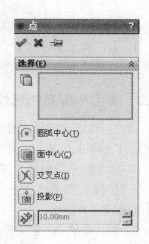

图 2-1　"点"的属性设置

- ◉ "圆弧中心"：在圆弧的中心处生成一个点。
- ▣ "面中心"：在面的中心处生成一个点。
- ✕ "交叉点"：在线的交点处生成一个点。
- ▣ "投影"：在点到面的投影处生成一个点。
- ✗ "沿曲线距离或多个参考点"：可以沿边线、曲线或者草图线段生成一组参考点，输入距离或者百分比数值。如果输入的数值对于生成所指定的参考点数太大，则会出现信息提示设置较小的数值。其中包括以下几个选项。

- ● "距离"：按照设置的距离生成参考点数。
- ● "百分比"：按照设置的百分比生成参考点数。
- ● "均匀分布"：在实体上均匀分布的参考点数。
- ● "参考点数"：设置沿所选实体生成的参考点数。

2.2 参考坐标系

SolidWorks 使用带原点的坐标系统，零件文件包含原点。当用户选择基准面或者打开一个草图并选择某一面时，将生成一个新的原点，与基准面或者面对齐。原点可以用做草图实体的定位点，并有助于定向轴心透视图。三维的视图引导可以令用户快速定向到零件和装配体文件中的 X、Y、Z 轴方向。

参考坐标系的作用归纳起来有以下几点。

1）方便 CAD 数据的输入与输出。当 SolidWorks 三维模型被导出为 IGES、FEA、STL 等格式时，此三维模型需要设置参考坐标系；同样，当 IGES、FEA、STL 等格式模型被导入到 SolidWorks 中时，也需要设置参考坐标系。

2）方便计算机辅助制造。当 CAD 模型被用于数控加工，在生成刀具轨迹和 NC 加工程序时需要设置参考坐标系。

3）方便质量特征的计算。计算零部件的转动惯量、质心时需要设置参考坐标系。

4）在装配体环境中方便进行零件的装配。

2.2.1 原点

零件原点显示为蓝色，代表零件的（0，0，0）坐标。当草图处于激活状态时，草图原点显示为红色，代表草图的（0，0，0）坐标。用户可以将尺寸标注和几何关系添加到零件原点中，但不能添加到草图原点中。

1）⌐：蓝色，表示零件原点，每个零件文件中均有一个零件原点。

2）⌐：红色，表示草图原点，每个新草图中均有一个草图原点。

3）⌐：表示装配体原点。

4）人：表示零件和装配体文件中的视图引导。

2.2.2 参考坐标系的属性设置

用户可以定义零件或者装配体的坐标系，并将此坐标系与测量和质量特性工具一起使用，也可以用于将 SolidWorks 文件输出为 IGES、STL、ACIS、STEP、Parasolid、VDA 等格式。

单击"参考几何体"工具栏中的"坐标系"按钮人，或者选择"插入"｜"参考几何体"｜"坐标系"菜单命令，如图 2-2 所示，在"属性管理器"中弹出"坐标系"属性管理器，如图 2-3 所示。

1）人"原点"：定义原点。单击其选择框，在图形区域中选择零件或者装配体中的一个顶点、点、中点或者默认的原点。

2）"X 轴"、"Y 轴"、"Z 轴"：定义各轴。单击其选择框，在图形区域中按照以下方法之一定义所选轴的方向。

● 单击顶点、点或者中点，则轴与所选点对齐。

● 单击线性边线或者草图直线，则轴与所选的边线或者直线平行。

● 单击非线性边线或者草图实体，则轴与选择的实体上所选位置对齐。

● 单击平面，则轴与所选面的垂直方向对齐。

3）"反转轴方向"：反转轴的方向。

图 2-2　单击"坐标系"按钮或者选择"坐标系"菜单命令　　　　图 2-3　"坐标系"属性管理器

2.3　参考基准轴

参考基准轴是参考几何体中的重要组成部分。在生成草图几何体或者圆周阵列时常使用参考基准轴。

参考基准轴的用途较多，概括起来为以下 3 项。

1）将参考基准轴作为中心线。基准轴可以作为圆柱体、圆孔、回转体的中心线。在通常情况下，拉伸一个草图绘制的圆得到一个圆柱体或者通过旋转得到一个回转体时，SolidWorks 会自动生成一个临时轴，但生成圆角特征时系统不会自动生成临时轴。

2）作为参考轴，辅助生成圆周阵列等特征。

3）将基准轴作为同轴度特征的参考轴。当两个均包含基准轴的零件需要生成同轴度特征时，可以选择各个零件的基准轴作为几何约束条件，使两个基准轴在同一轴上。

2.3.1　临时轴

每一个圆柱和圆锥面都有一条轴线。临时轴是由模型中的圆锥和圆柱隐含生成的，临时轴常被设置为基准轴。

用户可以设置隐藏或者显示所有临时轴。选择"视图"｜"临时轴"菜单命令，此时菜单命令左侧的图标下沉（如图 2-4 所示），表示临时轴可见，图形区域显示如图 2-5 所示。

图 2-4　选择"临时轴"菜单命令

图 2-5　显示临时轴

2.3.2 参考基准轴的属性设置

单击"参考几何体"工具栏中的"基准轴"按钮，或者选择"插入"｜"参考几何体"｜"基准轴"菜单命令，在"属性管理器"中弹出"基准轴"属性管理器，如图2-6所示。

在"选择"选项组中进行选择以生成不同类型的基准轴。

-  "一直线/边线/轴"：选择一条草图直线或者边线作为基准轴，或者双击选择临时轴作为基准轴，如图2-7所示。

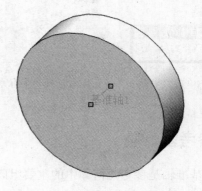

图 2-6　"基准轴"属性管理器　　　　　图 2-7　选择临时轴作为基准轴

- "两平面"：选择两个平面，利用两个面的交叉线作为基准轴。
- "两点/顶点"：选择两个顶点、两个点或者中点之间的连线作为基准轴。
- "圆柱/圆锥面"：选择一个圆柱或者圆锥面，利用其轴线作为基准轴。
- "点和面/基准面"：选择一个平面，然后选择一个顶点，由此所生成的轴通过所选择的顶点垂直于所选的平面。

2.3.3 显示参考基准轴

选择"视图"｜"基准轴"菜单命令，可以看到菜单命令左侧的图标下沉，如图 2-8 所示，表示基准轴可见（再次选择该命令，该图标恢复即为关闭基准轴的显示）。

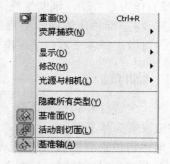

图 2-8　选择"基准轴"菜单命令

2.4　参考基准面

在"特征管理器设计树"中默认提供前视、上视以及右视基准面，除了默认的基准面外，可以生成参考基准面。参考基准面用来绘制草图和为特征生成几何体。

在 SolidWorks 中，参考基准面的用途很多，总结为以下几项。

1）作为草图绘制平面。

2）作为视图定向参考。

3）作为装配时零件相互配合的参考面。

4）作为尺寸标注的参考。

5）作为模型生成剖面视图的参考面。

6）作为拔摸特征的参考面。

2.4.1 参考基准面的属性设置

单击“参考几何体”工具栏中的“基准面”按钮◇，或者选择“插入”｜“参考几何体”｜“基准面”菜单命令，在“属性管理器”中弹出“基准面”属性管理器，如图2-9所示。

在“第一参考”选项组中，选择需要生成的基准面类型及项目。

● ◹ “平行”：通过平行于模型的表面生成一个基准面，如图2-10所示。

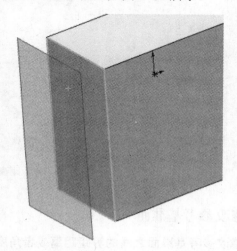

图2-9 “基准面”属性管理器　　　　　图2-10 通过平面生成一个基准面

● ⊥ “垂直”：可以生成垂直于一条边线、轴线或者平面的基准面，如图2-11所示。

● ◺ “重合”：通过一个点，线和面生成基准面。

● ◹ “两面夹角”：通过一条边线与一个面成一定夹角生成基准面，如图2-12所示。

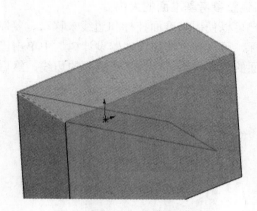

图2-11 垂直于曲线生成基准面　　　　　图2-12 两面夹角生成基准面

● ◻ “等距距离”：在一个面的指定距离处生成等距基准面。首先选择一个平面（或者基准面），然后设置"距离"数值，如图 2-13 所示。

- ● "反转"：选择此选项，在相反的方向生成基准面。

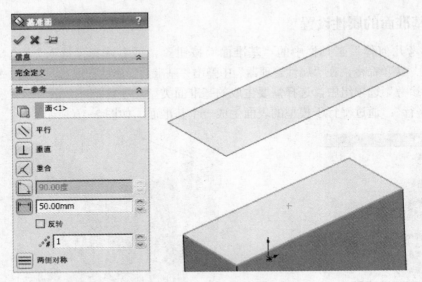

图 2-13   等距距离生成基准面

2.4.2   修改参考基准面

1．修改参考基准面之间的等距距离或者角度

双击基准面，显示等距距离或者角度。双击尺寸或者角度的数值，在弹出的"修改"对话框中输入新的数值，如图 2-14 所示；也可以在"特征管理器设计树"中用鼠标右键单击已生成的基准面的图标，在弹出的菜单中选择"编辑特征"命令，在"属性管理器"中弹出"基准面"的属性设置，在"选择"选项组中输入新的数值以定义基准面，单击 ✔ "确定"按钮。

2．调整参考基准面的大小

用户可以使用基准面控标和边线来移动、复制基准面或者调整基准面的大小。要显示基准面控标，可以在"特征管理器设计树"中单击已生成的基准面的图标或者在图形区域中单击基准面的名称，也可以选择基准面的边线，然后就可以进行调整了，如图 2-15 所示。

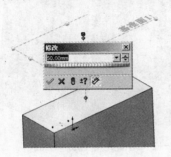

图 2-14   在"修改"对话框中修改数值

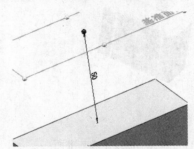

图 2-15   显示基准面控标

利用基准面控标和边线，可以进行以下操作。

1）拖动边角或者边线控标以调整基准面的大小。

2）拖动基准面的边线以移动基准面。

3）通过在图形区域中选择基准面以复制基准面，然后按住〈Ctrl〉键并使用边线将基准面拖动至新的位置，生成一个等距基准面。

2.5 范例

下面结合现有模型，介绍生成参考几何体的具体方法。其模型如图 2-16 所示。

2.5.1 生成参考坐标系

1）启动中文版 SolidWorks 2012，单击"标准"工具栏中的 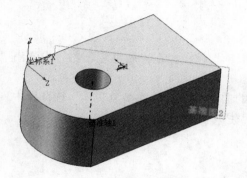 "打开"按钮，弹出"打开"对话框，在配套光盘中选择"1.SLDPRT"，单击"打开"按钮，在图形区域中显示出模型，如图 2-17 所示。

图 2-16　模型

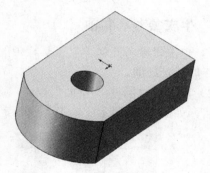

图 2-17　模型文件

2）生成坐标系。单击"参考几何体"工具栏中的 "坐标系"按钮，在"属性管理器"中弹出"坐标系"的属性设置。

3）定义原点。在图形区域中单击模型上方的一个顶点，则点的名称显示在 "原点"选择框中，如图 2-18 所示。

图 2-18　定义原点

4）定义各轴。单击"X 轴"、"Y 轴"、"Z 轴"选择框，在图形区域中选择线性边线，指示所选轴的方向与所选的边线平行，单击"Z 轴"下的"反转 Z 轴方向"按钮，反转轴的方向，如图 2-19 所示，单击✔"确定"按钮，生成坐标系 1，如图 2-20 所示。

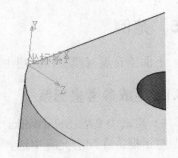

图 2-19　定义各轴并反转轴的方向　　　　　　图 2-20　生成坐标系 1

2.5.2　生成参考基准轴

1）单击"参考几何体"工具栏中的"基准轴"按钮，在"属性管理器"中弹出"基准轴"属性管理器。

2）单击"圆柱/圆锥面"按钮，选择模型的曲面，检查"参考实体"选择框中列出的项目，如图 2-21 所示，单击✔"确定"按钮，生成基准轴 1。

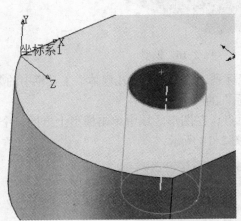

图 2-21　选择曲面

2.5.3　生成参考基准面

1）单击"参考几何体"工具栏中的◇"基准面"按钮，在"属性管理器"中弹出"基准面"属性管理器。

2）单击 ▱"两面夹角"按钮，在图形区域中选择模型的右侧面及其上边线，在 ▱"参考实体"选择框中显示出选择的项目名称,设置"角度"为"45.00 度"。如图 2-22 所示,在图形区域中显示出新的基准面的预览,单击 ✔ "确定"按钮,生成基准面 1。

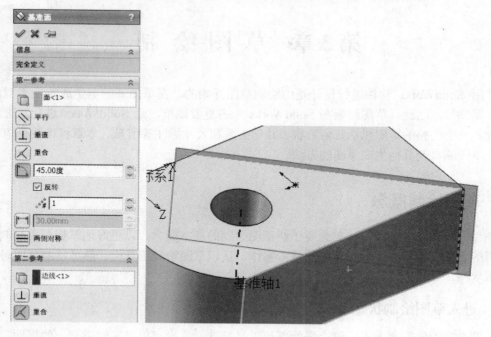

图 2-22   生成基准面 1

2.5.4   生成参考点

单击"参考几何体"工具栏中的 ✱ "点"按钮,在"属性管理器"中弹出"点"属性管理器。在"选择"选项组中,单击 🗐 "参考实体"选择框,在图形区域中选择模型的上表面,单击 🔲 "面中心"按钮,单击 ✔ "确定"按钮,生成参考点,如图 2-23 所示。

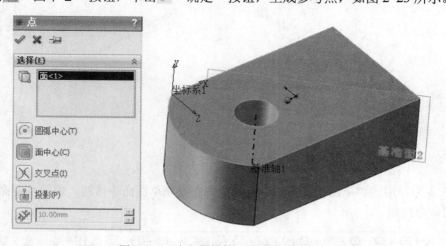

图 2-23   "点"属性管理器及生成参考点

第3章 草图绘制

使用 SolidWorks 软件进行设计是由绘制草图开始的，在草图基础上生成特征模型，进而生成零件等，因此，草图绘制在 SolidWorks 中占重要地位，是 SolidWorks 进行三维建模的基础。一个完整的草图包括几何形状、几何关系和尺寸标注等信息。本章将详细介绍草图绘制、草图编辑及其他生成草图的方法。

3.1 草图绘制概念

在使用草图绘制命令前，首先要了解草图绘制的基本概念，以更好地掌握草图绘制和草图编辑的方法。本节主要介绍草图的基本操作、认识草图绘制工具栏、熟悉绘制草图时光标的显示状态。

3.1.1 进入草图绘制状态

草图必须绘制在平面上，这个平面既可以是基准面，也可以是三维模型上的平面。初始进入草图绘制状态时，系统默认有 3 个基准面：前视基准面、右视基准面和上视基准面，如图 3-1 所示。由于没有其他平面，因此零件的初始草图绘制是从系统默认的基准面开始的。

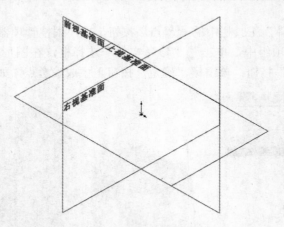

图 3-1　系统默认的基准面

图 3-2 为常用的"草图"工具栏，工具栏中有绘制草图命令按钮、编辑草图命令按钮及其他草图命令按钮。

图 3-2　"草图"工具栏

绘制草图既可以先指定绘制草图所在的平面，也可以先选择草图绘制实体，具体根据实际情况灵活运用。进入草图绘制状态的操作方法如下：

1）在 FeatureManager 设计树中选择要绘制草图的基准面，即前视基准面、右视基准面和上视基准面中的一个面。

2）用鼠标左键单击"标准视图"工具栏中的 ↨ "正视于"按钮，使基准面旋转到正视于绘图者方向。

3）单击"草图"工具栏上的 ⊵ "草图绘制"按钮，或者单击"草图"工具栏上要绘制的草图实体，进入草图绘制状态。

3.1.2 退出草图绘制状态

零件是由多个特征组成的，有些特征需要由一个草图生成，有些需要多个草图生成，如扫描实体、放样实体等。因此草图绘制后，即可立即建立特征，也可以退出草图绘制状态再绘制其他草图后再建立特征。下面将分别介绍几种退出草图绘制状态的方法，在实际使用中要灵活运用。

（1）菜单方式

草图绘制后，选择"插入" | "退出草图"菜单命令，如图 3-3 所示，退出草图绘制状态。

（2）工具栏命令按钮方式

单击选择"草图"工具栏上的 ⊵ "退出草图"按钮，或者单击"标准"工具栏上的 ⸸ "重建模型"按钮，退出草图绘制状态。

（3）右键快捷菜单方式

在绘图区域单击鼠标右键，系统弹出如图 3-4 所示的快捷菜单，在其中单击"退出草图"选项，退出草图绘制状态。

图 3-3 菜单方式退出草图绘制状态

图 3-4 快捷菜单方式退出草图绘制状态

（4）绘图区域退出图标方式

在进入草图绘制状态的过程中，绘图区域右上角会出现如图 3-5 所示的草图提示图标。单击左上角的图标，确认绘制的草图并退出草图绘制状态。

图 3-5　草图提示图标

3.1.3　草图绘制工具

常用的草图绘制工具显示在"草图"工具栏上，没有显示的草图绘制工具可以自行设置。草图绘制工具栏主要包括草图绘制命令按钮、实体绘制命令按钮、标注几何关系命令按钮和草图编辑命令按钮，下面将分别进行介绍。

1．草图绘制命令按钮

- "选择"按钮：通常可以选择草图实体、模型及特征的边线和面，也可以同时选择多个草图实体。
- "网格线/捕捉"按钮：设置对激活的草图或工程图显示草图网格线，并可设定网格线显示和捕捉功能选项。
- "草图绘制/退出草图"按钮：选择进入或者退出草图绘制状态。
- "三维草图"按钮：在三维空间任意点绘制草图实体，通常绘制的草图实体有圆、圆弧、矩形、直线、点及样条曲线。
- "基准面上的三维草图"按钮：在三维草图中添加基准面后，添加或修改该基准面的信息。
- "移动实体"按钮：在草图和工程图中，选择一个或多个草图实体并将其移动，该操作不生成几何关系。
- "旋转实体"按钮：在草图和工程图中，选择一个或多个草图实体并将其旋转，该操作不生成几何关系。
- "按比例缩放实体"按钮：在草图和工程图中，选择一个或多个草图实体并将其按比例缩放，该操作不生成几何关系。
- "复制实体"按钮：在草图和工程图中，选择一个或多个草图实体并将其复制，该操作不生成几何关系。
- "修改草图"按钮：用来移动、旋转或按比例缩放整个草图。
- "移动时不求解"按钮：在不解出尺寸或几何关系的情况下，从草图中移动出草图实体。

2．实体绘制命令按钮

- "直线"按钮：以起点和终点方式绘制一条直线，绘制的直线可以作为构造线使用。
- "边角矩形"按钮：用于绘制标准矩形草图，通常以对角线的起点和终点方式绘制一个矩形，其一边为水平或竖直。
- "中心矩形"按钮：在中心点绘制矩形草图。
- "三点边角矩形"按钮：以所选的角度绘制矩形草图。
- "三点中心矩形"按钮：以所选的角度绘制带有中心点的矩形草图。
- "平行四边形"按钮：用于绘制一个标准的平行四边形。

- ⊕ "多边形"按钮：用于绘制边数为3～40的等边形。
- ⊙ "圆"按钮：可以绘制中心圆和周边圆两种方式。以先指定圆心，然后拖动鼠标确定的距离为半径的方式绘制的圆为中心圆；以指定圆周上点的方式绘制的圆为周边圆。
- ⚇ "圆心/起/终点画弧"按钮：按顺序指定圆心、起点以及终点的方式绘制一个圆弧。
- ⛝ "切线弧"按钮：用于绘制一条与草图实体相切的弧线，绘制的圆弧可以根据草图实体自动确认是法向相切还是径向相切。
- ⌒ "三点圆弧"按钮：按顺序指定起点、终点及中点的方式绘制一个圆弧。
- ⊘ "椭圆"按钮：用于绘制一个完整的椭圆，按顺序指定圆心、长轴、短轴的方式绘制椭圆。
- ⌀ "部分椭圆"按钮：用于绘制一部分椭圆，以先指定中心点，然后指定起点及终点的方式绘制。
- ∪ "抛物线"按钮：用于绘制一条抛物线，先指定焦点，然后拖动鼠标确定焦距，再指定起点和终点的方式绘制。
- ∿ "样条曲线"按钮：用于绘制一条样条曲线，以不同路径上的两点或者多点绘制，绘制的样条曲线可以在指定端点处相切。
- ⟳ "曲面上样条曲线"按钮：用于在曲面上绘制一条样条曲线，可以沿曲面添加和拖动点生成。
- ✳ "点"按钮：用于绘制一个点，该点可以绘制在草图或者工程图中。
- ┆ "中心线"按钮：用于绘制一条中心线，中心线可以绘制在草图或者工程图中。
- 🅰 "文字"按钮：在任何连续曲线或边线组中，绘制草图文字，然后拉伸或者切除生成文字实体。

3. 标注几何关系命令按钮

- ⊥ "添加几何关系"按钮：给绘制的实体和草图添加限制条件，是实体或草图保持确定的位置。
- ⛢ "显示/删除几何关系"按钮：显示或者删除草图实体的几何限制条件。
- = "搜寻相等关系"按钮：可以自动搜寻长度或者半径等几何量相等的草图实体。
- ⟠ "自动标注尺寸"按钮：用于自动标注草图实体尺寸，有时由于标注位置不合适需要适当进行调整。

4. 草图编辑命令按钮

- ⛝ "构造几何线"按钮：将草图或者工程图中的草图实体转换为构造几何线，构造几何线的线型与中心线相同。
- ⌐ "绘制圆角"按钮：用于将两个草图实体的交叉处剪裁掉角部，从而生成一个切线弧，即形成圆角，此命令在二维和三维草图中均可使用。
- ⍀ "绘制倒角"按钮：用于将两个草图实体交叉处按照一定角度和距离剪裁，并用直线相连，即形成倒角，此命令在二维和三维草图中均可使用。
- ⫽ "等距实体"按钮：按给定的距离和方向将一个或多个草图实体等距生成相同的草图实体，草图实体可以是线、弧、环等实体。

-  "转换实体引用"按钮：通过将边线、环、面、曲线、外部草图轮廓线、一组边线或一组草图曲线投影到草图基准面上生成草图实体。
- "交叉曲线"按钮：曲面和整个零件的交叉处生成草图曲线。
- "面部曲线"按钮：从面或者曲面提取 ISO 参数曲线。
- "剪裁实体"按钮：根据所选择的剪裁类型，剪裁草图实体。该按钮可为二维草图以及在三维基准面上的二维草图所使用。
- "延伸实体"按钮：可以将草图实体包括直线、中心线或者圆弧的长度，延伸至与另一个草图实体相遇。
- "分割实体"按钮：将一个草图实体以一定的方式分割来生成两个草图实体。
- "镜向实体"按钮：将选择的草图实体以一条中心线为对称轴生成对称的草图实体。
- "线性草图阵列"按钮：将选择的草图实体沿一个轴或者同时沿两个轴生成线性草图排列，选择的草图可以是多个草图实体。
- "圆周草图阵列"按钮：生成草图实体的圆周排列。
- "修改草图"按钮：用来移动、旋转或者按比例缩放整个草图实体。
- "移动时不求解"按钮：在不解出尺寸或者几何关系的情况下，在草图中移动草图实体。

3.2 绘制二维草图

在 SolidWorks 建模过程中，大部分特征都需要先建立草图实体然后再执行特征命令。

3.2.1 绘制点

点在模型中只起参考作用，不影响三维建模的外形，执行"点"命令后，在绘图区域中的任何位置都可以绘制点。

单击"草图"工具栏上的 "点"按钮，或选择"工具"|"草图绘制实体"|"点"菜单命令，打开的"点"属性管理器，如图 3-6 所示。

图 3-6 "点"属性管理器

- x：在该文本框中输入点的 X 坐标。
- Y：在该文本框中输入点的 Y 坐标。

绘制点命令的操作方法如下：

1）选择合适的基准面，利用前面介绍的命令进入草图绘制状态。

2）选择"工具"|"草图绘制实体"|"点"菜单命令，或者单击"草图"工具栏上的 "点"按钮，光标变为 （点）光标。

3）在绘图区域需要绘制点的位置单击鼠标左键，确认绘制点的位置，此时绘制点命令继续处于激活位置，可以继续绘制点。

4）单击选择"草图"工具栏上的 "退出草图"按钮，退出草图绘制状态。

3.2.2 绘制直线

单击"草图"工具栏上的 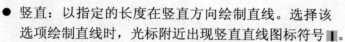 "直线"按钮，或选择"工具"|"草图绘制实体"|"直线"菜单命令，打开"插入线条"属性管理器，如图 3-7 所示。

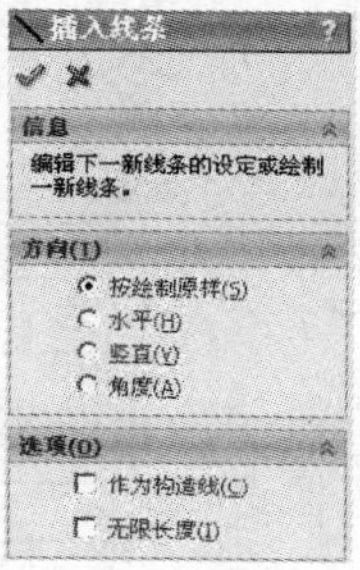

1. "方向"选项组

- 按绘制原样：以鼠标指定的点绘制直线。选择该选项绘制直线时，光标附近出现任意直线图标符号 ﹨ 。
- 水平：以指定的长度在水平方向绘制直线。选择该选项绘制直线时，光标附近出现水平直线图标符号 ━ 。
- 竖直：以指定的长度在竖直方向绘制直线。选择该选项绘制直线时，光标附近出现竖直直线图标符号 ▮ 。
- 角度：以指定角度和长度方式绘制直线。选择该选项绘制直线时，光标附近出现角度直线图标符号 ﹨ 。

图 3-7 "插入线条"属性管理器

2. "选项"选项组

- 作为构造线：绘制为构造线。
- 无限长度：绘制无限长的直线。

3.2.3 绘制矩形

单击"草图"工具栏上的 ▢ "矩形"按钮，打开"矩形"属性管理器，如图 3-8 所示。矩形类型有 5 种类型，分别是：边角矩形、中心矩形、三点边角矩形、三点中心矩形和平行四边形。

1. "矩形类型"选项组

- ▢ "边角矩形"：用于绘制标准矩形草图。
- ▣ "中心矩形"：用于绘制一个包括中心点的矩形。
- ◈ "三点边角矩形"：以所选的角度绘制一个矩形。
- ◈ "三点中心矩形"：以所选的角度绘制带有中心点的矩形。
- ▱ "平行四边形"：用于绘制标准平行四边形草图。

2. "中心点"选项组

- ˣ：在该文本框中输入点的 X 坐标。
- ʸ：在该文本框中输入点的 Y 坐标。

3.2.4 绘制多边形

多边形命令用于绘制边数为 3~40 的等边多边形。单击"草图"工具栏上的 ⬡ "多边形"按钮，或选择"工具"|"草图绘制实体"|"多边形"菜单命令，打开"多边形"属性管理器，如图 3-9 所示。

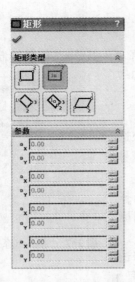

图 3-8 "矩形"属性管理器　　　　图 3-9 "多边形"属性管理器

1．"选项"选项组

作为构造线：勾选该复选框，生成的多边形将作为构造线；若取消该复选框，将为实体草图。

2．"参数"选项组

- ⬡：在该文本框中输入多边形的边数，范围为 3～40。
- 内切圆：以内切圆方式生成多边形。
- 外接圆：以外接圆方式生成多边形。
- ⬡：显示多边形中心的 X 坐标。
- ⬡：显示多边形中心的 Y 坐标。
- ⬠：显示内切圆或外接圆的直径。
- ⬡：显示多边形的旋转角度。
- 新多边形：单击该按钮，可以绘制另外一个多边形。

3．绘制多边形的操作方法

1）在草图绘制状态下，选择"工具"|"草图绘制实体"|"多边形"菜单命令，或者单击"草图"工具栏上的⬡"多边形"按钮，此时光标变为➘形状。

2）在"多边形"属性管理器中的"参数"选项组中，设置多边形的边数，选择是内切圆方式还是外接圆方式。

3）在绘图区域单击鼠标左键，确定多边形的中心，拖动鼠标，在合适的位置单击鼠标左键，确定多边形的形状。

4）在"参数"选项组中，设置多边形的圆心和圆直径。

5）如果继续绘制另一个多边形，单击属性管理器中的"新多边形"按钮，然后重复上述步骤即可绘制一个新的多边形。

6）单击"多边形"属性管理器中的"确定"按钮，完成多边形的绘制。

3.2.5 绘制圆

单击"草图"工具栏上的 ⊙ "圆"按钮，或选择"工具"|"草图绘制实体"|"圆"菜单命令，打开的"圆"属性管理器，如图 3-10 所示。

1．"圆类型"选项组

● ⊙：用于绘制基于中心的圆。

● ⊙：用于绘制基于周边的圆。

2．其他选项组（可以参考直线进行设置）

3．绘制中心圆的操作方法

1）在草图绘制状态下，选择"工具"|"草图绘制实体"|"圆"菜单命令，或者单击"草图"工具栏上的 ⊙ "圆"按钮，开始绘制圆。

2）在"圆类型"选项组中，单击 ⊙ "绘制基于中心的圆"按钮，在绘图区域合适的位置，单击鼠标左键确定圆的圆心。

3）移动鼠标拖出一个圆，然后单击鼠标左键，确定圆的半径。

4）单击"圆"属性管理器中的"确定"按钮，完成圆的绘制。

4．绘制周边圆的操作方法

1）在草图绘制状态下，选择"工具"|"草图绘制实体"|"圆"菜单命令，或者单击"草图"工具栏上的 ⊙ "圆"按钮，开始绘制圆。

2）在"圆类型"选项组中，单击 ⊙ "绘制基于周边的圆"按钮，在绘图区域合适的位置，单击鼠标左键确定圆上一点。

3）拖动鼠标到绘图区域中合适的位置，单击鼠标左键确定周边上的另一点。

4）继续拖动鼠标到绘图区域中合适的位置，单击鼠标左键确定周边上的第三点。

5）单击"圆"属性管理器中的"确定"按钮，完成圆的绘制。

3.2.6 绘制圆弧

单击"草图"工具栏上的 ⊙ "圆心/起/终点画弧"按钮或 ⊙ "切线弧"按钮或 ⌒ "三点圆弧"按钮，或选择"工具"|"草图绘制实体"|"圆心/起/终点画弧"，或"切线弧"，或"三点圆弧"菜单命令，打开"圆弧"属性管理器，如图 3-11 所示。

图 3-10 "圆"属性管理器

图 3-11 "圆弧"属性管理器

1．"圆类型"选项组

● ⊙：基于圆心/起/终点画弧方式绘制圆弧。

- 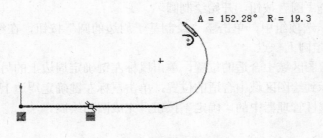 ：基于切线弧方式绘制圆弧。
- ：基于三点圆弧方式绘制圆弧。

2．绘制圆心/起/终点画弧的操作方法

1）在草图绘制状态下，选择"工具"|"草图绘制实体"|"圆心/起/终点画弧"菜单命令，或者单击"草图"工具栏上的 "圆心/起/终点画弧"按钮，开始绘制圆弧。

2）在绘图区域单击鼠标左键确定圆弧的圆心。

3）在绘图区域合适的位置，单击鼠标左键确定圆弧的起点。

4）在绘图区域合适的位置，单击鼠标左键确定圆弧的终点。

5）单击"圆弧"属性管理器中的"确定"按钮，完成圆弧的绘制。

3．绘制切线弧的操作方法

1）在草图绘制状态下，选择"工具"|"草图绘制实体"|"切线弧"菜单命令，或者单击"草图"工具栏上的 "切线弧"按钮，开始绘制切线弧，此时光标变为 形状。

2）在已经存在的草图实体的端点处单击鼠标左键，本例以选择如图 3-12 中直线的右端为切线弧的起点。

3）拖动鼠标在绘图区域中合适的位置确定切线弧的终点，并单击鼠标左键确认。

4）单击"圆弧"属性管理器中的"确定"按钮，完成切线弧的绘制。

图 3-12　绘制切线弧

4．绘制三点圆弧的操作方法

1）在草图绘制状态下，选择"工具"|"草图绘制实体"|"三点圆弧"菜单命令，或者单击"草图"工具栏上的 "三点圆弧"按钮，开始绘制圆弧，此时光标变为 形状。

2）在绘图区域单击鼠标左键，确定圆弧的起点。

3）拖动鼠标到绘图区域中合适的位置，单击鼠标左键确认圆弧终点的位置。

4）拖动鼠标到绘图区域中合适的位置，单击鼠标左键确认圆弧中点的位置。

5）单击"圆弧"属性管理器中的"确定"按钮，完成三点圆弧的绘制。

3.2.7　绘制椭圆与部分椭圆

椭圆是由中心点、长轴长度与短轴长度确定的，三者缺一不可。单击"草图"工具栏上的 "椭圆"按钮，或选择"工具"|"草图绘制实体"|"椭圆"菜单命令，即可绘制椭圆。"椭圆"属性管理器如图 3-13 所示。

绘制椭圆的操作方法如下：

1）在草图绘制状态下，选择"工具"|"草图绘制实体"|"椭圆"菜单命令，或者单击"草图"工具栏上的"椭圆"按钮，此时光标变为形状。

2）在绘图区域合适的位置单击鼠标左键，确定椭圆的中心。

3）拖动鼠标，在鼠标附近会显示椭圆的长半轴 R 和短半轴 r。在图中合适的位置单击鼠标左键，确定椭圆的长半轴 R。

4）继续拖动鼠标，在图中合适的位置，单击鼠标左键，确定椭圆的短半轴 r，出现"椭圆"属性管理器。

5）在"椭圆"属性管理器中，根据设计需要对其中心坐标，以及长半轴和短半轴的大小进行修改。

6）单击"椭圆"属性管理器中的"确定"按钮，完成椭圆的绘制。

3.2.8　绘制抛物线

单击"草图"工具栏上的"抛物线"按钮，或选择"工具"|"草图绘制实体"|"抛物线"菜单命令，即可绘制抛物线。"抛物线"属性管理器，如图 3-14 所示。

图 3-13　"椭圆"属性管理器　　　　　图 3-14　"抛物线"属性管理器

绘制抛物线的操作方法如下：

1）在草图绘制状态下，选择"工具"|"草图绘制实体"|"抛物线"菜单命令，或者单击"草图"工具栏上的"抛物线"按钮，此时光标变为形状。

2）在绘图区域合适的位置单击鼠标左键，确定抛物线的焦点。

3）继续拖动鼠标，在图中合适的位置单击鼠标左键，确定抛物线的焦距。

4）继续拖动鼠标，在图中合适的位置单击鼠标左键，确定抛物线的起点。

5）继续拖动鼠标，在图中合适的位置单击鼠标左键，确定抛物线的终点，出现"抛物线"属性管理器，根据设计需要修改属性管理器中抛物线的参数。

6）单击"抛物线"属性管理器中的"确定"按钮，完成抛物线的绘制。

3.3.9　绘制草图文字

单击"草图"工具栏上的 A "文字"按钮，或选择"工具"|
"草图绘制实体"|"文字"菜单命令，系统出现如图 3-15 所示的
"草图文字"属性管理器，即可绘制草图文字。

1．"曲线"选项组

∫：选择边线、曲线、草图及草图段。所选实体的名称显示在
曲线框中，绘制的草图文字将沿实体出现。

2．"文字"选项组

- 文字框：在该文本框中输入文字，文字在图形区域中沿所选
  实体出现。
- 样式：有三种样式，即 B "加粗"将输入的文字加粗，I
  "斜体"将输入的文字以斜体方式显示，⊗ "旋转"将选择
  的文字以设定的角度旋转。
- 对齐：有 4 种样式，即 ≣ "左对齐"、≣ "居中"、≣ "右对
  齐"和 ≣ "两端对齐"，对齐只可用于沿曲线、边线或草图
  线段的文字。

图 3-15　"草图文字"
属性管理器

- 反转：有 4 种样式，即 A "竖直反转"、∨ "返回"、AB "水
  平反转"和 8A "返回"，其中竖直反转只可用于沿曲线、边线或草图线段的文字。
- A：按指定的百分比均匀加宽每个字符。
- AB：按指定的百分比更改每个字符之间的间距。
- 使用文档字体：若勾选该复选框用于使用文档字体；若取消该复选框，则可以使用
  另一种字体。
- 字体：单击该按钮，打开"字体"对话框，根据需要设置字体样式和大小。

3．绘制草图文字的操作方法

1）选择"工具"|"草图绘制实体"|"文字"菜单命令，或者单击"草图"工具栏上的
A "文字"按钮，此时光标变为 形状，系统出现"草图文字"属性管理器。

2）在绘图区域中选择一条边线、曲线、草图或草图线段，作为绘制文字草图的定位
线，此时所选择的边线出现在"草图文字"属性管理器中的"曲线"选项组。

3）在"草图文字"属性管理器中的"文字"文本框中输入要添加的文字。此时，添加
的文字出现在绘图区域曲线上。

4）如果系统默认的字体不满足设计需要，取消勾选属性管理器中的"使用文档字体"
复选框，然后单击"字体"按钮，在系统出现的"选择字体"对话框中设置字体的属性。

5）设置好字体属性后，单击"选择字体"对话框中的"确定"按钮，然后单击"草图
文字"属性管理器中的"确定"按钮，完成草图文字的绘制。

3.3　编辑草图工具

草图绘制完毕后，需要对草图进一步进行编辑以符合设计的需要。

3.3.1　剪裁草图实体

剪裁草图实体命令是比较常用的草图编辑命令，剪裁类型可以为二维草图或在三维基准面上的二维草图。选择"工具"|"草图工具"|"剪裁"菜单命令，或者单击"草图"工具栏上的 "剪裁实体"按钮，系统弹出如图 3-16 所示的"剪裁"属性管理器。

1．"选项"选项组

● ┡ "强劲剪裁"：通过将鼠标拖过每个草图实体来剪裁多个相邻的草图实体。

● ┬ "边角"：剪裁两个草图实体，直到它们在虚拟边角处相交。

● ╪ "在内剪除"：选择两个边界实体，剪裁位于两个边界实体内的草图实体。

● ╪ "在外剪除"：选择两个边界实体，剪裁位于两个边界实体外的草图实体。

● ┼ "剪裁到最近端"：将一个草图实体剪裁到最近交叉实体端。

图 3-16　"剪裁"属性管理器

2．剪裁草图实体命令的操作方法

1）在草图编辑状态下，选择"工具"|"草图绘制工具"|"剪裁"菜单命令，或者单击"草图"工具栏上的 ┡ "剪裁实体"按钮，此时光标变为 形状，系统出现"剪裁"属性管理器。

2）设置剪裁模式，在"选项"选项组中选择剪裁方式。

3）选择需要剪裁的草图实体。

4）单击"剪裁"属性管理器中的"确定"按钮，完成剪裁草图实体。

3.3.2　延伸草图实体

延伸草图实体命令可以将一个草图实体延伸至另一个草图实体。选择"工具"|"草图工具"|"延伸"菜单命令，或者单击"草图"工具栏上的 ┨ "延伸实体"按钮，执行延伸草图实体命令。

延伸草图实体的操作方法如下：

1）在草图编辑状态下，选择"工具"|"草图绘制工具"|"延伸"菜单命令，或者单击"草图"工具栏上的 ┨ "延伸实体"按钮，此时光标变为 形状。

2）单击鼠标左键选择如图 3-17 中左侧直线，将其延伸，结果如图 3-18 所示。

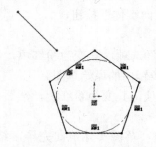

图 3-17　草图延伸前的图形

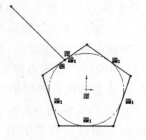

图 3-18　草图延伸后的图形

3.3.3 分割草图实体

分割草图是将一个连续的草图实体分割为两个草图实体。选择"工具"|"草图工具"|"分割实体"菜单命令，或者单击"草图"工具栏上的 ✎ "分割实体"按钮，执行分割草图实体命令。

分割草图实体的操作方法如下：

1）在草图编辑状态下，利用"工具"|"草图绘制工具"|"分割实体"菜单命令，或者单击"草图"工具栏上的 ✎ "分割实体"按钮，此时光标变为 形状，进入分割草图实体命令状态。

2）确定添加分割点的位置，用鼠标左键单击如图 3-19 中草图的合适位置，添加一个分割点，将草图分为两部分，结果如图 3-20 所示。

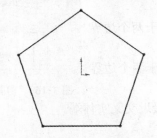
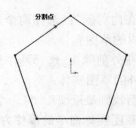

图 3-19　添加分割点前的图形　　　　图 3-20　添加分割点后的图形

3.3.4 镜向草图实体

镜向草图命令适用于绘制对称的图形，镜向的对象为二维草图或在三维草图基准面上所生成的二维草图。选择"工具"|"草图工具"|"镜向"菜单命令，或者单击"草图"工具栏上的 ⚠ "镜向实体"按钮，"镜向"属性管理器如图 3-21 所示。

1. "选项"选项组

● 要镜向的实体：选择要镜向的草图实体。
● 复制：勾选该复选框，可以保留原始草图实体并镜向草图实体。
● 镜向点：选择边线或直线作为镜向点。

2. 镜向草图实体的操作方法

1）在草图编辑状态下，选择"工具"|"草图绘制工具"|"镜向"菜单命令，或者单击"草图"工具栏上的 ⚠ "镜向实体"按钮，此时光标变为 形状，系统弹出"镜向"属性管理器。

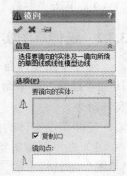

图 3-21　"镜向"
属性管理器

2）用鼠标左键单击属性管理器中"要镜向实体"选项，其变为粉红色，然后在绘图区域中框选如图 3-22 中的竖直直线右侧的图形，作为要镜向的原始草图。

3）用鼠标左键单击属性管理器中"镜向点"选项，其变为粉红色，然后在绘图区域中选取图中的竖直直线，作为镜向点。

4）单击"镜向"属性管理器中的"确定"按钮，草图实体镜向完毕，结果如图 3-23 所示。

38

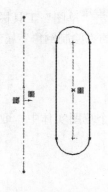
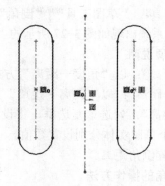

图 3-22　镜向前的图形　　　　　　　　图 3-23　镜向后的图形

3.3.5　绘制圆角

选择"工具"|"草图工具"|"圆角"菜单命令，或者单击"草图"工具栏上的  "绘制圆角"按钮，系统出现如图 3-24 所示的"绘制圆角"属性管理器，即可绘制圆角。

1．重要选项说明

⌒：用于指定绘制圆角的半径。

2．绘制圆角的操作方法

1）在草图编辑状态下，选择"工具"|"草图绘制工具"|"圆角"菜单命令，或者单击"草图"工具栏上的 ⌒ "绘制圆角"按钮，系统出现"绘制圆角"属性管理器。

2）在"绘制圆角"属性管理器中，设置圆角的半径。

3）单击鼠标左键选择如图 3-25 中的右上方相交的两条直线。

4）单击"绘制圆角"属性管理器中的"确定"按钮，完成圆角的绘制。其结果如图 3-26 所示。

图 3-24　"绘制圆角"
属性管理器

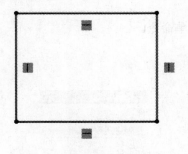
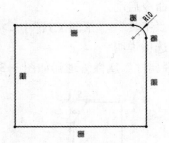

图 3-25　绘制前的草图　　　　　　　　图 3-26　绘制后的草图

3.3.6　绘制倒角

绘制倒角命令是将倒角应用到相邻的草图实体中。此命令在二维草图和三维草图中均可

使用。选择"工具"|"草图工具"|"倒角"菜单命令,或者单击"草图"工具栏上的  "绘制倒角"按钮,系统出现如图 3-27 所示的"距离—距离"方式的"绘制倒角"属性管理器。

1.重要选项说明

● "角度距离":以"角度—距离"方式设置绘制的倒角。

● "距离—距离":以"距离—距离"方式设置绘制的倒角。

● "相等距离":勾选该复选框,将设置的 值应用到两个草图实体中;取消勾选,则将为两个草图实体分别设置数值。

● :设置倒角距离。

2.绘制倒角的操作方法

1)在草图编辑状态下,选择"工具"|"草图绘制工具"|"倒角"菜单命令,或者单击"草图"工具栏上的 "绘制倒角"按钮,此时系统出现"绘制倒角"属性管理器。

2)设置绘制倒角的方式,这里采用系统默认的"距离—距离"倒角方式,在 数值框中输入数值 5。

3)单击草图的端点,如图 3-28 所示。

图 3-27 "绘制倒角"属性管理器

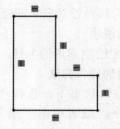

图 3-28 绘制倒角前的图形

4)单击"绘制倒角"属性管理器中的"确定"图标按钮,完成倒角的绘制。其结果如图 3-29 所示。

3.3.7 制作路径

(1)命令启动

选择"工具"|"草图工具"| "制作路径"菜单命令。

(2)选项说明

"路径属性"属性管理器如图 3-30 所示。

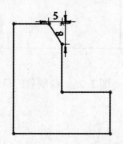

图 3-29 绘制倒角后的图形

图 3-30 "路径属性"属性管理器

40

（3）操作步骤

1）绘制一个模型草图代表凸轮，绘制另一个模型草图代表推杆，如图 3-31 所示。

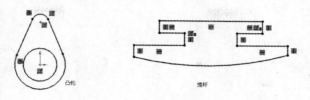

图 3-31　草图模型

2）将每个草图生成单独的块，并将凸轮置于推杆下面。单击"工具"|"块"| 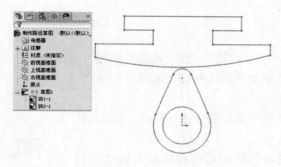 "制作"菜单命令，按照块属性设置管理器提示选择需要制作块的草图，单击 ✔ "确定"按钮完成，如图 3-32 所示。

图 3-32　制作块

3）选择凸轮上的一段弧，单击"工具"|"草图工具"| ⬭ "制作路径"菜单命令，系统弹出"路径属性"属性管理器，单击"定义"选项组下的"编辑路径"，如图 3-33 所示。

4）单击"定义"选项组下的"编辑路径"后，然出"路径"设置管理器，在"所选实体"选项框中，选中凸轮草图的外部轮廓曲线，单击 ✔ "确定"完成，如图 3-34 所示。

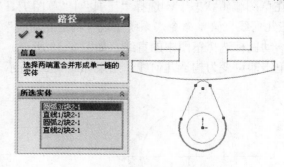

图 3-33　"路径属性"属性管理器　　　　　　　图 3-34　路径设置

5）单击 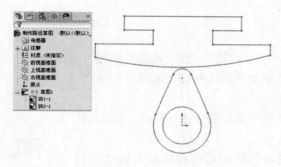 "添加几何关系"按钮（在"尺寸/几何关系"工具栏中），或者单击"工具"|"几何关系"|"添加"菜单命令，如图 3-35 所示。

① 添加几何关系到凸轮和推杆，以防止凸轮和推杆之间发生多余的运动。

② 在凸轮的路径和推杆的底部草图实体之间添加相切几何关系。

6）旋转凸轮即可以预览运动，如图 3-36 所示。

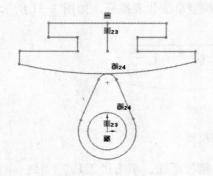

图 3-35　几何关系

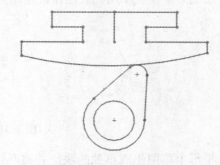

图 3-36　旋转凸轮

3.3.8　构造几何线

（1）命令启动

1）选择"工具"|"草图工具"| ⊞ "构造几何线"菜单命令。

2）右键单击任何草图实体并选择 ⊞ "构造几何线"。

（2）选项说明

"构造几何线"属性管理器如图 3-37 所示。下面具体介绍一下各参数的设置：

可将草图或工程图中的草图实体转换成为构造几何线。构造几何线仅用来协助生成草图实体和几何体，这些项目最终会结合在零件中。

任何草图实体可为构造线。点和中心线始终是构造性实体。

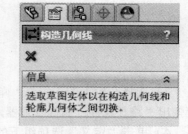

图 3-37　"构造几何线"属性管理器

（3）操作步骤

1）在草图编辑状态下，选择"工具"|"草图工具"| ⊞ "构造几何线"菜单命令，系统出现"构造几何线"属性管理器。

2）移动鼠标选择草图中的直线，如图 3-38 所示。

3）单击即可变为构造几何线，结果如图 3-39 所示。

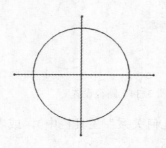

图 3-38　绘制前草图

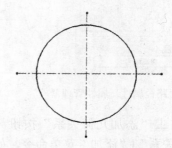

图 3-39　绘制后草图

3.3.9　等距实体

等距实体命令是按指定的距离等距一个或者多个草图实体。选择"工具"|"草图绘制工具"|"等距实体"菜单命令，或者单击"草图"工具栏上的 ⑦ "等距实体"按钮，系统出现如图 3-40 所示的"等距实体"属性管理器。

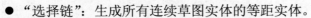

图 3-40　"等距实体"属性管理器

1．"参数"选项组

- ⑦：设定数值以特定距离来等距草图实体。
- "添加尺寸"：为等距的草图添加等距距离的尺寸标注。
- "反向"：勾选该复选框，可更改单向等距实体的方向；取消勾选则按默认的方向进行。
- "选择链"：生成所有连续草图实体的等距实体。
- "双向"：在绘图区域中双向生成等距实体。
- "制作基体结构"：将原有草图实体转换到构造性直线。
- "顶端加盖"：在选择"双向"复选框后此选项有效，在草图实体的顶部添加一个顶盖来封闭原有草图实体。其中可以使用"圆弧"或"直线"为延伸顶盖类型。

2．等距实体的操作方法

1）在草图绘制状态下，选择"工具"|"草图绘制工具"|"等距实体"菜单命令，或者单击"草图"工具栏上的 ⑦ "等距实体"按钮，系统出现"等距实体"属性管理器。

2）在绘图区域中选择如图 3-41 所示的直线，在"等距距离"中输入数值"10"，勾选"添加尺寸"和"双向"复选框，其他参数按照默认设置。

3）单击"等距实体"属性管理器中的"确定"按钮，完成等距实体的绘制。其结果如图 3-42 所示。

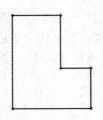

图 3-41　等距实体前的图形

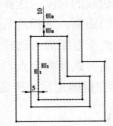

图 3-42　等距实体后的图形

3.3.10　转换实体引用

转换实体引用是通过一组边线或一组草图曲线投影到草图基准面上，生成新的草图。

转换实体引用的操作方法如下：

1）单击如图 3-43 中的基准面 1，然后单击"草图"工具栏上的 ⑦ "草图绘制"按钮，进入草图绘制状态。

2）鼠标左键单击圆柱体左侧的外边缘线。

3）选择"工具"｜"草图绘制工具"｜"转换实体引用"菜单命令，或者单击"草图"工具栏上的⬜"转换实体引用"按钮，执行转换实体引用。其结果如图 3-44 所示。

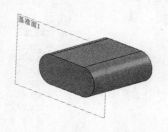
图 3-43　转换实体引用前的图形

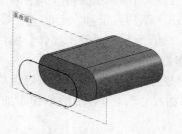
图 3-44　转换实体引用后的图形

3.4　尺寸标注

绘制完成草图后，可以标注草图的尺寸。

3.4.1　线性尺寸

1）单击"尺寸/几何关系"工具栏中的⬦"智能尺寸"按钮，或者选择"工具"｜"标注尺寸"｜"智能尺寸"菜单命令，也可以在图形区域中用鼠标右键单击，然后在弹出的快捷菜单中选择"智能尺寸"命令。

2）定位智能尺寸项目。移动鼠标指针时，智能尺寸会自动捕捉到最近的方位。当预览显示想要的位置及类型时，可以单击鼠标右键锁定该尺寸。

智能尺寸选项目有以下几种。

● 直线或者边线的长度：选择要标注的直线，拖动到标注的位置。

● 直线之间的距离：选择两条平行直线，或者一条直线与一条平行的模型边线。

● 点到直线的垂直距离：选择一个点以及一条直线或者模型上的一条边线。

● 点到点距离：选择两个点，生成如图 3-45 所示的距离尺寸。

3）单击鼠标左键确定尺寸所要放置的位置。

3.4.2　角度尺寸

标注两条直线之间的角度尺寸，可以先选择两条草图直线，然后为尺寸选择不同的位置。由于鼠标指针位置的改变，要标注的角度尺寸数值也会随之改变。

1）单击"尺寸/几何关系"工具栏中的⬦"智能尺寸"按钮。

2）单击其中一条直线。

3）单击另一条直线或者模型边线。

4）拖动鼠标显示角度尺寸的预览。

5）单击鼠标左键确定所需尺寸数值的位置，生成如图 3-46 所示的角度尺寸。

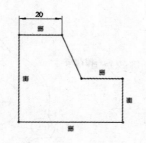

图 3-45　生成点到点的距离尺寸

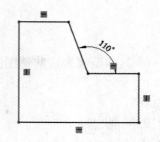

图 3-46　生成角度尺寸

3.4.3　圆弧尺寸

标注圆弧尺寸时，默认尺寸类型为半径。如果要标注圆弧的实际长度，可以选择圆弧及其两个端点。

1）单击"尺寸/几何关系"工具栏中的 ◇ "智能尺寸"按钮。

2）单击圆弧。

3）单击圆弧的两个端点。

4）拖动鼠标显示圆弧长度的预览。

5）单击鼠标左键确定所需尺寸数值的位置，生成如图 3-47 所示的圆弧尺寸数值。

3.4.4　圆形尺寸

按直径尺寸标注圆形。

1）单击"尺寸/几何关系"工具栏中的 ◇ "智能尺寸"按钮。

2）选择圆形。

3）拖动鼠标显示圆形直径的预览。

4）单击鼠标左键确定所需尺寸数值的位置，生成如图 3-48 所示的圆形尺寸。

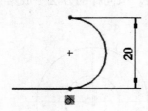

图 3-47　生成圆弧尺寸

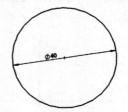

图 3-48　生成圆形尺寸

3.4.5　修改尺寸

修改尺寸时，可以双击草图的尺寸，在弹出的"修改"对话框中进行设置，如图 3-49 所示，然后单击 ✓ "保存当前的数值并退出此对话框"按钮完成操作。

图 3-49　"修改"对话框

3.5 范例

下面利用一个具体范例来讲解草图的绘制方法，最终效果如图 3-50 所示。

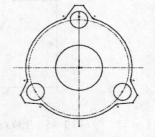

主要步骤如下：

1）进入草图绘制状态。

2）绘制草图。

3.5.1 进入草图绘制状态

图 3-50　草图

1）启动中文版 SolidWorks 2012，单击"标准"工具栏中的 "新建"按钮，弹出"新建 SolidWorks 文件"对话框，单击"零件"按钮，单击"确定"按钮，生成新文件。

2）单击"草图"工具栏中的 "草图绘制"按钮，进入草图绘制状态。在"特征管理器设计树"单击"前视基准面"图标，使前视基准面成为草图绘制平面。

3.5.2 绘制草图

1）单击"草图"工具栏中的 "中心线"按钮，在屏幕左侧将弹出"插入线条"属性栏，在屏幕右侧的绘图区中移动鼠标，当鼠标指针与屏幕中的原点处于同一水平线时，屏幕中将出现一条水平虚线，此时单击鼠标左键，将产生中心线的第一个端点；水平移动鼠标，屏幕将出现一条中心线，移动鼠标到原点的右侧，再次单击鼠标左键，将产生中心线的第二个端点，双击鼠标左键，则水平的中心线绘制完毕。按同样的方法，绘制竖直方向的中心线。单击"草图"工具栏中的 "中心线"按钮，以关闭中心线。绘制中心线如图 3-51 所示。

2）单击"草图"工具栏中的 "圆"按钮，弹出"圆"属性管理器。单击"中央创建"单选按钮，在图形区域中绘制圆形，移动鼠标至草图原点，拖动鼠标生成圆，注意圆的预览动态跟随指针，单击以结束圆并单击 "确定"按钮。按同样的方法生成第二个圆，如图 3-52 所示。

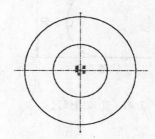

图 3-51　绘制草图中心线　　　　　　　图 3-52　绘制圆

3）单击"草图"工具栏中的 "智能尺寸"按钮，单击要标注尺寸的圆，将鼠标指针移到放置尺寸的位置，然后单击来添加尺寸，在修改框中输入 180，单击 "确定"按钮。按同样的方法标注第二个圆的尺寸即 80，如图 3-53 所示。

4）单击"草图"工具栏中的 ⅃ "等距实体"按钮，弹出"等距实体"属性管理器，在 ⬨ 中选择"5"，选择"反向"复选框，单击草图中的圆，在其内部产生一高亮圆，单击 ✅ "确定"按钮，以生成圆，如图 3-54 所示。

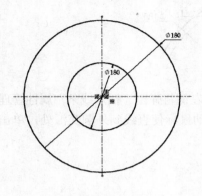

图 3-53 标注尺寸

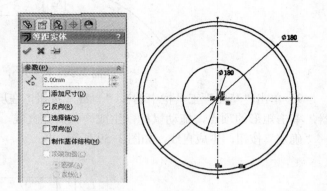

图 3-54 等距实体圆

5）单击草图中的内圆，屏幕左侧弹出圆的属性设置，在选项处单击"作为构造线"单选钮，单击 ✅ "确定"按钮，生成构造线圆，如图 3-55 所示。

6）单击"草图"工具栏中的 ◇ "智能尺寸"按钮，单击要标注尺寸的圆即构造线圆，将鼠标指针移到放置尺寸的位置，然后单击左键来添加尺寸，在修改框中输入"170"，单击 ✅ "确定"按钮，如图 3-56 所示。

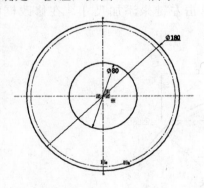

图 3-55 生成构造线

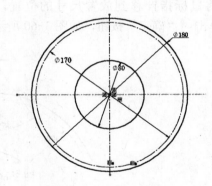

图 3-56 标注尺寸

7）单击"草图"工具栏中的 ▢ "中心矩形"按钮，弹出"矩形"属性管理器。移动鼠标至竖直中心线上方与外圆交汇处，单击鼠标左键，拖动鼠标生成矩形，单击 ✅ "确定"按钮，生成矩形，如图 3-57 所示。

8）单击"草图"工具栏中的 ◇ "智能尺寸"按钮，单击要标注尺寸的边，将鼠标指针移到放置尺寸的位置，然后单击左键来添加尺寸，在修改框中分别输入"40"和"15"，单击 ✅ "确定"按钮，如图 3-58 所示。

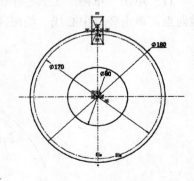

图 3-57 生成矩形

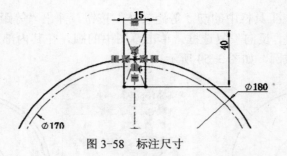

图 3-58　标注尺寸

9）单击"草图"工具栏中的 ＼ "直线"按钮，在屏幕左侧将弹出"插入线条"属性管理器，单击矩形的顶点，拖动鼠标，生成一条高亮直线，移动鼠标使直线到外圆交汇处，单击 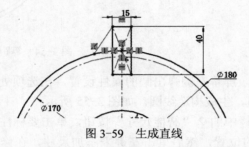 "确定"按钮，生成直线，如图 3-59 所示。

图 3-59　生成直线

10）单击"草图"工具栏中的 ＜ "智能尺寸"按钮，单击刚绘制的直线和竖直方向的中心线，将鼠标指针移到放置尺寸的位置，然后单击左键来添加尺寸，在修改框中输入"35"，单击 ✔ "确定"按钮，如图 3-60 所示。

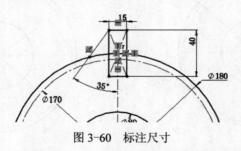

图 3-60　标注尺寸

11）单击"草图"工具栏中的 ⚠ "镜向实体"按钮，选择要镜向的实体直线 11，单击镜向点，单击竖直中心线，绘图区中自动弹出直线 3，单击 ✔ 按钮，如图 3-61 所示。

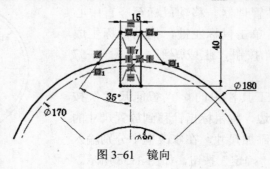

图 3-61　镜向

48

12）单击"草图"工具栏中的 ❋ "剪裁实体"按钮，选择剪裁到最近端，移动鼠标至剪裁处，单击 ✔ "确定"按钮，如图 3-62 所示。

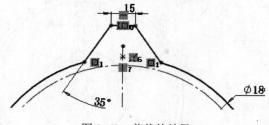

图 3-62　剪裁的效果

13）单击"草图"工具栏中的 ⊙ "圆"按钮，弹出"圆"属性管理器。单击"中央创建"单选按钮，在图形区域中绘制圆形，移动鼠标至竖直中心线上方与构造线圆交汇处，拖动鼠标生成圆，单击以结束圆，单击 ✔ "确定"按钮，如图 3-63 所示。

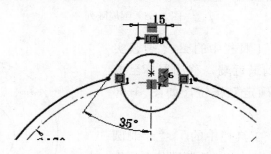

图 3-63　生成圆

14）单击"草图"工具栏中的 ❖ "智能尺寸"按钮，单击要标注尺寸的圆，将鼠标指针移到放置尺寸的位置，然后单击左键来添加尺寸，在修改框中输入"30"，然后单击修改框中的 ✔ "确定"按钮。按同样的方法，标注直线尺寸，在修改框中输入"23"，然后单击 ✔ "确定"按钮。如图 3-64 所示。

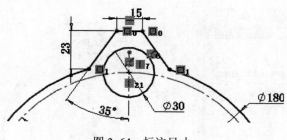

图 3-64　标注尺寸

15）单击"草图"工具栏中的 ❖ "圆周草图阵列"按钮，在屏幕左侧将弹出"圆周阵列"属性栏，在"要阵列的实体"列表中选择刚生成的 3 条直线和 1 个圆。选择要阵列的数量为"3"，其他系数为系统的默认值，单击 ✔ "确定"按钮，则生成圆周阵列，如图 3-65 所示。

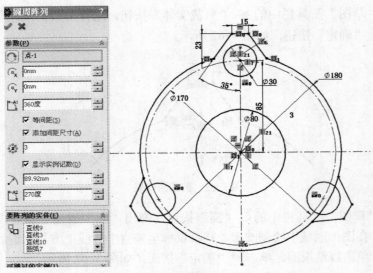

图 3-65　圆周阵列

16）单击"草图"工具栏中的 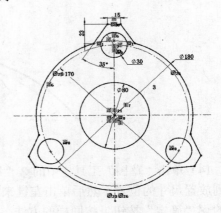 "剪裁实体"按钮，选择剪裁到最近端，移动鼠标至剪裁处，然后单击 ✔ "确定"按钮，如图 3-66 所示。

17）单击"草图"工具栏中的 ⌐ "绘制圆角"按钮，在屏幕左侧将弹出"绘制圆角"属性管理器，选择"要圆角化的实体"为"圆角 1"和"圆角 2"，勾选"保持拐角处约束条件"复选框，单击属性管理器中的 ✔ "确定"按钮，以生成圆角，如图 3-67 所示。

图 3-66　剪裁的效果

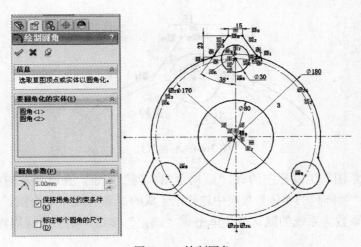

图 3-67　绘制圆角

50

18）单击"草图"工具栏中的 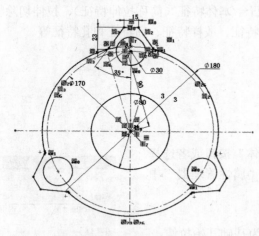 "圆周草图阵列"按钮，在屏幕左侧将弹出"圆周阵列"属性管理器，选择"要阵列的实体"为刚生成的两个圆角，选择要阵列的数量为"3"，其他系数系统自动给出，单击属性栏中的 ✅ "确定"按钮，则生成圆周阵列，如图3-68所示。

19）单击"草图"工具栏中的 ✄ "剪裁实体"按钮，选择剪裁到最近端，移动鼠标至圆周阵列圆角处剪裁，然后单击 ✅ "确定"按钮，如图3-69所示。

图 3-68　圆周阵列圆角

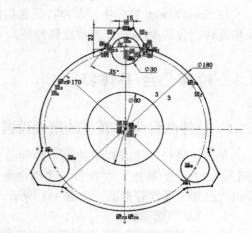

图 3-69　剪裁的效果

20）至此，草图范例全部完成，将其保存。

第4章 基本特征建模

在 SolidWorks 建模中，基本特征包括拉伸凸台/基体特征（简称拉伸特征）、拉伸切除特征和旋转凸台/基体特征（简称旋转特征）、扫描特征、放样特征、筋特征和孔特征等。

4.1 拉伸凸台/基体特征

4.1.1 拉伸凸台/基体特征的属性设置

单击"特征"工具栏中的 "拉伸凸台/基体"按钮或者选择"插入"|"凸台/基体"|"拉伸"菜单命令，在"属性管理器"中弹出"拉伸"属性管理器，如图 4-1 所示。

1．"从"选项组
- "草图基准面"：从草图所在的基准面作为基础开始拉伸。
- "曲面/面/基准面"：从这些实体之一作为基础开始拉伸。
- "顶点"：从选择的顶点处开始拉伸。
- "等距"：从与当前草图基准面等距的基准面上开始拉伸，等距距离数值可以手动输入。

2．"方向 1"选项组
1）"终止条件"：设置特征拉伸的终止条件。
- "给定深度"：设置给定的 "深度"数值以终止拉伸。
- "成形到一顶点"：拉伸到在图形区域中选择的顶点处。
- "成形到一面"：拉伸到在图形区域中选择的一个面或者基准面处。
- "到离指定面指定的距离"：拉伸到在图形区域中选择的一个面或者基准面处，然后设置 "等距距离"数值。

图 4-1 "拉伸"属性管理器

- "成形到实体"：拉伸到在图形区域中所选择的实体或者曲面实体处。
- "两侧对称"：设置 "深度"数值，按照所在平面的两侧对称距离生成拉伸特征。
2） "拉伸方向"：在图形区域中选择方向向量，并以垂直于草图轮廓的方向拉伸草图。
3） "拔模开/关"：可以设置"拔模角度"数值，如果有必要，选择"向外拔模"选项。

3．"方向 2"选项组
该选项组中的参数用来设置同时从草图基准面向两个方向拉伸的相关参数，用法和"方向 1"选项组基本相同，在这里不再赘述。

4．"薄壁特征"选项组
- "单向"：以同一 "厚度"数值，沿一个方向拉伸草图。

- "两侧对称"：以同一"厚度"数值，沿相反两个方向拉伸草图。
- "双向"：以不同"方向1厚度"、"方向2厚度"数值，沿相反方向拉伸草图。

5．"所选轮廓"选项组

◇ "所选轮廓"：允许使用部分草图生成拉伸特征，在图形区域中可以选择草图轮廓和模型边线。

4.1.2 生成拉伸凸台/基体特征的操作步骤

【案例4-1】 运用从草图基准面开始拉伸，将草图1拉伸成一个高为10mm的实体。

	实例素材	实例素材\4\4-1-1 草图 1.SLDPRT
	最终效果	最终效果\4\4-1-1 拉伸 1.SLDPRT

具体操作步骤如下：

1）打开"4-1-1 草图 1.SLDPRT"零件图，移动鼠标指针到绘图区域选择"草图1"轮廓，或者在"特征管理器设计树"中选中草图1，此时被选中的"草图1"轮廓呈蓝色，如图4-2所示。

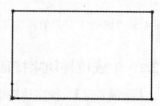

图4-2 选择草图

2）单击"特征"工具栏中的"拉伸凸台/基体"按钮，启动拉伸功能，系统弹出"拉伸"属性管理器，在"开始条件"（即"从"选项组）的下拉列表框中选择"草图基准面"，在"终止条件"（即"方向1"选项组）列表框中选择"给定深度"，方向为默认设置，深度图标后面的数值框中输入"10mm"，如图4-3所示。

3）完成各种设置以后，单击属性管理器或者绘图区域中的"确定"按钮，完成拉伸，如图4-4所示。

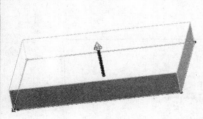

图4-3 拉伸属性

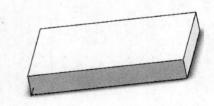

图4-4 拉伸完成

4.2 拉伸切除特征

4.2.1 拉伸切除特征的属性设置

单击"特征"工具栏中的"拉伸切除"按钮，或者选择"插入"|"切除"|"拉伸"菜单命令，在"属性管理器"中弹出"切除-拉伸"的属性设置，如图4-5所示。

该属性设置与"拉伸"的属性设置基本一致。不同的地方是，在"方向 1"选项组中多了"反侧切除"复选框。

"反侧切除"（仅限于拉伸的切除）：移除轮廓外的所有部分，如图 4-6 所示。在默认情况下，从轮廓内部移除，如图 4-7 所示。

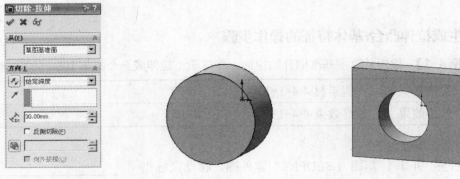

图 4-5 "切除-拉伸"的属性设置   图 4-6 反侧切除   图 4-7 默认切除

4.2.2 生成拉伸切除特征的操作步骤

【案例 4-2】 在实体端面上形成一个凹进去的深为 10mm 的孔。

	实例素材	实例素材\4\4-2-1 草图 1.SLDPRT
	最终效果	最终效果\4\4-2-1 拉伸切除 1.SLDPRT

具体操作步骤如下：

1）打开"4-2-1 草图 1.SLDPRT"零件图，移动鼠标指针到绘图区域选择"草图 2"轮廓，或者在"特征管理器设计树"中选中"草图 2"，此时被选中的"草图 2"轮廓呈蓝色，如图 4-8 所示。

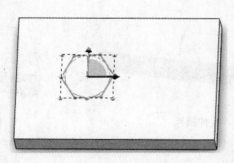

图 4-8 选择草图

2）单击"特征"工具栏中的 "拉伸切除"按钮，启动拉伸切除功能，系统弹出"拉伸"属性管理器，在"开始条件"的下拉列表框中选择"草图基准面"，在"终止条件"下拉列表框中选择"给定深度"，方向向下，深度图标 后面的数值框中输入"10mm"，如图 4-9 所示。

54

3）完成各种设置以后，单击属性管理器或者绘图区域中的 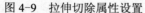 "确定"按钮，完成拉伸切除，如图 4-10 所示。

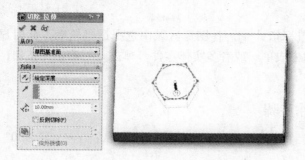

图 4-9　拉伸切除属性设置　　　　　　　　图 4-10　拉伸切除完成

4.3　旋转凸台/基体特征

4.3.1　旋转凸台/基体特征的属性设置

单击"特征"工具栏中的 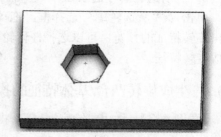 "旋转凸台/基体"按钮，或者选择"插入"|"凸台/基体"|"旋转"菜单命令，在"属性管理器"中弹出"旋转"属性管理器，如图 4-11 所示。

1．"旋转参数"选项组

1） "旋转轴"：选择旋转所围绕的轴，根据所生成的旋转特征的类型，此轴可以为中心线、直线或者边线。

2）"旋转类型"：从草图基准面中定义旋转方向。

● "给定深度"：从草图以单一方向生成旋转。

● "成形到一顶点"：从草图基准面生成旋转到指定顶点。

● "成形到一面"：从草图基准面生成旋转到指定曲面。

● "到离指定面指定的距离"：从草图基准面生成旋转到指定曲面的指定等距。

● "两侧对称"：从草图基准面以顺时针和逆时针方向生成旋转相同的角度。

3） "反向"：单击该按钮，反转旋转方向。

4） "角度"：设置旋转角度，默认的角度为 360 度，角度以顺时针方向从所选草图开始测量。

图 4-11　"旋转"属性管理器

2．"薄壁特征"选项组

● "单向"：以同一 "方向 1 厚度"数值，从草图沿单一方向添加薄壁特征的体积。

● "两侧对称"：以同一 "方向 1 厚度"数值，并以草图为中心，在草图两侧使用均等厚度的体积添加薄壁特征。

● "双向"：在草图两侧添加不同厚度的薄壁特征的体积。设置 "方向 1 厚度"数

55

值，从草图向外添加薄壁特征的体积；设置 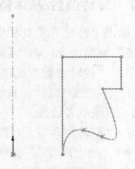 "方向 2 厚度"数值，从草图向内添加薄壁特征的体积。

3. "所选轮廓"选项组

单击 ◇ "所选轮廓"选择框，拖动鼠标指针🔍，在图形区域中选择适当轮廓，此时显示出旋转特征的预览，可以选择任何轮廓生成单一或者多实体零件，单击 ✅ "确定"按钮，生成旋转特征。

4.3.2 生成旋转凸台/基体特征的操作步骤

【案例 4-3】 运用"给定深度"，将一个多边形绕着指定的旋转轴沿一个方向旋转 360° 形成实体。

	实例素材	实例素材\4\4-3-1 草图 1.SLDPRT
	最终效果	最终效果\4\4-3-1 旋转 1.SLDPRT

具体操作步骤如下：

1）打开"4-3-1 草图 1.SLDPRT"零件图，移动鼠标指针到绘图区域选择"草图 1"轮廓，或者在"特征管理器设计树"中选中"草图 1"，此时被选中的"草图 1"轮廓呈蓝色，如图 4-12 所示。

2）单击特征工具栏中的 🔁 "旋转凸台/基体"按钮，启动旋转功能，系统弹出旋转属性管理器，在"旋转轴"选项组中，选择草图中的中心线为旋转轴 ⬊；在"方向 1"选项组中，旋转类型选择为"给定深度"，旋转角度图标 🔲 后面的数值框中输入"360 度"，如图 4-13 所示。

3）完成各种设置以后，单击属性管理器或者绘图区域中的 ✅ "确定"按钮，完成旋转，如图 4-14 所示。

图 4-12 选择草图

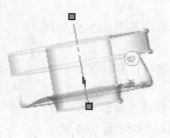
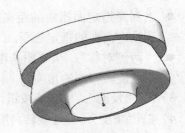

图 4-13 "旋转"属性管理器及预览效果　　　　　图 4-14 旋转完成

4.4 扫描特征

扫描特征是通过沿着一条路径移动轮廓以生成基体、凸台、切除或者曲面的一种特征。

4.4.1 扫描特征的属性设置

单击"特征"工具栏中的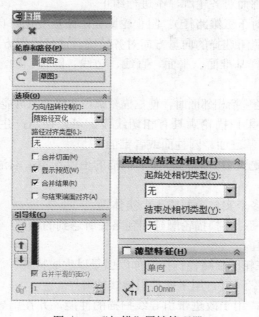"扫描"按钮，或者选择"插入"|"凸台/基体"|"扫描"菜单命令，在"属性管理器"中弹出"扫描"属性管理器，如图 4-15 所示。

图 4-15 "扫描"属性管理器

1．"轮廓和路径"选项组

1）✿"轮廓"：设置用来生成扫描的草图轮廓，在图形区域中或者"特征管理器设计树"中选择草图轮廓。

2）✿"路径"：设置轮廓扫描的路径。

2．"选项"选项组

1）"方向/扭转控制"：用于控制轮廓在沿路径扫描时的方向。

● "随路径变化"：轮廓相对于路径时刻保持处于同一角度。

● "保持法向不变"：使轮廓总是与起始轮廓保持平行。

● "随路径和第一引导线变化"：中间轮廓的扭转由路径到第一条引导线的向量决定，在所有中间轮廓的草图基准面中，该向量与水平方向之间的角度保持不变。

● "随第一和第二引导线变化"：中间轮廓的扭转由第一条引导线到第二条引导线的向量决定。

● "沿路径扭转"：沿路径扭转轮廓，可以按照度数、弧度或者旋转圈数定义扭转。

● "以法向不变沿路径扭曲"：在沿路径扭曲时，保持与开始轮廓平行而沿路径扭转轮廓。

2）"定义方式"（在设置"方向/扭转控制）为"沿路径扭转"或者"以法向不变沿路径扭曲"时可用）：用于定义扭转的形式，可以选择"度数"、"弧度"、"旋转"选项，也可以单击🔄"反向"按钮。

● "扭转角度"：在扭转中设置度数、弧度或者旋转圈数的数值。

3）"路径对齐类型"：当路径上出现少许波动或者不均匀波动使轮廓不能对齐时，可以将轮廓稳定下来。

● "无"：垂直于轮廓而对齐轮廓，不进行纠正。

● "最小扭转"（只对于三维路径）：阻止轮廓在随路径变化时自我相交。

● "方向向量"：按照所选择的向量方向对齐轮廓，选择设置方向向量的实体。

● "方向向量"：选择基准面、平面、直线、边线、圆柱、轴、特征上的顶点组等以设置方向向量。

● "所有面"：当路径包括相邻面时，使扫描轮廓在几何关系可能的情况下与相邻面相切。

4）"合并切面"：如果扫描轮廓具有相切线段，可以使所产生的扫描中的相应曲面相切，保持相切的面可以是基准面、圆柱面或者锥面。

5）"显示预览"：勾选此复选框时，显示扫描的上色预览；取消勾选此复选框时，则只显示轮廓和路径。

6）"合并结果"：将多个实体合并成一个实体。

7）"与结束端面对齐"：将扫描轮廓延伸到路径所遇到的最后一个面。

3. "引导线"选项组

1） ᗕ "引导线"：在轮廓沿路径扫描时加以引导以生成特征。

2） ↑ "上移"、↓ "下移"：用于调整引导线的顺序。

3）"合并平滑的面"：用于改进带引导线扫描的性能，并在引导线或者路径不是曲率连续的所有点处分割扫描。

4） ᠗ "显示截面"：用于显示扫描的截面。

4. "起始处/结束处相切"选项组

1）"起始处相切类型"：其选项如图 4-16 所示。

● "无"：不应用相切。

● "路径相切"：垂直于起始点路径而生成扫描。

2）"结束处相切类型"：与"起始处相切类型"的选项相同，如图 4-17 所示，在此不做赘述。

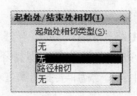
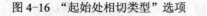
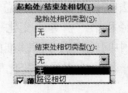

图 4-16 "起始处相切类型"选项　　　　　图 4-17 "结束处相切类型"选项

5. "薄壁特征"选项组

● "单向"：设置同一 ᠗ "厚度"数值，以单一方向从轮廓生成薄壁特征。

● "两侧对称"：设置同一 ᠗ "厚度"数值，以两个方向从轮廓生成薄壁特征。

● "双向"：设置不同的"厚度 1"和"厚度 2"数值，以相反的两个方向从轮廓生成薄壁特征。

4.4.2　生成扫描特征的操作步骤

【案例 4-4】 将一个圆形草图截面沿着指定的路径进行扫描，并使截面与路径的角度始终保持不变。

⊙	实例素材	实例素材\4\4-4-1 草图 1.SLDPRT
	最终效果	最终效果\4\4-4-1 扫描 1.SLDPRT

具体操作步骤如下：

1）打开"4-4-1 草图 1.SLDPRT"零件图，其中包含两个草图：其中"草图 1"为扫描的路径，如图中的样条曲线所示；"草图 2"为需要扫描的截面轮廓，如图 4-18 所示。

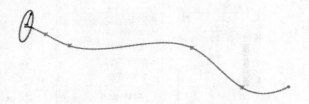

图 4-18　打开草图

2）单击"特征"工具栏中的 "扫描凸台/基体"按钮，启动扫描功能，系统弹出"扫描"属性管理器，在"轮廓和路径"选项组下， "轮廓"选择草图 2， "路径"选择草图 1。在"选项"选项组下，在"方向/扭转控制"下拉列表框中选择"随路径变化"，在"路径对齐类型"下拉列表框中选择"无"，如图 4-19 所示。

3）完成各种设置以后，单击属性管理器或者绘图区域中的 "确定"按钮，完成扫描，如图 4-20 所示。

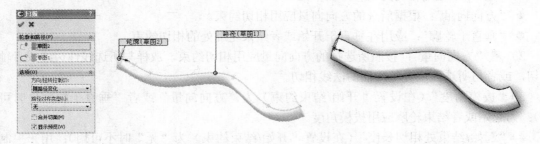

图 4-19　"扫描"属性管理器及预览效果　　　　图 4-20　扫描完成

4.5　放样特征

放样特征通过在轮廓之间进行过渡以生成特征，放样的对象可以是基体、凸台、切除或者曲面，也可以使用两个或者多个轮廓生成放样，但仅第一个或者最后一个对象的轮廓可以是点。

4.5.1 放样特征的属性设置

选择"插入"｜"凸台/基体"｜"放样"菜单命令，在"属性管理器"中弹出"放样"属性管理器，如图 4-21 所示。

图 4-21 "放样"属性管理器

1. "轮廓"选项组
- ⚮ "轮廓"：用来生成放样的轮廓，可以选择要放样的草图轮廓、面或者边线。
- ⬆ "上移"、⬇ "下移"：用来调整轮廓的顺序。

2. "起始/结束约束"选项组
1)"开始约束"、"结束约束"：应用约束以控制开始和结束轮廓的相切。
- "无"：不应用相切约束（即曲率为 0）。
- "方向向量"：根据所选的方向向量应用相切约束。
- "垂直于轮廓"：应用在垂直于开始或者结束轮廓处的相切约束。
2)🠕 "方向向量"：按照所选择的方向向量应用相切约束，放样与所选线性边线或者轴相切，或者与所选面或者基准面的法线相切。
3)"拔模角度"（在设置"开始/结束约束"为"方向向量"或者"垂直于轮廓"时可用）：为起始或者结束轮廓应用拔模角度。
4)"起始/结束处相切长度"（在设置"开始/结束约束"为"无"时不可用）：用来控制对放样的影响量。
5)"应用到所有"：选择此选项，显示一个为整个轮廓控制所有约束的控标；取消选择此选项，显示可允许单个线段控制约束的多个控标。

3. "引导线"选项组
1)"引导线感应类型"：用来控制引导线对放样的影响力。
- "到下一引线"：只将引导线延伸到下一引导线。
- "到下一尖角"：只将引导线延伸到下一尖角。
- "到下一边线"：只将引导线延伸到下一边线。

- "整体": 将引导线影响力延伸到整个放样。

2) ⊱ "引导线": 选择引导线来控制放样。

3) ⬆ "上移"、⬇ "下移": 用来调整引导线的顺序。

4) "草图<n>-相切": 用来控制放样与引导线相交处的相切关系。

- "无": 不应用相切约束。

- "方向向量": 根据所选的方向向量应用相切约束。

- "与面相切": 在位于引导线路径上的相邻面之间添加边侧相切, 从而在相邻面之间生成更平滑的过渡。

5) ↗ "方向向量": 根据所选的方向向量应用相切约束, 放样与所选线性边线或者轴相切, 也可以与所选面或者基准面的法线相切。

6) "拔模角度": 只要几何关系成立, 将拔模角度沿引导线应用到放样。

4. "中心线参数"选项组

1) "中心线": 使用中心线引导放样形状。

2) "截面数": 在轮廓之间并围绕中心线添加截面。

3) ⚭ "显示截面": 显示放样截面。

5. "草图工具"选项组

使用 "Selection Manager"（选择管理器）帮助选择草图实体。

1) "拖动草图": 激活拖动模式, 当编辑放样特征时, 可以从任何已经为放样定义了轮廓线的 3D 草图中拖动 3D 草图线段、点或者基准面, 3D 草图在拖动时自动更新。如果需要退出草图拖动状态, 再次单击 "拖动草图" 按钮即可。

2) ↺ "撤销草图拖动": 撤销先前的草图拖动并将预览返回到其先前状态。

6. "选项"选项组

- "合并切面": 如果对应的线段相切, 则保持放样中的曲面相切。

- "闭合放样": 沿放样方向生成闭合实体, 选择此选项会自动连接最后 1 个和第 1 个草图实体。

- "显示预览": 选择此选项, 显示放样的上色预览; 取消选择此选项, 则只能查看路径和引导线。

- "合并结果": 合并所有的放样要素。

7. "薄壁特征"选项组

- "单向": 设置同一 ⟊ "厚度" 数值, 以单一方向从轮廓生成薄壁特征。

- "两侧对称": 设置同一 ⟊ "厚度" 数值, 以两个方向从轮廓生成薄壁特征。

- "双向": 设置不同的 "厚度 1" 和 "厚度 2" 数值, 以两个相反的方向从轮廓生成薄壁特征。

4.5.2 生成放样特征的操作步骤

【案例 4-5】 不应用任何相切约束对两个草图进行放样, 结果实体的轮廓线为直线。

◉	实例素材	实例素材\4\4-5-1 草图 1.SLDPRT
	最终效果	最终效果\4\4-5-1 放样 1.SLDPRT

具体操作步骤如下：

1）打开"4-5-1 草图 1.SLDPRT"零件图，其中"草图 1"为放样开始轮廓，如图 4-22 中六边形所示；"草图 2"为放样结束轮廓，如图 4-22 中四边形所示。

2）单击"特征"工具栏中的 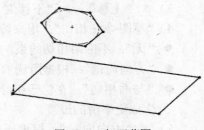 "放样"按钮，启动放样功能，系统弹出"放样"属性管理器，在"轮廓"选项组下的 "轮廓"选择"草图 1"和"草图 2"。在"起始/结束约束"选项组下，在"开始约束"下拉列表框中选择"无"，在"结束约束"下拉列表框中选择"无"，如图 4-23 所示。

图 4-22　打开草图

3）完成各种设置以后，单击属性管理器或者绘图区域中的 "确定"按钮，完成放样，如图 4-24 所示。

 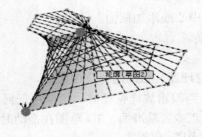

图 4-23　"放样"的属性设置及预览效果

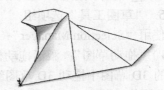

图 4-24　放样完成的效果

4.6　筋特征

筋特征在轮廓与现有零件之间指定方向和厚度以进行延伸，可以使用单一或者多个草图生成筋特征，也可以使用拔模生成筋特征，或者选择要拔模的参考轮廓。

4.6.1　筋特征的属性设置

单击"特征"工具栏中的 "筋"按钮，或者选择"插入"|"特征"|"筋"菜单命令，在"属性管理器"中弹出"筋"属性管理器，如图 4-25 所示。

1．"参数"选项组

1）"厚度"：在草图边缘添加筋的厚度。

● ≡ "第一边"：只延伸草图轮廓到草图的一边。

● ≡ "两侧"：均匀延伸草图轮廓到草图的两边。

● ≡ "第二边"：只延伸草图轮廓到草图的另一边。

2） "筋厚度"：设置筋的厚度。

3）"拉伸方向"：设置筋的拉伸方向。

图 4-25　"筋"属性管理器

- "平行于草图"：平行于草图生成筋拉伸。
- "垂直于草图"：垂直于草图生成筋拉伸。

4）"反转材料边"：更改拉伸的方向。

5） "拔模开/关"：添加拔模特征到筋，可以设置"拔模角度"。

- "向外拔模"：选择此选项，生成向外拔模角度；取消选择此选项，将生成向内拔模角度。

6）"类型"（在"拉伸方向"中单击 "垂直于草图"按钮时可用）。

- "线性"：生成与草图方向相垂直的筋。
- "自然"：生成沿草图轮廓延伸方向的筋。

7）"下一参考"：切换草图轮廓，可以选择拔模所用的参考轮廓。

2. "所选轮廓"选项组

"所选轮廓"参数用来列举生成筋特征的草图轮廓。

4.6.2 生成筋特征的操作步骤

【**案例 4-6**】 运用筋特征功能，草图中已经存在一条与实体特征相交的草图线段，在草图轮廓与实体之间加入向第一边方向厚度为 10mm 的筋。

	实例素材	实例素材\4\4-6-1 草图 1.SLDPRT
	最终效果	最终效果\4\4-6-1 筋 1.SLDPRT

具体操作步骤如下：

1）打开"4-6-1 草图 1.SLDPRT"零件图，移动鼠标指针到绘图区域选择"草图 3"轮廓，或者在"特征管理器设计树"中选中"草图 3"，此时被选中的"草图 3"轮廓呈高亮显示，如图 4-26 所示。

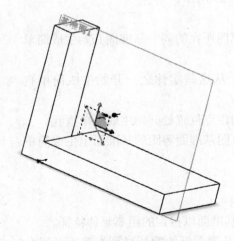

图 4-26　选择草图

2）单击"特征"工具栏中的 "筋"按钮，启动筋功能，系统弹出"筋"的属性管理器，在"参数"选项组下，选择生筋方式为 ☰（第一边），输入 "筋厚度"数值为

"10mm"，选择"拉伸方向"为 "平行于草图"，如图 4-27 所示。

3）完成各种设置以后，单击属性管理器或者绘图区域中的 "确定"按钮，完成筋特征，如图 4-28 所示。

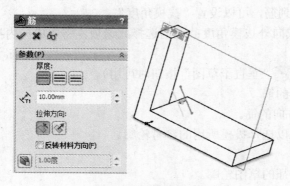
图 4-27　筋特征属性设置

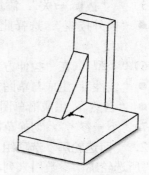
图 4-28　筋特征完成

4.7　孔特征

孔特征是在模型上生成各种类型的孔。在平面上放置孔并设置深度，可以通过标注尺寸的方法定义它的位置。

4.7.1　孔特征的属性设置

1. 简单直孔

选择"插入"|"特征"|"孔"|"简单直孔"菜单命令，在"属性管理器"中弹出"孔"的属性管理器，如图 4-29 所示。

（1）"从"选项组

● "草图基准面"：从草图所在的同一基准面开始生成简单直孔。

● "曲面/面/基准面"：从这些实体之一开始生成简单直孔。

● "顶点"：从所选择的顶点位置处开始生成简单直孔。

● "等距"：从与当前草图基准面等距的基准面上生成简单直孔。

（2）"方向 1"选项组。

● 终止条件包括以下几种。

"给定深度"：从草图的基准面以指定的距离延伸特征。

"完全贯穿"：从草图的基准面延伸特征直到贯穿所有现有的几何体。

图 4-29　"孔"的属性管理器

"成形到下一面"：从草图的基准面延伸特征到下一面以生成特征。

"成形到一顶点"：从草图基准面延伸特征到某一平面，这个平面平行于草图基准面且穿越指定的顶点。

"成形到一面"：从草图的基准面延伸特征到所选的曲面以生成特征。

"到离指定面指定的距离"：从草图的基准面到某面的特定距离处生成特征。

- ✐ "拉伸方向"：用于在除了垂直于草图轮廓以外的其他方向拉伸孔。
- ◠ "深度"或者"等距距离"：设置深度数值。
- ⊘ "孔直径"：设置孔的直径。
- ▨ "拔模开/关"：添加拔模到孔，可以设置"拔模角度"。

2. 异型孔

单击"特征"工具栏中的 ▨ "异型孔向导"按钮，或者选择"插入"|"特征"|"孔"|"向导"菜单命令，在"属性管理器"中弹出"孔规格"属性管理器，如图 4-30 所示。

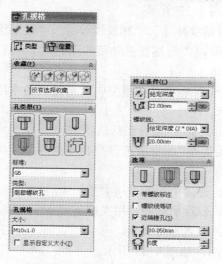

图 4-30 "孔规格"属性管理器

1）"孔规格"的属性设置包括两个选项卡。

- "类型"：用来设置孔类型参数。
- "位置"：在平面或者非平面上找出异型孔向导孔，使用尺寸和其他草图绘制工具定位孔中心。

2）"孔规格"选项组会根据孔类型而有所不同，孔类型包括 ▨ "柱孔"、▨ "锥孔"、▨ "孔"、▨ "螺纹孔"、▨ "管螺纹孔"和 ▨ "旧制孔"。

- "标准"：选择孔的标准，如"Ansi Metric"或者"JIS"等。
- "类型"：选择孔的类型。
- "大小"：为螺纹件选择尺寸大小。
- "配合"：为扣件选择配合形式。

3）"截面尺寸"选项组：双击任一数值可以进行编辑。

4）"终止条件"选项组

- ▨ "盲孔深度"：用来设定孔的深度。对于"螺纹孔"，可以设置"螺纹线类型"和 ▨ "螺纹线深度"，如图 4-31 所示；对于"管螺纹孔"，可以设置 ▨ "螺纹线深度”，如图 4-32 所示。

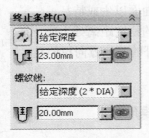 

图 4-31　设置“螺纹孔”的“终止条件”　　图 4-32　设置“管螺纹孔”的“终止条件”
　　　　　　为“给定深度”　　　　　　　　　　　　　　为“给定深度”

5）“选项”选项组，如图 4-33 所示。

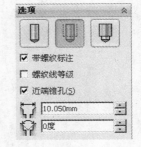

图 4-33　“选项”选项组

“选项”选项组包括“带螺纹标注”、“螺纹线等级”、“近端锥孔”、“近端锥孔直径”和“近端锥孔角度”等选项，可以根据孔类型的不同而发生变化。

6）“收藏”选项组：用于管理可以在模型中重新使用的常用异型孔清单，如图 4-34 所示。

- “应用默认/无常用类型”：重设到默认状态。
- “添加或更新常用类型”：将所选异型孔添加到常用类型清单中。
- “删除常用类型”：删除所选的常用类型。
- “保存常用类型”：保存所选的常用类型。
- “装入常用类型”：载入常用类型。

7）“自定义大小”选项组，如图 4-35 所示。

“自定义大小”选项组会根据孔类型的不同而发生变化。

图 4-34　“常用类型”选项组　　　　　　　图 4-35　“自定义大小”选项组

4.7.2　生成孔特征的操作步骤

【案例 4-7】　运用打孔特征功能，在实体上表面任意位置打一个贯通的柱孔。

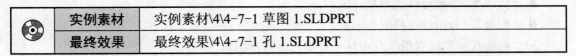

	实例素材	实例素材\4\4-7-1 草图 1.SLDPRT
	最终效果	最终效果\4\4-7-1 孔 1.SLDPRT

具体操作步骤如下：

1）打开“4-7-1 草图 1.SLDPRT”零件图，如图 4-36 所示。

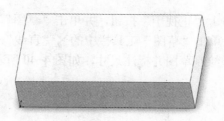
图 4-36 打开草图

2）单击"特征"工具栏中的 🔲 "异型孔向导"按钮，启动打孔功能，系统弹出"孔规格"的属性管理器，选择"类型"选项卡，在"孔类型"选项组下，选择孔类型为 🔲 "柱形沉头孔"。选择"位置"选项卡，然后在图形区域中选择圆柱体的上表面任何一点，其他设置如图 4-37 所示。

3）完成各种设置以后，单击属性管理器或者绘图区域中的 ✅ "确定"按钮，完成孔特征，如图 4-38 所示。

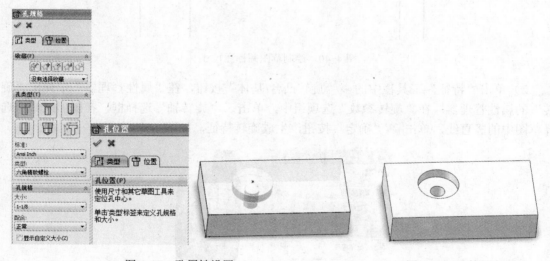

图 4-37　孔属性设置　　　　　　　　　　　　　　图 4-38　孔特征完成

4.8　范例

下面应用本章所讲解的知识完成一个模型的范例，最终效果如图 4-39 所示。

主要步骤如下：
1）生成基体部分。
2）生成切除部分。

图 4-39　模型

4.8.1　生成基体部分

1）单击"特征管理器设计树"中的"右视基准面"图标，使其成为草图绘制平面。单击“标准视图”工具栏中的“正视于”按钮，并单击“草图”工具栏中的“草图绘制”按钮，进入草图绘制状态。单击“草图”工具栏中的“直线”、“圆弧”、“矩形”按钮和“智能尺寸”按钮，绘制草图并标注尺寸，如图 4-40 所示。

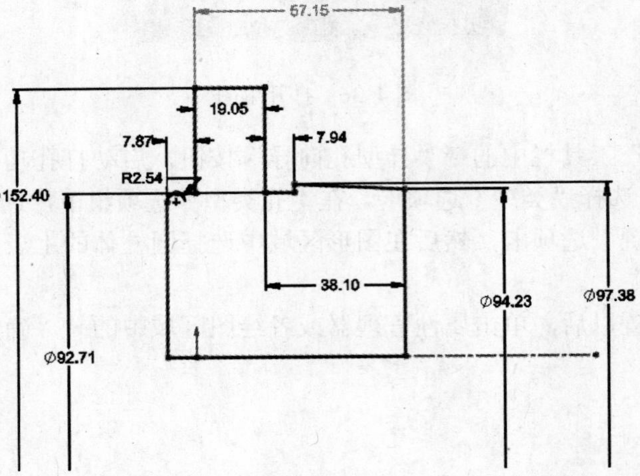

图 4-40　绘制草图并标注尺寸

2）单击“特征”工具栏中的“旋转凸台/基体”按钮，在“属性管理器”中弹出“旋转”的属性管理器。在“旋转参数”选项组中，单击“旋转轴”选择框，在图形区域中选择草图中的竖直线，单击“确定”按钮，生成旋转特征，如图 4-41 所示。

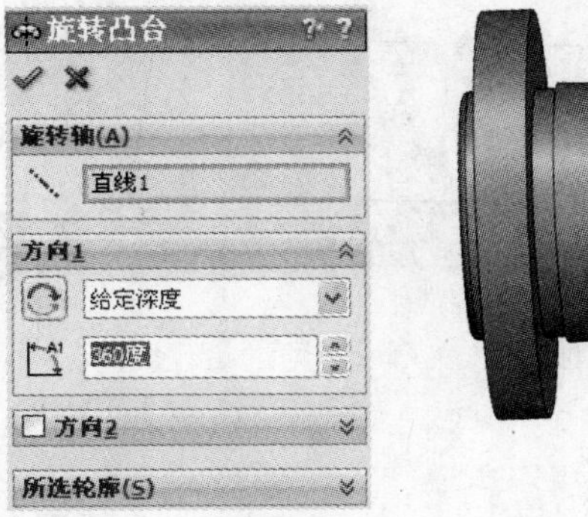

图 4-41　生成旋转特征

3）单击圆盘底面，使其成为草图绘制平面。单击“标准视图”工具栏中的“正视于”按钮，并单击“草图”工具栏中的“草图绘制”按钮，进入草图绘制状态。使用“草图”工具栏中的“圆弧”和“智能尺寸”工具，绘制如图 4-42 所示的草图。单击“退出草图”按钮，退出草图绘制状态。

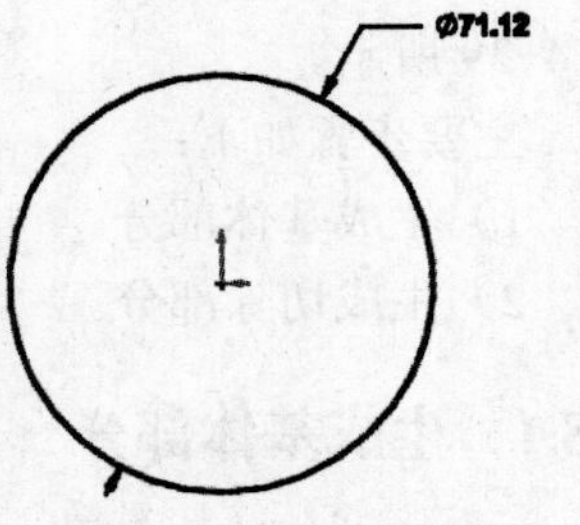

图 4-42　绘制草图并标注尺寸

4）单击“特征”工具栏中的“切除-拉伸”按钮，在“属性管理器”中弹出“切除-拉伸”的属性管理器。在“方向 1"选项组中，设置"终止条件"为"两侧对称"，$\square_{D1}$"深度"为"254.00mm"，单击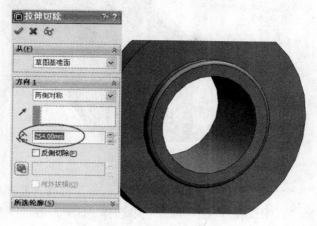
"确定"按钮，生成拉伸切除特征，如图 4-43 所示。

图 4-43　拉伸切除特征

4.8.2　生成切除部分

1）单击圆盘底面，使其成为草图绘制平面。单击"标准视图"工具栏中的 $\perp$ "正视于"按钮，并单击"草图"工具栏中的 $\square$ "草图绘制"按钮，进入草图绘制状态。使用"草图"工具栏中的 $\searrow$ "直线"和 $\diamondsuit$ "智能尺寸"工具，绘制如图 4-44 所示的草图。单击 $\square$ "退出草图"按钮，退出草图绘制状态。

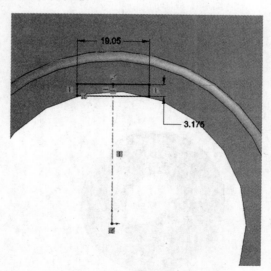

图 4-44　绘制草图并标注尺寸

2）单击"特征"工具栏中的 $\square$ "切除-拉伸"按钮，在"属性管理器"中弹出"切除-拉伸"属性管理器。在"方向 1"选项组中，设置"终止条件"为"完全贯穿"，单击 $\checkmark$ "确定"按钮，生成拉伸切除特征，如图 4-45 所示。

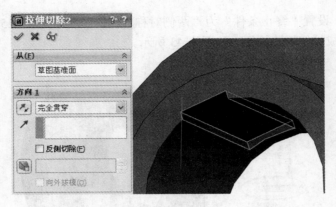

图 4-45 拉伸切除特征

3）选择"插入"|"特征"|"孔"|"向导"菜单命令，打开"孔规格"属性管理器，在"类型"选项卡中选择"直螺纹孔"，在"标准"中选择"GB"，在"类型"中选择"底部螺纹孔"，在"大小"中选择"M10"，如图 4-46 所示。

4）单击"位置"选项卡，在绘图区中模型的上表面单击一点，将产生异形孔的预览，利用"草图"工具栏中的 ![智能尺寸] "智能尺寸"工具对草图进行标注尺寸，如图 4-47 所示，单击"确定"按钮，完成异形孔的创建。

5）选择"插入"|"特征"|"孔"|"向导"菜单命令，打开"孔规格"属性管理器，在"类型"选项卡中选择直螺纹孔，在"标准"中选择"GB"，在"类型"中选择"底部螺纹孔"，在"大小"中选择"M5"，如图 4-48 所示。

图 4-46 设置"孔规格"
属性管理器

图 4-47 生成异形孔

图 4-48 设置"孔规格"
属性管理器

6）单击"位置"选项卡，在绘图区中模型的上表面单击两个点，将产生两个异形孔的预览，利用"草图"工具栏中的 ![智能尺寸] "智能尺寸"工具对草图进行标注尺寸，如图 4-49 所

70

示，单击"确定"按钮，完成异形孔的创建。

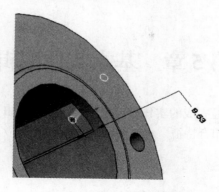

图4-49　生成异形孔

7）选择"插入"｜"特征"｜"倒角"菜单命令，在"属性管理器"中弹出"倒角"属性管理器。在"倒角参数"选项组中，单击 📷"边线和面或顶点"选择框，在绘图区域中选择模型中的一条边线，设置 ⬦ "距离"为"2.54mm"，⬔ "角度"为"45 度"，单击 ✅ "确定"按钮，生成倒角特征，如图4-50所示。

图4-50　生成倒角特征

第 5 章　基本实体编辑

基本实体编辑是针对已经完成的实体模型进行辅助性的编辑，其应用的特征包括圆角特征、倒角特征、抽壳特征和扣合特征。

5.1　圆角特征

圆角特征是在零件上生成内圆角面或者外圆角面的一种特征，可以在一个面的所有边线上、所选的多组面上、所选的边线或者边线环上生成圆角。

5.1.1　圆角特征的属性设置

选择"插入"｜"特征"｜"圆角"菜单命令，在"属性管理器"中弹出"圆角"属性管理器。在"手工"模式中，"圆角类型"选项组如图 5-1 所示。

1．等半径

"等半径"的作用是在整个边线上生成具有相同半径的圆角。单击"等半径"单选按钮，属性设置如图 5-2 所示。

（1）"圆角项目"选项组

- $\nwarrow$ "半径"：设置圆角的半径。
- ▢ "边线、面、特征和环"：在图形区域中选择要进行圆角处理的实体。
- "多半径圆角"：以不同边线的半径生成圆角。
- "切线延伸"：将圆角延伸到所有与所选面相切的面。
- "完整预览"：显示所有边线的圆角预览。
- "部分预览"：只显示一条边线的圆角预览。
- "无预览"：可以缩短复杂模型的重建时间。

图 5-1　"圆角类型"属性管理器

图 5-2　单击"等半径"单选按钮后的属性管理器

（2）"逆转参数"选项组

在混合曲面之间沿着模型边线生成圆角并形成平滑的过渡。

- $\nearrow$ "距离"：在顶点处设置圆角逆转距离。
- $\Box$ "逆转顶点"：在图形区域中选择一个或者多个顶点。
- Υ "逆转距离"：以相应的 $\nearrow$ "距离"数值列举边线数。
- "设定未指定的"：应用当前的 $\nearrow$ "距离"数值到 Υ "逆转距离"下没有指定距离的所有项目。
- "设定所有"：应用当前的 $\nearrow$ "距离"数值到 Υ "逆转距离"下的所有项目。

（3）"圆角选项"选项组

- "通过面选择"：应用通过隐藏边线的面选择边线。
- "保持特征"：如果应用一个大到可以覆盖特征的圆角半径，则保持切除或者凸台特征为可见。
- "圆形角"：生成含圆形角的等半径圆角。用户必须选择至少两个相邻边线使其圆角化，圆形角在边线之间有平滑过渡，可以消除边线汇合处的尖锐接合点。

"扩展方式"是用来控制在单一闭合边线（如圆、样条曲线、椭圆等）上的圆角与边线汇合时的方式。

- "默认"：由应用程序选择"保持边线"或者"保持曲面"选项。
- "保持边线"：模型边线保持不变，而圆角则进行调整。
- "保持曲面"：圆角边线调整为连续和平滑，而模型边线更改以与圆角边线匹配。

2．变半径

"变半径"的作用是生成含可变半径值的圆角，用户可以使用控制点帮助定义圆角。单击"变半径"单选按钮，其属性管理器如图5-3所示。

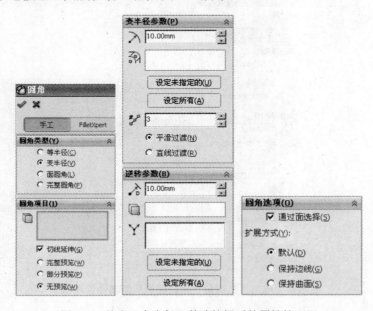

图5-3　单击"变半径"单选按钮后的属性管理器

（1）"圆角项目"选项组

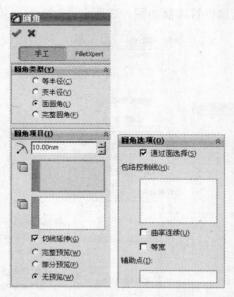 "边线、面、特征和环"：在图形区域中选择需要圆角处理的实体。

（2）"变半径参数"选项组

- ⬈ "半径"：设置圆角半径。
- 🔧 "附加的半径"：列举在"圆角项目"选项组的 🔲 "边线、面、特征和环"选择框中选择的边线顶点，并列举在图形区域中选择的控制点。
- "设定未指定的"：应用当前的 ⬈ "半径"到 🔧 "附加的半径"下所有未指定半径的项目。
- "设定所有"：应用当前的 ⬈ "半径"到 🔧 "附加的半径"下的所有项目。
- 🔧 "实例数"：设置边线上的控制点数。
- "平滑过渡"：生成圆角，当一条圆角边线接合于一个邻近面时，圆角半径从某一半径平滑地转换为另一半径。
- "直线过渡"：生成圆角，圆角半径从某一半径线性转换为另一半径，但是不将切边与邻近圆角相匹配。

（3）"逆转参数"选项组

"逆转参数"选项组与"等半径"的"逆转参数"选项组属性设置相同。

（4）"圆角选项"选项组

"圆角选项"选项组与"等半径"的"圆角选项"选项组属性设置相同。

3．面圆角

"面圆角"用于混合非相邻、非连续的面。单击"面圆角"单选按钮，其属性管理器如图 5-4 所示。

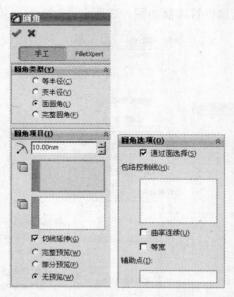

图 5-4 单击"面圆角"单选按钮后的属性管理器

（1）"圆角项目"选项组

- ⬈ "半径"：设置圆角半径。

74

- "面组 1"：在图形区域中选择要混合的第一个面或者第一组面。
- "面组 2"：在图形区域中选择要与"面组 1"混合的面。

（2）"圆角选项"选项组

- "通过面选择"：应用通过隐藏边线的面选择边线。
- "包络控制线"：选择模型上的边线或者面上的投影分割线，作为决定圆角形状的边界，圆角的半径由控制线和要圆角化的边线之间的距离来控制。
- "曲率连续"：解决曲率不连续问题，并在相邻曲面之间生成更平滑的曲率。
- "等宽"：生成等宽的圆角。
- "辅助点"：在可能不清楚在何处发生面混合时解决模糊选择的问题。单击"辅助点顶点"选择框，然后单击要插入面圆角的边线上的一个顶点，圆角在靠近辅助点的位置处生成。

4．完整圆角

"完整圆角"的作用是生成相切于 3 个相邻面组（一个或者多个面相切）的圆角。单击"完整圆角"单选按钮，其属性设置如图 5-5 所示。

- "边侧面组 1"：选择第一个边侧面。
- "中央面组"：选择中央面。
- "边侧面组 2"：选择与 "边侧面组 1"相反的面组。

在"FilletXpert"模式中，可以帮助管理、组织和重新排序圆角。

使用"添加"选项卡生成新的圆角，使用"更改"选项卡修改现有圆角。选择"添加"选项卡，如图 5-6 所示。

图 5-5　单击"完整圆角"单选按钮后的属性设置

图 5-6　"添加"选项卡

（1）"圆角项目"选项组

- "边线、面、特征和环"：在图形区域中选择要圆角处理的实体。
- "半径"：设置圆角半径。

（2）"选项"选项组

● "通过面选择"：在上色或者 HLR 显示模式中应用隐藏边线的选择。

● "切线延伸"：将圆角延伸到所有与所选边线相切的边线。

● "完整预览"：显示所有边线的圆角预览。

● "部分预览"：只显示一条边线的圆角预览。

● "无预览"：可以缩短复杂圆角的显示时间。

选择"更改"选项卡，如图 5-7 所示。

（1）"要更改的圆角"选项组

● ⬡ "圆角面"：选择要调整大小或者删除的圆角。

● ⬈ "半径"：设置新的圆角半径。

● "调整大小"：将所选圆角修改为设置的半径值。

● "移除"：从模型中删除所选的圆角。

（2）"现有圆角"选项组

● "按大小分类"：按照大小过滤所有圆角。从"过滤面组"选择框中选择圆角大小以选择模型中包含该值的所有圆角，同时将它们显示在 ⬡ "圆角面"选择框中，如图 5-8 所示。

图 5-7 "更改"选项卡

图 5-8 "过滤面组"选择框

5.1.2 生成圆角特征的操作步骤

【案例 5-1】 运用圆角特征功能，在实体边线上生成半径为 10mm 的等半径的圆角特征。

实例素材	实例素材\5\5-1-1 草图 1.SLDPRT
最终效果	最终效果\5\5-1-1 圆角 1.SLDPRT

具体操作步骤如下：

1）打开"5-1-1 草图 1.SLDPRT"零件图，如图 5-9 所示。

图 5-9　打开草图

2）单击"特征"工具栏中的  "圆角"按钮，启动圆角功能，系统弹出"圆角"属性管理器，选择"手工"选项卡，在"圆角类型"选项组下，选择"等半径"单选按钮。在"圆角项目"选项组下，输入 "半径"值为"10mm"，然后在图形区域中选择三角形实体上一条边线，其他设置使用默认值，如图 5-10 所示。

3）完成各种设置以后，单击属性管理器或者绘图区域中的 "确定"按钮，完成圆角特征，如图 5-11 所示。

图 5-10　"圆角"属性管理器及预览效果　　　　图 5-11　圆角特征完成

5.2　倒角特征

倒角特征是在所选的边线、面或者顶点上生成倾斜的特征。

5.2.1　倒角特征的属性设置

选择"插入"｜"特征"｜"倒角"菜单命令，在"属性管理器".中弹出"倒角"属性管理器，如图 5-12 所示。

"倒角参数"选项组中的选项如下。

● "角度距离"：通过设定角度和距离来生成倒角。

● "距离—距离"：通过设定距离来生成倒角。

● "顶点"：通过设定顶点来生成倒角。

● ⚲ "距离"：设置距离数值。

● ⬠ "角度"：设置角度数值。

● "通过面选择"：通过隐藏边线的面选取边线。

● "保持特征"：保留如切除或者拉伸之类的特征，这些特征在生成倒角时通常被移除。

● "切线延伸"：将倒角延伸到与所选实体相切的面或边线。

图 5-12 "倒角"属性管理器

5.2.2 生成倒角特征的操作步骤

【案例 5-2】 运用倒角特征功能，在实体边线上生成截面为一条直角边为 20mm、斜边与这条直角边夹角为 45°的倒角。

⊙	实例素材	实例素材\5\3-9-1 草图 1.SLDPRT
	最终效果	最终效果\5\3-9-1 倒角 1.SLDPRT

具体操作步骤如下：

1）打开"3-9-1 草图 1.SLDPRT"零件图，如图 5-13 所示。

2）单击"特征"工具栏中的 ⬠ "倒角"按钮，启动倒角功能，系统弹出"倒角"属性管理器。在"倒角参数"选项组下，选择"角度距离"选项，◻ "边线和面或顶点"选择"长方体边线<1>"，如图中线段所示，在 ⚲ "距离"数值框中输入"20.00mm"，⬠ "角度"数值框中输入"45 度"，如图 5-14 所示。

图 5-13 打开草图

3）完成各种设置以后，单击"倒角 1"属性管理器或者绘图区域中的 ✓ "确定"按钮，完成倒角特征，如图 5-15 所示。

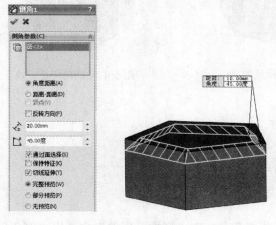

图 5-14 "倒角 1"属性管理器及预览效果

图 5-15 完成倒角特征

5.3 抽壳特征

抽壳特征可以掏空零件，使所选择的面敞开，在其他面上生成薄壁特征。如果没有选择模型上的任何面，则掏空实体零件，生成闭合的抽壳特征，也可以使用多个厚度以生成抽壳模型。

5.3.1 抽壳特征的属性设置

选择"插入"｜"特征"｜"抽壳"菜单命令，在"属性管理器"中弹出"抽壳"属性管理器，如图5-10所示。

1. "参数"选项组
- "厚度"：设置保留面的厚度。
- "移除的面"：在图形区域中可以选择一个或者多个面。
- "壳厚朝外"：增加模型的外部尺寸。
- "显示预览"：显示抽壳特征的预览。

2. "多厚度设定"选项组

"多厚度面"：在图形区域中选择一个面，为所选面设置"多厚度"数值。

图5-16 "抽壳"属性管理器

5.3.2 生成抽壳特征的操作步骤

【案例5-3】 运用抽壳功能，将实体抽壳生成一个壁厚为10mm的开放空腔。

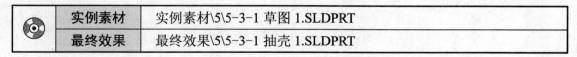

	实例素材	实例素材\5\5-3-1 草图 1.SLDPRT
	最终效果	最终效果\5\5-3-1 抽壳 1.SLDPRT

具体操作步骤如下：

1）打开"5-3-1 草图 1.SLDPRT"零件图，如图5-17所示。

图5-17 打开草图

2）单击"特征"工具栏中的"抽壳"按钮，启动抽壳功能，系统弹出"抽壳"属性管理器。在"参数"选项组下，"移除的面"选择"面<1>"，如图中面所示，"厚度"数值框中输入"10mm"，如图5-18所示。

3）完成各种设置以后，单击"抽壳 1"属性管理器或者绘图区域中的"确定"按钮，完成抽壳特征，如图5-19所示。

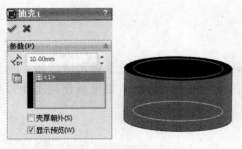

图 5-18 抽壳属性设置　　　　　　　图 5-19 抽壳特征完成

5.4 弯曲特征

弯曲特征以直观的方式对复杂的模型进行变形。

5.4.1 弯曲特征的属性设置

1. 折弯

选择"插入"｜"特征"｜"弯曲"菜单命令，在"属性管理器"中弹出"弯曲"属性管理器。在"弯曲输入"选项组中，单击"折弯"单选按钮，属性设置如图 5-20 所示。

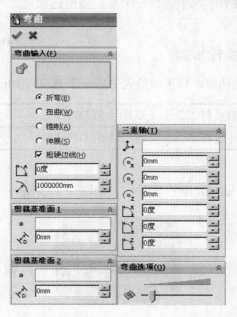

图 5-20 选择"折弯"单选按钮

（1）"弯曲输入"选项组

- "粗硬边线"：生成如圆锥面、圆柱面以及平面等的分析曲面，形成剪裁基准面与实体相交的分割面。
- "角度"：设置折弯角度，需要配合折弯半径。
- "半径"：设置折弯半径。

（2）"剪裁基准面 1"选项组

● ● "为剪裁基准面 1 选择一参考实体"：将剪裁基准面 1 的原点锁定到模型上的所选点。

● ● "基准面 1 剪裁距离"：沿三重轴的剪裁基准面轴（蓝色 Z 轴），从实体的外部界限移动到剪裁基准面上的距离。

（3）"剪裁基准面 2"选项组

"剪裁基准面 2"选项组的属性设置与"剪裁基准面 1"选项组基本相同，在此不做赘述。

（4）"三重轴"选项组

使用这些参数来设置三重轴的位置和方向。

● ● "为枢轴三重轴参考选择一坐标系特征"：将三重轴的位置和方向锁定到坐标系上。

● ● "X 旋转原点"、● "Y 旋转原点"、● "Z 旋转原点"：沿指定轴移动三重轴的位置（相对于三重轴的默认位置）。

● ● "X 旋转角度"、● "Y 旋转角度"、● "Z 旋转角度"：围绕指定轴旋转三重轴（相对于三重轴自身），此角度表示围绕零部件坐标系的旋转角度，且按照 Z、Y、X 轴顺序进行旋转。

（5）"弯曲选项"选项组

● "弯曲精度"：用来控制曲面的品质。提高品质还会提高弯曲特征的成功率。

2．扭曲

选择"插入"｜"特征"｜"弯曲"菜单命令，在"属性管理器"中弹出"弯曲"属性管理器。在"弯曲输入"选项组中，单击"扭曲"单选按钮，如图 5-21 所示。

● "角度"：设置扭曲的角度。

其他选项组的属性设置不再赘述。

3．锥削

选择"插入"｜"特征"｜"弯曲"菜单命令，在"属性管理器"中弹出"弯曲"属性管理器。在"弯曲输入"选项组中，单击"锥削"单选按钮，如图 5-22 所示。

● "锥剃因子"：设置锥削量。调整 ● "锥剃因子"时，剪裁基准面不移动。

其他选项组的属性设置不再赘述。

4．伸展

选择"插入"｜"特征"｜"弯曲"菜单命令，在"属性管理器"中弹出"弯曲"属性管理器。在"弯曲输入"选项组中，单击"伸展"单选按钮，如图 5-23 所示。

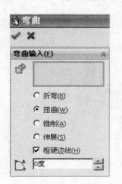  

图 5-21　单击"扭曲"单选按钮　　图 5-22　单击"锥削"单选按钮　　图 5-23　单击"伸展"单选按钮

 "伸展距离"：设置伸展量。

其他选项组的属性设置不再赘述。

5.4.2 生成弯曲特征的操作步骤

【案例 5-4】 通过将一个实体零件绕一折弯轴折弯实现创建复杂的曲面形状。

	实例素材	实例素材\5\5-4-1 草图 1.SLDPRT
	最终效果	最终效果\5\5-4-1 弯曲 1.SLDPRT

具体操作步骤如下：

1）打开"5-4-1 草图 1.SLDPRT"零件图，如图 5-24 所示。

图 5-24 打开草图

2）单击"特征"工具栏中的 "弯曲"按钮，或执行"插入" | "特征" | "弯曲"菜单命令，系统弹出"弯曲"属性管理器。

3）设置弯曲属性参数，如图 5-25 所示。在"弯曲输入"选项组中，"弯曲的实体"选框中选择整个实体模型，选中"折弯"单选按钮，"角度"文本框中输入"30 度"，选中"粗硬边线"复选框。在"剪裁基准面 1"和"剪裁基准面 2"选项组中，"基准面剪裁距离"文本框中都输入"0mm"。在"三重轴"选项组中，"Z 旋转角度"文本框中输入值"270 度"，其余文本框都输入"0mm"。

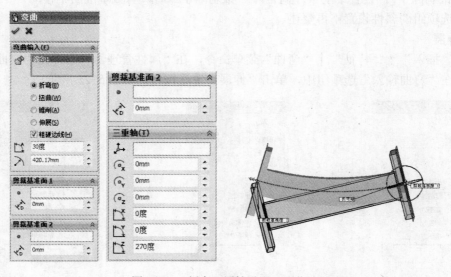

图 5-25 "折弯"属性设置及预览效果

4）单击 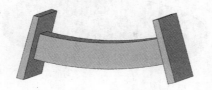 "确定"按钮，完成弯曲—折弯特征的创建，如图 5-26 所示。

图 5-26　创建弯曲-折弯特征

5.5　压凹特征

压凹特征是通过使用厚度和间隙而生成的特征，其应用包括封装、冲印、铸模以及机器的压入配合等。根据所选实体类型，指定目标实体和工具实体之间的间隙数值，并为压凹特征指定厚度数值。压凹特征可以变形或者从目标实体中切除某个部分。

5.5.1　压凹特征的属性设置

选择"插入"｜"特征"｜"压凹"菜单命令，在"属性管理器"中弹出"压凹"属性管理器，如图 5-27 所示。

（1）"选择"选项组

● 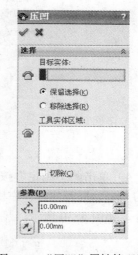 "目标实体"：选择要压凹的实体或者曲面实体。
● "工具实体区域"：选择一个或者多个实体（或者曲面实体）。
● "保留选择"、"移除选择"：选择要保留或者移除的模型边界。
● "切除"：选择此选项，则移除目标实体的交叉区域，无论是实体还是曲面，即使没有厚度，仍会存在间隙。

（2）"参数"选项组

● "厚度"（仅限实体）：设置压凹特征的厚度。
● "间隙"：设置目标实体和工具实体之间的间隙。

图 5-27　"压凹"属性管理器

5.5.2　生成压凹特征的操作步骤

【案例 5-5】　在目标实体上生成与所选工具实体的轮廓非常接近的等距凸起特征。

	实例素材	实例素材\5\5-5-1 草图.SLDPRT
	最终效果	最终效果\5\5-5-1 压凹.SLDPRT

具体操作步骤如下：

1）打开"5-5-1 草图.SLDPRT"零件图，如图 5-28 所示。

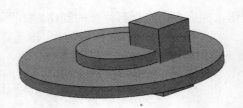

图 5-28　打开草图

2）单击"特征"工具栏中的 📷 "压凹"按钮或执行"插入"|"特征"|📷 "压凹"命令，系统弹出"压凹"属性管理器。

3）在"选择"选项组中，📷 "目标实体"选框中选择实体为目标实体，📷 "工具实体区域"选框中选择实体为工具实体，同时选中"移除选择"按钮。在"参数"选项组中，⚙️ "厚度"文本框中输入"5mm"，其他属性设置如图 5-29 所示。

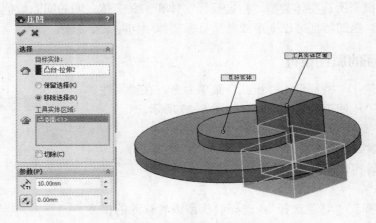

图 5-29　压凹属性设置及实现

4）单击 ✅ "确定"按钮，完成压凹特征的创建。在管理器设计树中单击"实体（2）"前的"+"，展开实体，右键单击"拉伸 3"特征，从弹出的快捷菜单中选择 📷 "隐藏实体"命令，如图 5-30 所示。

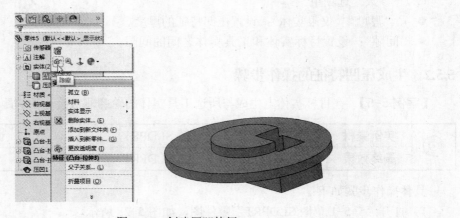

图 5-30　创建压凹特征

5.6　变形特征

变形特征是改变复杂曲面和实体模型的局部或者整体形状，无需考虑用于生成模型的草图或者特征约束。

5.6.1　变形特征的属性设置

变形有 3 种类型，包括"点"、"曲线到曲线"和"曲面推进"。

1. 点

选择"插入"｜"特征"｜"变形"菜单命令，在"属性管理器"中弹出"变形"属性管理器。在"变形类型"选项组中，单击"点"单选按钮，其属性设置如图 5-31 所示。

（1）"变形点"选项组

-  "变形点"：设置变形的中心，可以选择平面、边线、顶点上的点或者空间中的点。

- "变形方向"：选择线性边线、草图直线、平面、基准面或者两个点作为变形方向。如果选择一条线性边线或者直线，则方向平行于该边线或者直线。

- 如果选择一个基准面或者平面，则方向垂直于该基准面或者平面。

- 如果选择两个点或者顶点，则方向自第一个点或者顶点指向第二个点或者顶点。

图 5-31　单击"点"单选按钮后的属性管理器

- "变形距离"：用来指定变形的距离（即点位移）。

- "显示预览"：使用线框视图（在取消选择"显示预览"选项时）或者上色视图（在选择"显示预览"选项时）预览结果。如果需要提高使用大型复杂模型的性能，在做了所有选择之后才选择此选项。

（2）"变形区域"选项组

- "变形半径"：更改通过变形点的球状半径数值，变形区域的选择不会影响变形半径的数值。

- "变形区域"：选择此选项，可以激活 "固定曲线/边线/面"和 "要变形的其他面"选项。

- "要变形的实体"：在使用空间中的点时，允许选择多个实体或者一个实体。

（3）"形状选项"选项组

- "变形轴"（在取消选择"变形区域"选项时可用）：通过生成平行于一条线性边线或者草图直线、垂直于一个平面或者基准面、沿着两个点或者顶点的折弯轴以控制变形形状。此选项使用 "变形半径"数值生成类似于折弯的变形。

- 、 、 "刚度"：用来控制变形过程中变形形状的刚性。

- "形状精度"：用来控制曲面品质。

2．曲线到曲线

选择"插入"｜"特征"｜"变形"菜单命令，在"属性管理器"中弹出"变形"属性管理器。在"变形类型"选项组中，单击"曲线到曲线"单选按钮，其属性设置如图 5-32 所示。

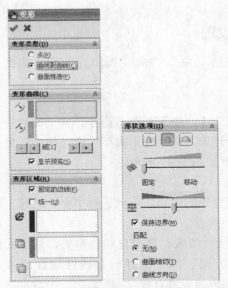

图 5-32　选择"曲线到曲线"单选按钮后的属性设置

（1）"变形曲线"选项组

● 　"初始曲线"：设置变形特征的初始曲线。
● 　"目标曲线"：设置变形特征的目标曲线。
● "组[n]"（n 为组的标号）：允许添加、删除以及循环选择组以进行修改。
● "显示预览"：使用线框视图或者上色视图预览结果。

（2）"变形区域"选项组

● "固定的边线"：防止所选曲线、边线或者面被移动。
● "统一"：尝试在变形操作过程中保持原始形状的特性，可以帮助还原曲线到曲线的变形操作，生成尖锐的形状。
● 　"固定曲线/边线/面"：防止所选曲线、边线或者面被变形和移动。

如果 　"初始曲线"位于闭合轮廓内，则变形将受此轮廓约束。

如果 　"初始曲线"位于闭合轮廓外，则轮廓内的点将不会变形。

● 　"要变形的其他面"：允许添加要变形的特定面。如果未选择任何面，则整个实体将会受影响。
● 　"要变形的实体"：如果 　"初始曲线"不是实体面或者曲面中草图曲线的一部分，或者要变形多个实体，则使用此选项。

（3）"形状选项"选项组

● 　、　、　"刚度"：用来控制变形过程中变形形状的刚性。
● 　"形状精度"：用来控制曲面品质。

- "重量"：用来控制下面两个的影响系数。

  对在 "固定曲线/边线/面"中指定的实体衡量变形。

  对在"变形曲线"选项组中指定为 "初始曲线"和 "目标曲线"的边线和曲线衡量变形。
- "保持边界"：确保所选边界作为 "固定曲线/边线/面"是固定的。
- "仅对于额外的面"：使变形仅影响那些选择作为 "要变形的其他面"的面。
- "匹配"：允许应用这些条件，将变形曲面或者面匹配到目标曲面或者面边线。

  "无"：不应用匹配条件。

  "曲面相切"：使用平滑过渡匹配面和曲面的目标边线。

  "曲线方向"：使用 "目标曲线"的法线形成变形，将 "初始曲线"映射到 "目标曲线"以匹配 "目标曲线"。

3．曲面推进

选择"插入"｜"特征"｜"变形"菜单命令，在"属性管理器"中弹出"变形"属性管理器。在"变形类型"选项组中，单击"曲面推进"单选按钮，其属性设置如图 5-33 所示。

图 5-33　单击"曲面推进"单选按钮后的属性设置

（1）"推进方向"选项组
- "变形方向"：设置推进变形的方向，可以选择一条草图直线或者直线边线、一个平面或者基准面、两个点或者顶点。
- "显示预览"：使用线框视图或者上色视图预览结果，如果需要提高使用大型复杂模型的性能，在做了所有选择之后才选择此选项。

（2）"变形区域"选项组
- "要变形的其他面"：允许添加要变形的特定面，仅变形所选面。

- ▢ "要变形的实体"：即目标实体，决定要被工具实体变形的实体。
- ▣ "要推进的工具实体"：设置对 ▢ "要变形的实体"进行变形的工具实体。
- ▦ "变形误差"：为工具实体与目标面或者实体的相交处指定圆角半径数值。

（3）"工具实体位置"选项组

以下选项允许通过输入正确的数值重新定位工具实体。此方法比使用三重轴更精确。

- "Delta X"、"Delta Y"、"Delta Z"：沿 X、Y、Z 轴移动工具实体的距离。
- ▢ "X 旋转角度"、▢ "Y 旋转角度"、▢ "Z 旋转角度"：围绕 X、Y、Z 轴以及旋转原点旋转工具实体的旋转角度。
- ◉ₓ "X 旋转原点"、◉ᵧ "Y 旋转原点"、◉ᵤ "Z 旋转原点"：定位由图形区域中三重轴表示的旋转中心。

5.6.2 生成变形特征的操作步骤

【案例 5-6】 选择模型面、曲面、边线或顶点上的一点，或选择空间中的一点，然后选择用于控制变形的距离和球形半径，实现改变复杂曲面或实体模型的局部或整体形状。

	实例素材	实例素材\5\5-6-1 草图 1.SLDPRT
	最终效果	最终效果\5\5-6-1 变形 1.SLDPRT

具体操作步骤如下：

1）打开"5-6-1 草图 1.SLDPRT"零件图，如图 5-34 所示。

2）单击"特征"工具栏中的 ▣ "变形"按钮，或执行"插入"|"特征"|▣ "变形"命令，系统弹出"变形"属性管理器。

3）设置变形属性参数，如图 5-35 所示。在"变形类型"选项组中，选择"点"单选按钮。在"变形点"选项组中，单击▧ "变形点"选框，然后选择图形区域中模型表面中的一点。"变形方向"选框中选择模型竖直方向的一条边线。▨ "变形距离"文本框中输入"15mm"。在"变形区域"选项组中，单击▢ "要变形的实体"选框，然后选择整个模型实体。▨ "变形半径"文本框中输入"80mm"。

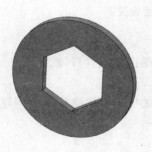

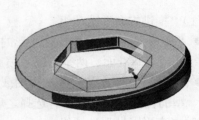

图 5-34　打开草图　　　　　　图 5-35　"变形-点"属性管理器及预览效果

4）单击  "确定"按钮，完成变形-点特征的创建，如图 5-36 所示。

图 5-36　创建变形-点特征

5.7　拔模特征

拔模特征是用指定的角度斜削模型中所选的面，使型腔零件更容易脱出模具，可以在现有的零件中插入拔模，或者在进行拉伸特征时拔模，也可以将拔模应用到实体或者曲面模型中。

5.7.1　拔模特征的属性设置

在"手工"模式中，可以指定拔模类型，包括"中性面"、"分型线"和"阶梯拔模"。

1. 中性面

选择"插入"｜"特征"｜"拔模"菜单命令，在"属性管理器"中弹出"拔模"属性管理器。在"拔模类型"选项组中，单击"中性面"单选按钮，如图 5-37 所示。

（1）"拔模角度"选项组

 "拔模角度"：垂直于中性面进行测量的角度。

（2）"中性面"选项组

● "中性面"：选择一个面或者基准面。

（3）"拔模面"选项组

● "拔模面"：在图形区域中选择要拔模的面。

● "拔模沿面延伸"：可以将拔模延伸到额外的面，其选项如图 5-38 所示。

图 5-37　选择"中性面"选项后的属性设置　　　图 5-38　"拔模沿面延伸"选项

"无"：只在所选的面上进行拔模。

"沿切面"：将拔模延伸到所有与所选面相切的面。

"所有面"：将拔模延伸到所有从中性面拉伸的面。

"内部的面"：将拔模延伸到所有从中性面拉伸的内部面。

"外部的面"：将拔模延伸到所有在中性面旁边的外部面。

2．分型线

选择"插入"｜"特征"｜"拔模"菜单命令，在"属性管理器"中弹出"拔模"属性
管理器。在"拔模类型"选项组中，单击"分型线"单选按钮，如图 5-39 所示。

"允许减少角度"：只可用于分型线拔模。在由最大角度所生成的角度总和与拔模角度为
90°或者以上时允许生成拔模。

（1）"拔模方向"选项组

"拔模方向"：在图形区域中选择一条边线或者一个面指示拔模的方向。

（2）"分型线"选项组

● ⬡ "分型线"：在图形区域中选择分型线。

● "拔模沿面延伸"：可以将拔模延伸到额外的面，其选项如图 5-40 所示。

"无"：只在所选的面上进行拔模。

"沿切面"：将拔模延伸到所有与所选面相切的面。

图 5-39 选择"分型线"选项后的属性设置

图 5-40 "拔模沿面延伸"选项

3．阶梯拔模

选择"插入"｜"特征"｜"拔模"菜单命令，在"属性管理器"中弹出"拔模"属性
管理器。在"拔模类型"选项组中，单击"阶梯拔模"单选按钮。

"阶梯拔模"的属性设置与"分型线"基本相同，在此不做赘述。

5.7.2 生成拔模特征的操作步骤

【案例 5-7】 使用中性面来决定生成模具的拔模方向，生成以指定角度斜削所选模型面
的特征。

90

实例素材	实例素材\5\5-7-1 草图 1.SLDPRT
最终效果	最终效果\5\5-7-1 拔模 1.SLDPRT

具体操作步骤如下：

1）打开 "5-7-1 草图 1.SLDPRT" 零件图，如图 5-41 所示。

2）单击 "特征" 工具栏中的 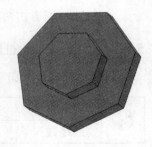 "拔模" 按钮，或执行 "插入" | "特征" | "拔模" 命令，在 "特征管理器设计树" 中单击 "手动" 选项卡，系统弹出 "拔模" 属性管理器。

3）设置拔模属性参数，如图 5-42 所示。在 "拔模类型" 选项组中，选择 "中性面" 单选按钮。在 "拔模角度" 选项组中，（拔模角度）文本框中输入 "15.00 度"。在 "中性面" 选项组中，单击选框，然后选择模型实体的上表面。在 "拔模面" 选项组中，在 "拔模沿面延伸" 下拉列表框中选择 "无" 选项，其他属性设置使用系统默认值。

图 5-41　打开草图

4）单击 ✔ 按钮，完成拔模-中性面特征的创建，如图 5-43 所示。

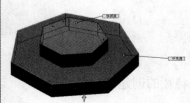

图 5-42　"拔模-中性面" 属性管理器及预览效果

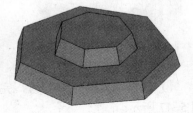

图 5-43　创建拔模-中性面特征

5.8　圆顶特征

圆顶特征可以在同一模型上同时生成一个或者多个圆顶。

5.8.1　圆顶特征的属性设置

选择 "插入" | "特征" | "圆顶" 菜单命令，在 "属性管理器" 中弹出 "圆顶" 属性管理器，如图 5-44 所示。

● "到圆顶的面"：选择一个或者多个平面或者非平面。

● "距离"：设置圆顶扩展的距离。

图 5-44　"圆顶" 属性管理器

- "反向"：单击该按钮，可以生成凹陷圆顶（默认为凸起）。
- "约束点或草图"：选择一个点或者草图，通过对其形状进行约束以控制圆顶。
- "方向"：从图形区域选择方向向量以垂直于面以外的方向拉伸圆顶，可以使用线性边线或者由两个草图点所生成的向量作为方向向量。

5.8.2 生成圆顶特征的操作步骤

【案例5-8】 添加一个圆顶特征到所选实体上。

	实例素材	实例素材\5\5-8-1 草图.SLDPRT
	最终效果	最终效果\5\5-8-1 圆顶.SLDPRT

具体操作步骤如下：

1）打开"5-8-1 草图.SLDPRT"零件图，如图 5-45 所示。

2）单击"特征"工具栏中的 "圆顶"按钮，或执行"插入"|"特征"| "圆顶"菜单命令，系统弹出"圆顶"属性管理器。

3）在"参数"选项组中，单击 "到圆顶的面"选框，然后选择模型实体的上表面和圆角面，在"距离"文本框中输入"10mm"，其他属性设置如图 5-46 所示。

图 5-45　打开草图

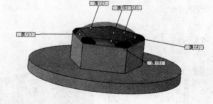

图 5-46　圆顶属性设置

4）单击 "确定"按钮，完成圆顶特征的创建，如图 5-47 所示。

5.9　草图阵列

5.9.1　草图线性阵列

草图线性阵列的属性设置

对于基准面、零件或者装配体中的草图实体，使用 "线性阵列"命令可以生成草图线性阵列。选择"工具"|"草图工具"|"线性阵列"菜单命令，在"属性管理器"中弹出"线性阵列"属性管理器，如图 5-48 所示。

（1）"方向 1"、"方向 2"选项组

"方向 1"选项组显示了沿 X 轴线性阵列的特征参数；"方向 2"选项组显示了沿 Y 轴线性阵列的特征参数。

图 5-47　创建圆顶特征

- "反向"：可以改变线性阵列的排列方向。
- 、"间距"：线性阵列 X、Y 轴相邻两个特征参数之间的距离。
- "添加尺寸"：形成线性阵列后，在草图上自动标注特征尺寸。
- "数量"：经过线性阵列后草图最后形成的总个数。
- 、"角度"：线性阵列的方向与 X、Y 轴之间的夹角。

（2）"可跳过的实例"选项组

"要跳过的部分"：生成线性阵列时跳过在图形区域中选择的阵列实例。

其他属性设置不再赘述。

5.9.2 草图圆周阵列

草图圆周阵列的属性设置

对于基准面、零件或者装配体上的草图实体，使用 "圆周阵列"菜单命令可以生成草图圆周阵列。选择"工具"｜"草图工具"｜"圆周阵列"菜单命令，在"属性管理器"中弹出"圆周阵列"属性管理器，如图 5-49 所示。

图 5-48 "线性阵列"属性管理器

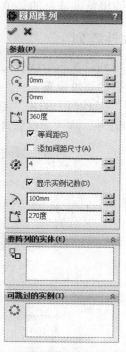

图 5-49 "圆周阵列"属性管理器

（1）"参数"选项组

- "反向旋转"：设置草图圆周阵列围绕原点旋转的方向。
- "中心 X"：设置草图圆周阵列旋转中心的横坐标。
- "中心 Y"：设置草图圆周阵列旋转中心的纵坐标。
- "数量"：经过圆周阵列后草图最后形成的总个数。
- "半径"：圆周阵列的旋转半径。

- 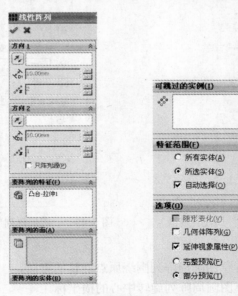 "圆弧角度"：圆周阵列旋转中心与要阵列的草图重心之间的夹角。
- "等间距"：圆周阵列中草图之间的夹角是相等的。
- "添加间距尺寸"：形成圆周阵列后，在草图上自动标注出特征尺寸。

（2）"可跳过的实例"选项组。

"要跳过的部分"：生成圆周阵列时跳过在图形区域中选择的阵列实例。

其他属性设置不再赘述。

5.10　特征阵列

　　特征阵列与草图阵列相似，都是复制一系列相同的要素。不同之处在于草图阵列复制的是草图，特征阵列复制的是结构特征；草图阵列得到的是一个草图，而特征阵列得到的是一个复杂的零件。

　　特征阵列包括线性阵列、圆周阵列、表格驱动的阵列、草图驱动的阵列和曲线驱动的阵列等。选择"插入"｜"阵列/镜向"菜单命令，弹出特征阵列的菜单，如图 5-50 所示。

5.10.1　特征线性阵列

图 5-50　特征阵列的菜单

　　特征的线性阵列是在一个或者几个方向上生成多个指定的源特征。

特征线性阵列的属性设置

　　单击"特征"工具栏中的 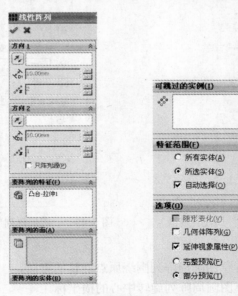 "线性阵列"按钮，或者选择"插入"｜"阵列/镜向"｜"线性阵列"菜单命令，在"属性管理器"中弹出"线性阵列"属性管理器，如图 5-51 所示。

图 5-51　"线性阵列"属性管理器

　　（1）"方向 1"、"方向 2"选项组

　　该选项组分别指定两个线性阵列的方向。

94

- "阵列方向"：设置阵列方向，可以选择线性边线、直线、轴或者尺寸。
-  "反向"：用来改变阵列方向。
- "间距"：设置阵列实例之间的间距。
- "实例数"：设置阵列实例之间的数量。
- "只阵列源"：只使用源特征而不复制"方向 1"选项组的阵列实例在"方向 2"选项组中生成的线性阵列。

（2）"要阵列的特征"选项组

该选项组可以使用所选择的特征作为源特征以生成线性阵列。

（3）"要阵列的面"选项组

该选项组可以使用构成源特征的面生成阵列。

（4）"要阵列的实体"选项组

该选项组可以使用在多实体零件中选择的实体生成线性阵列。

（5）"可跳过的实例"选项组

该选项组可以在生成线性阵列时跳过在图形区域中选择的阵列实例。

（6）"特征范围"选项组

该选项组包括所有实体、所选实体，并有自动选择单选按钮。

（7）"选项"选项组

- "随形变化"：允许重复时更改阵列。
- "几何体阵列"：只使用特征的几何体（如面、边线等）生成线性阵列，而不阵列和求解特征的每个实例。
- "延伸视象属性"：将 SolidWorks 的颜色、纹理和装饰螺纹数据延伸到所有阵列实例。

5.10.2 特征圆周阵列

特征的圆周阵列是将源特征围绕指定的轴线复制多个特征。

单击"特征"工具栏中的 圆周阵列"按钮，或者选择"插入"｜"阵列/镜向"｜"圆周阵列"菜单命令，在"属性管理器"中弹出"圆周阵列"属性管理器，如图 5-52 所示。

图 5-52　"圆周阵列"属性管理器

部分属性设置如下。

- "阵列轴"：在图形区域中选择轴、模型边线或者角度尺寸，作为生成圆周阵列所围绕的轴。
- 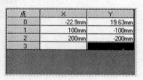 "反向"：改变圆周阵列的方向。
- "角度"：设置每个实例之间的角度。
- "实例数"：设置源特征的实例数。
- "等间距"：自动设置总角度为 360°。

其他属性设置不再赘述。

5.10.3 表格驱动的阵列

"表格驱动的阵列"命令可以使用 X、Y 坐标来对指定的源特征进行阵列。使用 X、Y 坐标的孔阵列是"表格驱动的阵列"的常见应用，但也可以由"表格驱动的阵列"使用其他源特征（如凸台等）。

表格驱动的阵列的属性设置

选择"插入"|"阵列/镜向"|"表格驱动的阵列"菜单命令，弹出"由表格驱动的阵列"对话框，如图 5-53 所示。

1)"读取文件"：输入含 X、Y 坐标的阵列表或者文字文件。

2)"参考点"：指定在放置阵列实例时 X、Y 坐标所适用的点，参考点的 X、Y 坐标在阵列表中显示为点 O。

- "所选点"：将参考点设置到所选顶点或者草图点。
- "重心"：将参考点设置到源特征的重心。

3)"坐标系"：设置用来生成表格阵列的坐标系，包括原点、从"特征管理器设计树"中选择所生成的坐标系。

- "要复制的实体"：根据多实体零件生成阵列。
- "要复制的特征"：根据特征生成阵列，可以选择多个特征。

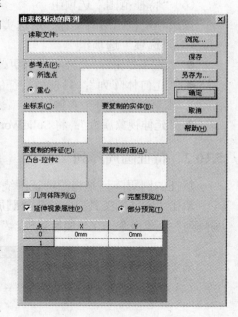

图 5-53 "由表格驱动的阵列"对话框

- "要复制的面"：根据构成特征的面生成阵列，选择图形区域中的所有面，这对于只输入构成特征的面而不是特征本身的模型很有用。

4)"几何体阵列"：只使用特征的几何体（如面和边线等）生成阵列。

5)"延伸视象属性"：将 SolidWorks 的颜色、纹理和装饰螺纹数据延伸到所有阵列实体。

用户可以使用 X、Y 坐标作为阵列实例生成位置点。如果要为表格驱动的阵列的每个实例输入 X、Y 坐标，双击数值框输入坐标值即可，如图 5-54 所示。

图 5-54 输入坐标数值

5.10.4　草图驱动的阵列

草图驱动的阵列是通过草图中的特征点复制源特征的一种阵列方式。

草图驱动的阵列的属性设置

选择"插入"｜"阵列/镜向"｜"草图驱动的阵列"菜单命令，在"属性管理器"中弹出"由草图驱动的阵列"属性管理器，如图 5-55 所示。

1）"参考草图"：在"特征管理器设计树"中选择草图用做阵列。

2）"参考点"：进行阵列时所需的位置点。

● "重心"：根据源特征的类型决定重心。

● "所选点"：在图形区域中选择一个点作为参考点。

其他属性设置不再赘述。

5.10.5　曲线驱动的阵列

曲线驱动的阵列是通过草图中的平面或者 3D 曲线复制源特征的一种阵列方式。

曲线驱动的阵列的属性设置

选择"插入"｜"阵列/镜向"｜"曲线驱动的阵列"菜单命令，在"属性管理器"中弹出"曲线驱动的阵列"属性管理器，如图 5-56 所示。

图 5-55　"由草图驱动的阵列"属性管理器

图 5-56　"曲线驱动的阵列"属性管理器

1）"阵列方向"：选择曲线、边线、草图实体或者在"特征管理器设计树"中选择草图作为阵列的路径。

2）"反向"：改变阵列的方向。

3）"实例数"：为阵列中源特征的实例数设置数值。

4）"等间距"：使每个阵列实例之间的距离相等。

5） "间距"：沿曲线为阵列实例之间的距离设置数值，曲线与要阵列的特征之间的距离垂直于曲线而测量。

6）"曲线方法"：使用所选择的曲线定义阵列的方向。

- "转换曲线"：为每个实例保留从所选曲线原点到源特征的"Delta X"和"Delta Y"的距离。
- "等距曲线"：为每个实例保留从所选曲线原点到源特征的垂直距离。

7）"对齐方法"：使用所选择的对齐方法将特征进行对齐。

- "与曲线相切"：对齐所选择的与曲线相切的每个实例。
- "对齐到源"：对齐每个实例以与源特征的原有对齐匹配。

8）"面法线"：（仅对于三维曲线）选择三维曲线所处的面以生成曲线驱动的阵列。

其他属性设置不再赘述。

5.10.6 填充阵列

填充阵列是在限定的实体平面或者草图区域中进行的阵列复制。

填充阵列的属性设置

选择"插入" | "阵列/镜向" | "填充阵列"菜单命令，在"属性管理器"中弹出"填充阵列"属性管理器，如图 5-57 所示。

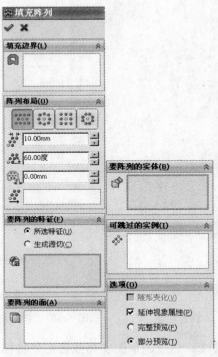

图 5-57 "填充阵列"属性管理器

（1）"填充边界"选项组

"选择面或共平面上的草图、平面曲线"：定义要使用阵列填充的区域。

（2）"阵列布局"选项组

该选项组定义填充边界内实例的布局阵列，可以自定义形状进行阵列或者对特征进行阵列，阵列实例以源特征为中心呈同轴心分布。

（3）"要阵列的特征"选项组

● "所选特征"：选择要阵列的特征。

● "生成源切"：为要阵列的源特征自定义切除形状。

其他属性设置不再赘述。

5.11 镜像

5.11.1 镜像草图

镜像草图是以草图实体为目标进行镜像复制的操作。

单击"草图"工具栏中的 🛆 "镜向实体"按钮，或者选择"工具"|"草图工具"|"镜向"菜单命令，在"属性管理器"中弹出"镜向"属性管理器，如图5-58所示。

● 🛆 "要镜向的实体"：选择草图实体。

● ⟍ "镜向点"：选择边线或者直线。

5.11.2 镜像特征

单击"特征"工具栏中的 🛄 "镜向"按钮，或者选择"插入"|"阵列/镜向"|"镜向"菜单命令，在"属性管理器"中弹出"镜向"属性管理器，如图5-59所示。

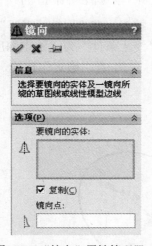

图5-58 "镜向"属性管理器

图5-59 "镜向"属性管理器

（1）"镜向面/基准面"选项组

该选项组在图形区域中选择一个面或基准面作为镜像面。

（2）"要镜向的特征"选项组

单击模型中一个或者多个特征，也可以在"特征管理器设计树"中选择要镜像的特征。

（3）"要镜向的面"选项组

在图形区域中单击构成要镜像的特征的面，此选项组参数对于在输入的过程中仅包括特征的面且不包括特征本身的零件很有用。

5.12 范例

下面应用本章所介绍的知识完成旋钮的建模，最终效果如图 5-60 所示。

5.12.1 生成基体部分

1）单击"特征管理器设计树"中的"上视基准面"图标，使其成为草图绘制平面。单击"标准视图"工具栏中的 ⬚ "正视于"按钮，并单击"草图"工具栏中的 ⬚ "草图绘制"按钮，进入草图绘制状态。使用"草图"工具栏中的 ⬚ "圆弧"工具和 ⬚ "智能尺寸"工具，绘制如图 5-61 所示的草图。单击 ⬚ "退出草图"按钮，退出草图绘制状态。

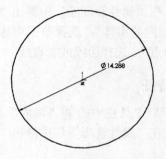

图 5-60 旋钮模型   图 5-61 绘制草图并标注尺寸

2）单击"特征"工具栏中的 ⬚ "拉伸凸台/基体"按钮，在"属性管理器"中弹出"凸台-拉伸"属性设置。在"方向 1"选项组中，设置"终止条件"为"给定深度"，⬚ "深度"为"3.175mm"，在"拔模角度"中设置"3 度"，单击 ⬚ "确定"按钮，生成拉伸特征，如图 5-62 所示。

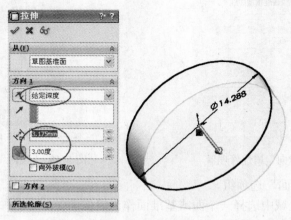

图 5-62 拉伸特征

3）单击"参考几何体"工具栏中的 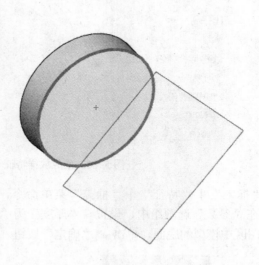 "基准面"按钮，在"属性管理器"中弹出"基准面"属性管理器。在"第一参考"中，在图形区域中选择拉伸实体的上表面<1>，单击 "距离"按钮，在文本栏中输入"11.1125mm"，如图5-63所示，在图形区域中显示出新建基准面的预览，单击 ✔ "确定"按钮，生成基准面。

图 5-63　生成基准面

4）选择拉伸实体的上表面<1>，使其成为草图绘制平面。单击"标准视图"工具栏中的 "正视于"按钮，并单击"草图"工具栏中的 "草图绘制"按钮，进入草图绘制状态。使用"草图"工具栏中的 "圆弧"工具和 "智能尺寸"工具，绘制如图5-64所示的草图。单击 "退出草图"按钮，退出草图绘制状态。

5）单击"特征管理器设计树"中的"基准面 2"图标，使其成为草图绘制平面。单击"标准视图"工具栏中的 "正视于"按钮，并单击"草图"工具栏中的 "草图绘制"按钮，进入草图绘制状态。使用"草图"工具栏中的 "圆弧"工具和 "智能尺寸"工具，绘制如图5-65所示的草图。单击 "退出草图"按钮，退出草图绘制状态。

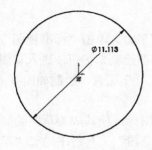

图 5-64　绘制草图并标注尺寸

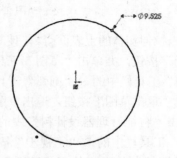

图 5-65　绘制草图并标注尺寸

6）选择"插入"｜"凸台/基体"｜"放样"菜单命令，在"属性管理器"中弹出"放样"属性管理器。在"轮廓"选项组中，在图形区域中选择刚刚绘制的草图2和草图3，单击 ✅ "确定"按钮，如图5-66所示，生成放样特征。

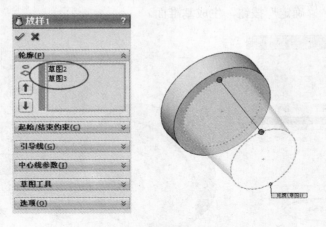

图5-66　生成放样特征

7）选择"插入"｜"特征"｜"抽壳"菜单命令，在"属性管理器"中弹出"抽壳"属性管理器。在"参数"选项组中，设置 "厚度"为"0.79375mm"，在 "移除的面"选项中，选择绘图区中模型的底面，单击 ✅ "确定"按钮，生成抽壳特征，如图5-67所示。

图5-67　生成抽壳特征

8）单击拉伸实体的上表面<1>，使其成为草图绘制平面。单击"标准视图"工具栏中的 "正视于"按钮，并单击"草图"工具栏中的 "草图绘制"按钮，进入草图绘制状态。使用"草图"工具栏中的 "圆弧"工具和 "智能尺寸"工具，绘制如图5-68所示的草图。单击 "退出草图"按钮，退出草图绘制状态。

9）单击"特征管理器设计树"中的"基准面2"图标，使其成为草图绘制平面。单击"标准视图"工具栏中的 "正视于"按钮，并单击"草图"工具栏中的 "草图绘制"按钮，进入草图绘制状态。使用"草图"工具栏中的 "圆弧"工具和 "智能尺寸"工具，绘制如图5-69所示的草图。单击 "退出草图"按钮，退出草图绘制状态。

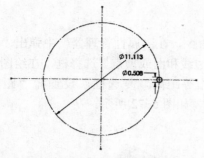

图 5-68 绘制草图并标注尺寸

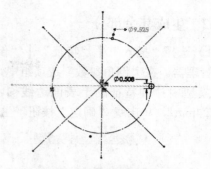

图 5-69 绘制草图并标注尺寸

10）选择"插入"｜"切除"｜"放样"菜单命令，在"属性管理器"中弹出"放样"属性管理器。在"轮廓"选项组中，在图形区域中选择刚刚绘制的草图，单击  "确定"按钮，如图 5-70 所示，生成放样特征。

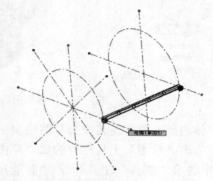

图 5-70 生成放样特征

11）单击"特征"工具栏中的 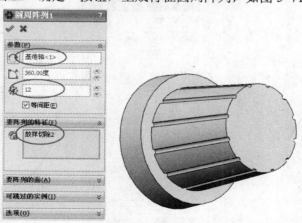 "圆周阵列"按钮，在"属性管理器"中弹出"圆周阵列"属性管理器。在"参数"选项组中，单击 "阵列轴"选择框，在"特征管理器设计树"中单击"基准轴 1"图标，设置 "实例数"为"12"，选择"等间距"复选框；在"要阵列的特征"选项组中，单击 "要阵列的特征"选择框，在图形区域中选择模型的放样切除 2 特征，单击 "确定"按钮，生成特征圆周阵列，如图 5-71 所示。

图 5-71 生成特征圆周阵列

5.12.2 生成其余部分

1）选择"插入"｜"特征"｜"倒角"菜单命令，在"属性管理器"中弹出"倒角"属性管理器。在"倒角参数"选项组中，单击 "边线和面或顶点"选择框，在绘图区域中选择模型中拉伸特征的上表面边线<1>，勾选"相等距离"复选框，设置 "距离"为"1.4224mm"，单击 "确定"按钮，生成倒角特征，如图5-72所示。

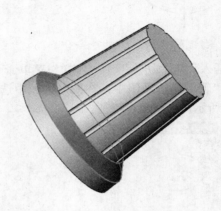

图 5-72　生成倒角特征

2）单击整个实体的上表面，使其成为草图绘制平面。单击"标准视图"工具栏中的 "正视于"按钮，并单击"草图"工具栏中的 "草图绘制"按钮，进入草图绘制状态。使用"草图"工具栏中的 "圆弧"工具和 "智能尺寸"工具，绘制如图 5-73 所示的草图。单击 "退出草图"按钮，退出草图绘制状态。

3）单击"特征"工具栏中的 "拉伸凸台/基体"按钮，在"属性管理器"中弹出"凸台-拉伸"属性管理器。在"方向1"选项组中，设置"终止条件"为"给定深度"， "深度"为"0.254mm"，勾选"合并结果"复选框，单击 "确定"按钮，生成拉伸特征，如图5-74所示。

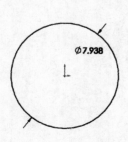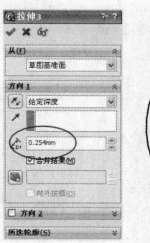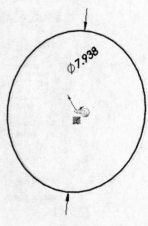

图 5-73　绘制草图并标注尺寸　　　　　　　　图 5-74　拉伸特征

104

4）单击"参考几何体"工具栏中的 ◇ "基准面"按钮，在"属性管理器"中弹出"基准面"属性管理器。在"第一参考"中，在图形区域中选择边线端点；在"第二参考"中，在图形区域中选择边线，单击 ⊥ "垂直"按钮，如图 5-75 所示，在图形区域中显示出新建基准面的预览，单击 ✔ "确定"按钮，生成基准面。

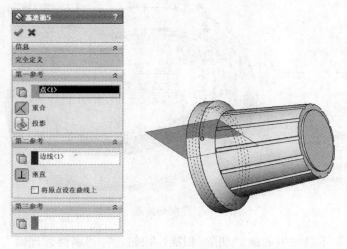

图 5-75　生成基准面

5）单击"特征管理器设计树"中的"基准面 5"图标，使其成为草图绘制平面。单击"标准视图"工具栏中的 ⊥ "正视于"按钮，并单击"草图"工具栏中的 ⊂ "草图绘制"按钮，进入草图绘制状态。使用"草图"工具栏中的 ＼ "直线"、 ⌒ "圆弧"和 ◇ "智能尺寸"工具，绘制如图 5-76 所示的草图。单击 ⊂ "退出草图"按钮，退出草图绘制状态。

6）单击模型的下表面，使其成为草图绘制平面。单击"标准视图"工具栏中的 ⊥ "正视于"按钮，并单击"草图"工具栏中的 ⊂ "草图绘制"按钮，进入草图绘制状态。使用"草图"工具栏中的 ⊓ "转换实体引用"，绘制如图 5-77 所示的草图。单击 ⊂ "退出草图"按钮，退出草图绘制状态。

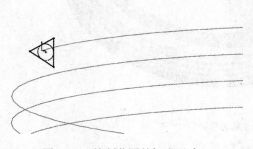

图 5-76　绘制草图并标注尺寸

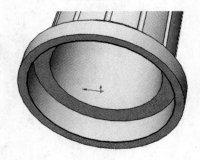

图 5-77　绘制草图

7）单击"插入"|"曲线"|"螺旋线/涡状线"按钮，在"属性管理器"中弹出"螺旋线/涡状线"属性管理器。在"定义方式"中选择"高度和圈数"，在"参数"中设置"高度"为"1.778mm"，"圈数"为"4"，"起始角度"为"135 度"，单击 ✔ "确定"按钮，生成螺

旋线特征，如图 5-69 所示。

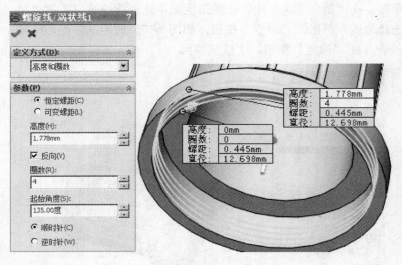

图 5-78　生成螺旋线

8）单击"特征"工具栏中的 🖺 "切除-扫描"按钮，在"属性管理器"中弹出"切除-扫描"属性管理器。在"轮廓"中，选择绘制的草图 7，在"路径"中选择"螺旋线 1"；在"方向扭转控制"选项组中，选择"随路径变化"。单击 ✅ "确定"按钮，生成拉伸扫描特征，如图 5-79 所示。

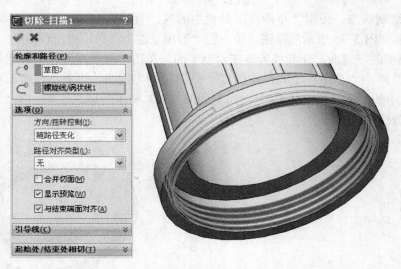

图 5-79　扫描切除特征

9）单击"特征"工具栏中的 🖺 "圆角"按钮，在"属性管理器"中弹出"圆角"属性管理器。在"圆角项目"选项组中，设置 ⌐ "半径"为"0.127mm"，单击 🖺 "边线、面、特征和环"选择框，在图形区域中选择模型的两条边线，单击 ✅ "确定"按钮，生成圆角特征，如图 5-80 所示。

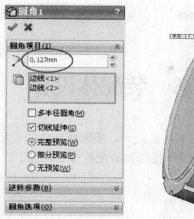

图 5-80　生成圆角特征

10）单击模型，使其处于被选择状态。选择"插入"｜"特征"｜"弯曲"菜单命令，在"属性管理器"中弹出"弯曲"属性管理器。在"弯曲输入"选项组中，单击"伸展"单选按钮，在 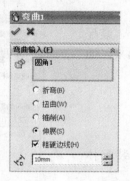 "弯曲的实体"选择框中显示出实体的名称，设置 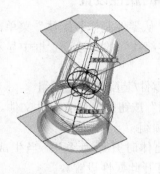 "伸展距离"为"10mm"，单击 ✅ "确定"按钮，生成弯曲特征，如图 5-81 所示。

图 5-81　生成弯曲特征

11）单击模型的上表面，使其处于被选择状态。选择"插入"｜"特征"｜"圆顶"菜单命令，在"属性管理器"中弹出"圆顶"属性管理器。在"参数"选项组中的 "到圆顶的面"选择框中显示出模型上表面的名称，设置"距离"为"2.000mm"，单击 ✅ "确定"按钮，生成圆顶特征，如图 5-82 所示。

图 5-82　生成圆顶特征

第6章 装配体设计

装配体设计是 SolidWorks 三大基本功能之一。装配体文件的首要功能是描述产品零件之间的配合关系，并提供了干涉检查、爆炸视图和装配统计等功能。

6.1 装配体概述

装配体可以生成由许多零部件所组成的复杂装配体，这些零部件可以是零件或者其他装配体（被称为子装配体）。对于大多数操作而言，零件和装配体的行为方式是相同的。当在 SolidWorks 中打开装配体时，将查找零部件文件以便在装配体中显示，同时零部件中的更改将自动反映在装配体中。

6.1.1 插入零部件的属性设置

选择"文件"|"从零件制作装配体"菜单命令，装配体文件会在"插入零部件"的属性设置框中显示出来，如图 6-1 所示。

（1）"要插入的零件/装配体"选项组

通过单击"浏览"按钮打开现有零件文件。

（2）"选项"选项组

● "生成新装配体时开始命令"：当生成新装配体时，选择以打开此属性设置。

● "图形预览"：在图形区域中看到所选文件的预览。

● "使成为虚拟"：将插入的零部件作为虚拟的零部件。

图 6-1 "插入零部件"属性设置框

6.1.2 生成装配体的方法

1. 自下而上

"自下而上"设计法是比较传统的方法。先设计并造型零部件，然后将其插入到装配体中，使用配合定位零部件。如果需要更改零部件，必须单独编辑零部件，更改可以反映在装配体中。

"自下而上"设计法对于先前制造、现售的零部件，或者如金属器件、皮带轮、电动机等标准零部件而言属于优先技术。这些零部件不根据设计的改变而更改其形状和大小，除非选择不同的零部件。

2. 自上而下

在"自上而下"设计法中，零部件的形状、大小及位置可以在装配体中进行设计。"自上而下"设计法的优点是在设计更改发生时变动更少，零部件根据所生成的方法而自我更新。

　　用户可以在零部件的某些特征、完整零部件或者整个装配体中使用"自上而下"设计法。设计师通常在实践中使用"自上而下"设计法对装配体进行整体布局，并捕捉装配体特定的自定义零部件的关键环节。

6.2　生成配合

6.2.1　配合简介

　　配合在装配体零部件之间生成几何关系。当添加配合时，定义零部件线性或旋转运动所允许的方向，可在其自由度之内移动零部件，从而直观化装配体的行为。

6.2.2　"配合"属性管理器

　　1. 命令启动
● 单击装配体工具栏中的 ✎ "配合"按钮。
● 单击菜单栏中"插入"|"配合"菜单命令。

　　2. 选项说明
　　"配合"属性管理器如图 6-2 所示。下面介绍各选项的具体说明。

（1）"配合选择"选项组
● ⬚ "要配合的实体"：选择想配合在一起的面、边线、基准面等。
● ✎ "多配合模式"：单击以单一操作将多个零部件与一普通参考配合。

（2）"标准配合"选项组
　　所有配合类型会始终显示在"配合"属性管理器中，但只有适用于当前选择的配合才可供使用。
● ⬚ "重合"：将所选面、边线及基准面定位，这样它们共享同一个基准面。
● ⬚ "平行"：放置所选项，这样它们彼此间保持等间距。
● ⊥ "垂直"：将所选项以彼此间 90° 放置。
● ◔ "相切"：将所选项以彼此间相切放置。
● ◎ "同轴心"：将所选项放置于共享同一中心线。
● ⬚ "锁定"：保持两个零部件之间的相对位置和方向。
● ⊢⊣ "距离"：将所选项以彼此间指定的距离

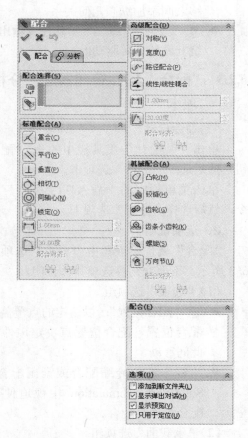

图 6-2　"配合"属性管理器

而放置。

- 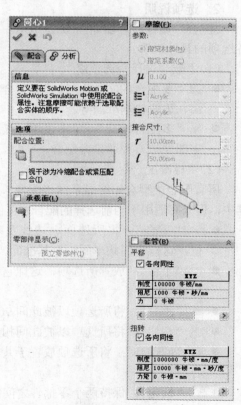 "角度"：将所选项以彼此间指定的角度而放置。

（3）"高级配合"选项组

- "对称"：迫使两个相同实体绕基准面或平面对称。
- "宽度"：将标签置中于凹槽宽度内。
- "路径"：将零部件上所选的点约束到路径。
- "线性/线性耦合"：在一个零部件的平移和另一个零部件的平移之间建立几何关系。
- "限制"：允许零部件在距离配合和角度配合的一定数值范围内移动。

（4）"机械配合"选项组

- "凸轮"：迫使圆柱、基准面，或点与一系列相切的拉伸面重合或相切。
- "齿轮"：强迫两个零部件绕所选轴彼此相对而旋转。
- "铰链"：将两个零部件之间的移动限制在一定的旋转范围内。
- "齿条和齿轮"：一个零件（齿条）的线性平移引起另一个零件（齿轮）的周转。
- "螺旋"：将两个零部件约束为同心，还在一个零部件的旋转和另一个零部件的平移之间添加纵倾几何关系。
- "万向节"：一个零部件（输出轴）绕自身轴的旋转是由另一个零部件（输入轴）绕其轴的旋转驱动的。

6.2.3 "配合"属性管理器之"分析"选项卡

1. 命令启动

单击"装配体"工具栏中的 "配合"按钮，然后选择"分析"选项卡。

单击菜单栏中的"插入"|"配合"菜单命令，然后选择"分析"选项卡。

2. 选项说明

"配合"属性管理器中"分析"选项卡如图6-3所示。下面介绍各选项具体说明。

（1）"选项"选项组

- "配合位置"：以选定的点覆盖默认的配合位置，配合位置点决定零件如何彼此间移动。
- "视干涉为冷缩配合或紧压配合"：在 SolidWorks Simulation 中视迫使干涉的配合为冷缩配合。

（2）"承载面"选项组

- "承载面/边线"：在图形区域，从被配合引用的任何零部件选取面。

图 6-3 "配合"属性管理器中的"分析"选项卡

- "孤立零部件"：单击以显示且仅显示被配合所参考引用的零部件。

（3）"摩擦"选项组

"参数"：选择如何指定配合的摩擦属性。

- "指定材质"：从清单 ⋮₁ 和 ⋮² 中选择零部件的材质。
- "指定系数"：通过输入数值或在"滑性"和"粘性"之间移动滑杆，来指定 μ "动态摩擦系数"。

（4）"套管"选项组

- "各向同性"：选取以应用统一的平移属性。
- "刚度"：输入平移刚度系数。
- "阻尼"：输入平移阻尼系数。
- "力"：输入所应用的预载。
- "各向同性"：选取以应用统一扭转属性。
- "刚度"：输入扭转刚度系数。
- "阻尼"：输入扭转阻尼系数。
- "扭矩"：输入所应用的预载。

6.2.4 配合类型

1．角度配合

在两个实体间添加角度配合，默认值为所选实体之间的当前角度。

2．重合配合

在两个实体间添加重合配合。

3．同心配合

在两个圆形实体间添加同心配合。

4．距离配合

在两个实体间添加距离配合，必须在"配合"属性管理器的距离文本框中输入距离值。

5．锁定配合

锁定配合保持两个零部件之间的相对位置和方向，零部件相对于对方被完全约束。

6．平行和垂直配合

在两个圆形实体间添加平行和垂直配合。

7．相切配合

在两个圆形实体间添加相切配合。

8．高级配合

（1）限制配合

限制配合允许零部件在距离配合和角度配合的一定数值范围内移动，指定一开始距离或角度以及最大值和最小值。

（2）线性/线性耦合配合

线性/线性耦合配合在一个零部件的平移和另一个零部件的平移之间建立几何关系。

（3）路径配合

路径配合将零部件上所选的点约束到路径，可以在装配体中选择一个或多个实体来定义路径，可以定义零部件在沿路径经过时的纵倾、偏转和摇摆。

（4）对称配合

对称配合强制使两个相似的实体相对于零部件的基准面或平面，或者装配体的基准面对称。

（5）宽度配合

宽度配合使选项卡位于凹槽宽度内的中心。

9. 机械配合

（1）齿轮推杆配合

凸轮推杆配合为一相切或重合配合类型。它可允许将圆柱、基准面或点与一系列相切的拉伸曲面相配合，如同在凸轮上可看到的。添加一凸轮推杆配合步骤如下：

1）单击"配合" （装配体工具栏）或单击"插入"|"配合"菜单命令。

2）在"配合"属性管理器中的"机械配合"下单击 "凸轮"按钮。

3）在"配合选择"下，为 "要配合的实体"在凸轮上选择相切面，如图 6-4 所示。

用右键单击面之一，然后单击选择相切。这将以一个步骤选择所有相切面。

4）单击"凸轮推杆"，然后在凸轮推杆上选择一个面或顶点。

5）单击 "确定"按钮。

（2）齿轮配合

齿轮配合会强迫两个零部件绕所选轴相对旋转。齿轮配合的有效旋转轴包括圆柱面、圆锥面、轴和线性边线。添加齿轮配合步骤如下：

1）单击"配合" （装配体工具栏）或单击"插入"|"配合"菜单命令。

2）在"配合"属性管理器中的"机械配合"下单击 "齿轮"按钮。

3）"在配合选择"下，为 "要配合的实体"在两个齿轮上选择旋转轴，如图 6-5 所示。

4）在"机械配合"下，进行如下设置。

● "比率"：软件根据所选择的圆柱面或圆形边线的相对大小来指定齿轮比率，此数值为参数值。

● 选择"反转"来更改齿轮彼此相对旋转的方向。

5）单击 "确定"按钮。

（3）铰链配合

铰链配合将两个零部件之间的移动限制在一定的旋转范围内。其效果相当于同时添加同心配合和重合配合，此外还可以限制两个零部件之间的移动角度。添加铰链配合步骤如下：

图 6-4　凸轮配合

1）单击"配合" （装配体工具栏）或单击"插入"|"配合"菜单命令。

2）在"配合"属性管理器中的"机械配合"下单击 "铰链"按钮。

3）在"配合选择"下，如图 6-6 所示，进行选择并设定如下选项。

图 6-5　齿轮配合

图 6-6　铰链配合

- "同轴心选择"：选择两个实体。有效选择与同心配合的有效选择相同。
- "重合选择"：选择两个实体。有效的选择包括一个基准面或平面。
- "指定角度限制"：选择此选项可限制两个零件之间的旋转角度。
- "角度选择"：选择两个面。

　　"角度"：指定两个面之间的名义角度。

　　"最大值"：设置角度的最大值。

　　"最小值"：设置角度的最小值。

4）单击 "确定"按钮。

（4）齿条和齿轮配合

通过齿条和小齿轮配合，某个零部件（齿条）的线性平移会引起另一零部件（小齿轮）做圆周旋转，反之亦然。添加齿条和小齿轮配合的具体步骤如下：

1）单击"配合" （装配体工具栏）或执行"插入"|"配合"菜单命令。

2）在"配合"属性管理器中的"机械配合"下单击 "齿条小齿轮"。

3）在"配合选择"下，如图6-7所示。

① 为"齿条"选择线性边线、草图直线、中心线、轴或圆柱。

② 为"小齿轮/齿轮"选择圆柱面、圆形或圆弧边线、草图圆或圆弧、轴或旋转曲面。

4）在"机械配合"下，在小齿轮的每次完全旋转中，齿条的平移距离等于转数乘以小齿轮的直径。用户可以选择以下选项之一来指定直径或距离。

- "小齿轮齿距直径"：所选小齿轮的直径出现在方框中。
- "齿条行程/转数"：所选小齿轮直径与转数的乘积出现在方框中，可以修改方框中的值。
- "反向"：选择可更改齿条和小齿轮相对移动的方向。

5）单击 "确定"按钮。

（5）螺旋配合

螺旋配合将两个零部件约束为同心，还在一个零部件的旋转和另一个零部件的平移之间添加纵倾几何关系。一零部件沿轴方向的平移会根据纵倾几何关系引起另一个零部件的旋转。同样，一个零部件的旋转可引起另一个零部件的平移，与其他配合类型类似，螺旋配合无法避免零部件之间的干涉或碰撞。添加螺旋配合的具体步骤如下：

1）单击 "配合"（装配体工具栏）或执行"插入"|"配合"菜单命令。

图6-7　齿条小齿轮配合

2）在"配合"属性管理器中的"机械配合"下单击 "螺旋"命令。

3）在"配合选择"下，如图6-8所示，为 "要配合的实体"在两个零部件上选择旋转轴。

4）在"机械配合"下，进行如下设置。

- "圈数"/<长度单位>：为其他零部件平移的每个长度单位设定一个零部件的圈数。
- "距离/圈数"：为其他零部件的每个圈数设定一个零部件平移的距离。
- "反向"：相对于彼此间更改零部件的移动方向。

5）单击 "确定"按钮。

（6）万向节配合

在万向节配合中，一个零部件（输出轴）绕自身轴的旋转是由另一个零部件（输入轴）绕其轴的旋转驱动的，设置界面如图6-9所示。

图 6-8　螺旋配合

图 6-9　万向节配合

6.3　生成干涉检查

在一个复杂的装配体中，如果用视觉检查零部件之间是否存在干涉的情况是件困难的事情。在 SolidWorks 中，装配体可以进行干涉检查，其功能如下：

- 决定零部件之间的干涉。
- 显示干涉的真实体积为上色体积。
- 更改干涉和不干涉零部件的显示设置以便于查看干涉。
- 选择忽略需要排除的干涉，如紧密配合、螺纹扣件的干涉等。
- 选择将实体之间的干涉包括在多实体零件中。
- 选择将子装配体看成单一零部件，这样子装配体零部件之间的干涉将不被报告出。
- 将重合干涉和标准干涉区分开。

6.3.1　干涉检查的属性设置

单击"装配体"工具栏中的 "干涉检查"按钮，或者选择"工具"|"干涉检查"菜单命令，在"属性管理器"中弹出"干涉检查"属性管理器，如图 6-10 所示。

（1）"所选零部件"选项组

- "要检查的零部件"：显示为干涉检查所选择的零部件。
- "计算"：单击此按钮，检查干涉情况。

检测到的干涉显示在"结果"选项组中，干涉的体积数值显示在每个列举项的右侧，如图 6-11 所示。

图 6-10 "干涉检查"属性管理器　　　　图 6-11 被检测到的干涉

（2）"结果"选项组

● "忽略"、"解除忽略"：为所选干涉在"忽略"和"解除忽略"模式之间进行转换。

● "零部件视图"：按照零部件名称而非干涉标号显示干涉。

（3）"选项"选项组

● "视重合为干涉"：将重合实体报告为干涉。

● "显示忽略的干涉"：显示在"结果"选项组中被设置为忽略的干涉。

● "视子装配体为零部件"：取消选择此选项时，子装配体被看做单一零部件，子装配体零部件之间的干涉将不被报告。

● "包括多体零件干涉"：报告多实体零件中实体之间的干涉。

● "使干涉零件透明"：以透明模式显示所选干涉的零部件。

● "生成扣件文件夹"：将扣件（如螺母和螺栓等）之间的干涉隔离为在"结果"选项组中的单独文件夹。

（4）"非干涉零部件"选项组

以所选模式显示非干涉的零部件，包括"线架图"、"隐藏"、"透明"和"使用当前项"4个选项。

6.3.2 干涉检查的操作步骤

【案例 6-1】 对于组装完成的装配体，检查各个零部件之间的干涉情况。

	实例素材	实例素材\6\6-3\6-3 装配体草图.SLDASM
	最终效果	最终效果\6\6-3\6-3 干涉检查.SLDASM

具体操作步骤如下：

1）打开"6-3 装配体草图.SLDASM"装配体，如图6-12所示。

2）单击"装配体"工具栏中的![]"干涉检查"按钮，或执行"工具"|![]"干涉检查"命令，系统弹出"干涉检查"属性管理器。

3）设置装配体干涉检查属性，如图6-13所示。在"所选零部件"选项组中，系统默认选择整个装配体为检查对象。在"选项"选项组中，选中"使干涉零件透明"复选框。在"非干涉零部件"选项组中，选中"使用当前项"复选框。

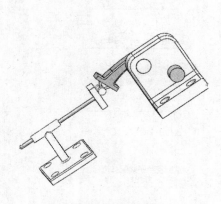

图6-12　打开装配体

图6-13　"干涉检查"属性管理器

4）完成上述操作之后，单击"所选零部件"选项组中的"计算"按钮，此时在"结果"选项组中显示检查结果，如图6-14所示。

6.4　生成爆炸视图

出于制造的目的，经常需要分离装配体中的零部件以形象地分析它们之间的相互关系。装配体的爆炸视图可以分离其中的零部件以便查看该装配体。

一个爆炸视图由一个或者多个爆炸步骤组成，每一个爆炸视图保存在所生成的装配体配置中，而每一个配置都可以有一个爆炸视图。在爆炸视图中可以进行如下操作：

1）自动将零部件制成爆炸视图。

2）附加新的零部件到另一个零部件的现有爆炸步骤中。

3）如果子装配体中有爆炸视图，则可以在更高级别的装配体中重新使用此爆炸视图。

图6-14　干涉检查结果

6.4.1　爆炸视图的属性设置

单击"装配体"工具栏中的![]"爆炸视图"按钮，或者选择"插入"|"爆炸视图"菜单命令，在"属性管理器"中弹出"爆炸"属性管理器，如图6-15和图6-16所示。

图 6-15 "爆炸"属性设置框 1   图 6-16 "爆炸"属性设置框 2

（1）"爆炸步骤"选项组

"爆炸步骤"：爆炸到单一位置的一个或者多个所选零部件。

（2）"设定"选项组

● ◤ "爆炸步骤的零部件"：显示当前爆炸步骤所选的零部件。

● "爆炸方向"：显示当前爆炸步骤所选的方向。

● ◢ "反向"：改变爆炸的方向。

● ◢ "爆炸距离"：设置当前爆炸步骤零部件移动的距离。

● "应用"：单击以预览对爆炸步骤的更改。

● "完成"：单击以完成新的或者已经更改的爆炸步骤。

（3）"选项"选项组

● "拖动后自动调整零部件间距"：沿轴心自动均匀地分布零部件组的间距。

● ◆ "调整零部件链之间的间距"：调整"拖动后自动调整零部件间距"放置的零部件之间的距离。

● "选择子装配体的零件"：选择此选项，可以选择子装配体的单个零件；取消选择此选项，可以选择整个子装配体。

"重新使用子装配体爆炸"：使用先前在所选子装配体中定义的爆炸步骤。

6.4.2 生成爆炸视图的操作步骤

【案例 6-2】 将装配体中的各零部件沿着直线运动，使各个零部件从装配体中分离出来。

实例素材	实例素材\6\6-4\6-4 装配体草图.SLDASM
最终效果	最终效果\6\6-4\6-4 爆炸视图.SLDASM

具体操作步骤如下：

1）打开"6-4 装配体草图.SLDASM"装配体，如图 6-17 所示。

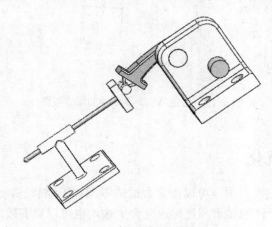

图 6-17 打开装配体

2）单击"装配体"工具栏中的 "爆炸视图"按钮，或执行"插入"| "爆炸视图"命令，系统弹出"爆炸"属性管理器。

3）创建第一个零部件的爆炸视图。在"设定"选项组中，定义要爆炸的零件，在 "爆炸步骤的零部件"选框选择图形区域中如图 6-18 所示的零件为要移动的零件，确定爆炸方向。选取 Z 轴为移动方向，单击 "反向"按钮使移动方向朝外，定义移动距离。在 "爆炸距离"文本框中输入"120mm"，单击"应用"按钮，出现预览视图，再单击"完成"按钮，完成第一个零部件的爆炸视图。

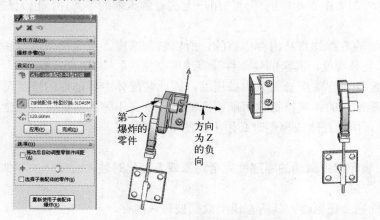

图 6-18 创建第一个零部件的爆炸视图

4）按照以上步骤，继续为第二个零部件创建爆炸视图，设置爆炸距离为 100mm，爆炸方向沿着 Z 轴，如图 6-19 所示。

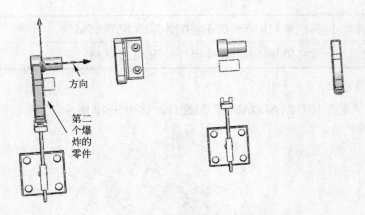

图 6-19　创建第二个零部件的爆炸视图

6.5　装配体性能优化

　　根据某段时间内的工作范围，可以指定合适的零部件压缩状态，这样可以减少工作时装入和计算的数据量。装配体的显示和重建速度会更快，也可以更有效地使用系统资源。

6.5.1　压缩状态的种类

　　装配体零部件共有 3 种压缩状态。

　　1. 还原

　　还原即是指装配体零部件的正常状态。完全还原的零部件会完全装入内存，可以使用所有功能及模型数据并可以完全访问、选取、参考、编辑、在配合中使用其实体。

　　2. 压缩

　　1）用户可以使用压缩状态暂时将零部件从装配体中移除（而不是删除），零部件不装入内存，也不再是装配体中有功能的部分，用户无法看到压缩的零部件，也无法选择这个零部件的实体。

　　2）一个压缩的零部件将从内存中移除，所以装入速度、重建模型速度和显示性能均有提高由于减少了复杂程度，其余的零部件计算速度会更快。

　　3）压缩零部件包含的配合关系也被压缩，因此装配体中零部件的位置可能变为"欠定义"，参考压缩零部件的关联特征也可能受影响。当恢复压缩的零部件为完全还原状态时，可能会产生矛盾，所以在生成模型时必须小心使用压缩状态。

　　3. 轻化

　　用户可以在装配体中激活的零部件完全还原或者轻化时装入装配体，零件和子装配体都可以为轻化。

　　1）当零部件完全还原时，其所有模型数据被装入内存。

　　2）当零部件为轻化时，只有部分模型数据被装入内存，其余的模型数据根据需要被装入。

　　通过使用轻化零部件，可以显著提高大型装配体的性能，将轻化的零部件装入装配体比将完全还原的零部件装入同一装配体速度更快，因为计算的数据少，包含轻化零部件的装配体重建速度也更快。

零部件的完整模型数据只有在需要时才被装入，所以轻化零部件的效率很高。只有受当前编辑进程中所做更改影响的零部件才被完全还原，可以对轻化零部件不还原而进行多项装配体操作，包括添加（或者移除）配合、干涉检查、边线（或者面）选择、零部件选择、碰撞检查、装配体特征、注解、测量、尺寸、截面属性、装配体参考几何体、质量属性、剖面视图、爆炸视图、高级零部件选择、物理模拟、高级显示（或者隐藏）零部件等。零部件压缩状态的比较如表 6-1 所示。

表6-1　压缩状态比较表

	还原	轻化	压缩	隐藏
装入内存	是	部分	否	是
可见	是	是	否	否
在"特征管理器设计树"中可以使用的特征	是	否	否	否
可以添加配合关系的面和边线	是	是	否	否
解出的配合关系	是	是	否	是
解出的关联特征	是	是	否	是
解出的装配体特征	是	是	否	是
在整体操作时考虑	是	是	否	是
可以在关联中编辑	是	是	否	否
装入和重建模型的速度	正常	较快	较快	正常
显示速度	正常	正常	较快	较快

6.5.2　压缩零件的方法

压缩零件的方法如下：

1）在装配体窗口中，在"特征管理器设计树"中右键单击零部件名称或者在图形区域中选择零部件。

2）在弹出的菜单中选择"压缩"命令，选择的零部件被压缩，在图形区域中该零件被隐藏。

6.6　生成装配体统计

装配体统计可以在装配体中生成零部件和配合报告。

6.6.1　装配体统计的信息

在装配体窗口中，选择"工具"|"AssemblyXpert"菜单命令，弹出"AssemblyXpert"对话框，如图 6-20 所示。

6.6.2　生成装配体统计的操作步骤

【案例 6-3】 AssemblyXpert 会分析装配体的性能，报告装配体中零部件和配合的统计，并会建议采取一些可行的操作来改进性能。请尝试操作。

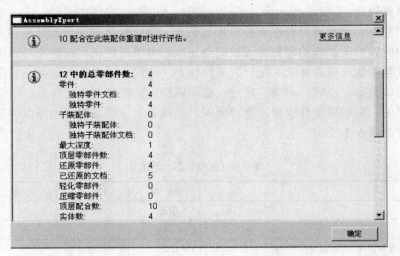

图 6-20 "AssemblyXpert" 对话框

	实例素材	实例素材\6\6-6\6-6 装配体草图.SLDASM
	最终效果	最终效果\6\6-6\6-6 装配体统计.SLDASM

具体操作步骤如下：

1）打开 "6-6 装配体草图.SLDASM" 装配体，如图 6-21 所示。

2）单击 "装配体" 工具栏中的 "AssemblyXpert" 按钮，或执行 "工具" | "Assembly Xpert" 菜单命令，系统弹出 AssemblyXpert 对话框，如图 6-22 所示。

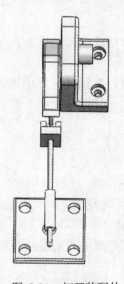

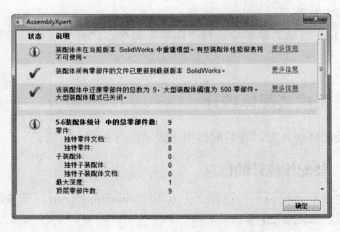

图 6-21 打开装配体　　　　图 6-22 "AssemblyXpert" 对话框

3）在 "AssemblyXpert" 对话框中，图标下列出了装配体的所有相关统计信息。

6.7 范例

槽轮机构模型如图 6-23 所示。

主要步骤如下：

1）插入曲轴零件。

2）插入动力盘零件。

3）插入转轴零件。

4）插入齿轮零件。

5）干涉检查。

6）计算装配体质量特性。

7）装配体信息和相关文件。

图 6-23 槽轮传动机构模型

6.7.1 插入曲轴零件

1）启动中文版 SolidWorks 2012，单击"标准"工具栏中的▢"新建"按钮，弹出"新建 SolidWorks 文件"对话框，单击"装配体"按钮，如图 6-24 所示，单击✔"确定"按钮。

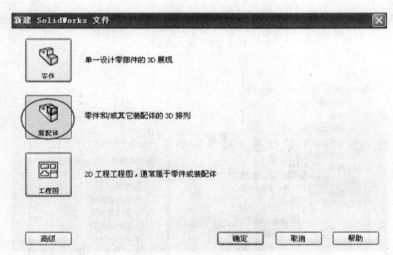

图 6-24 新建装配体窗体

2）弹出"开始装配体"对话框，单击"浏览"按钮，选择零件"卡盘"，单击"打开"按钮，如图 6-25 所示，单击✔"确定"按钮。

3）右键单击零件"卡盘"，在快捷菜单中选择"浮动"命令，此时零件由固定状态变为浮动，"卡盘"前出现（-）图标，如图 6-26 所示。

6.7.2 插入拨盘零件

1）单击"装配体"工具栏中的🖑"插入零部件"按钮，弹出"插入零部件"属性管理器。单击"浏览"按钮，选择子装配体"动力盘"，单击"打开"按钮，在视图区域合适位置单击，如图 6-27 所示。

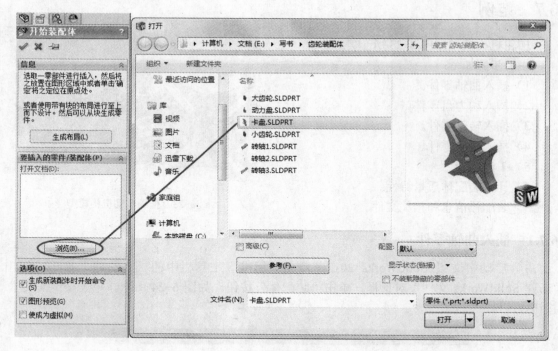

图 6-25　插入零件

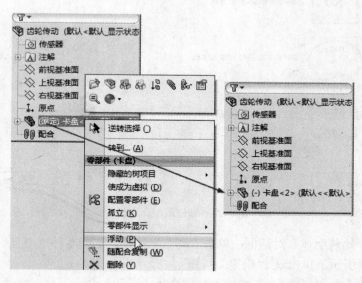

图 6-26　浮动基体零件

2）为了便于进行配合约束，先旋转"动力盘"，单击"装配体"工具栏中的 🔁 "移动零部件" ▾ 下拉按钮，选择 🔁 "旋转零部件"命令，弹出"旋转零部件"属性管理器，此时鼠标指针变为图标 🔄，旋转至合适位置，单击 ✅ "确定"按钮，如图 6-28 所示。

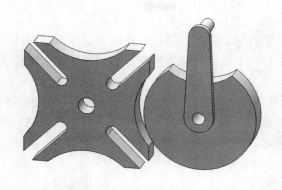

图 6-27　插入动力盘

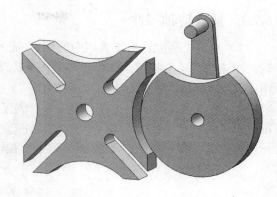

图 6-28　旋转零部件

3）单击"装配体"工具栏中的 🖉 "配合"按钮，弹出"配合"的属性设置。激活"标准配合"选项下的 ◎ "同轴心"按钮，在 🖫 "要配合的实体"文本框中，选择如图 6-29 所示的面，其他保持默认，单击 ✔ "确定"按钮，完成同轴的配合。

4）继续进行约束，激活"标准配合"选项下的 🔏 "重合"按钮。在 🖫 "要配合的实体"文本框中，选择如图 6-30 所示的面，其他保持默认，单击 ✔ "确定"按钮，完成距离的配合。

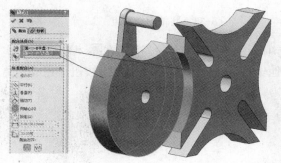

图 6-29　同轴配合

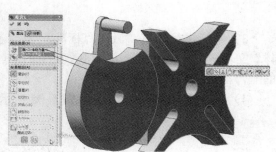

图 6-30　面重合配合

5）完成的卡盘和动力盘配合如图 6-31 所示。

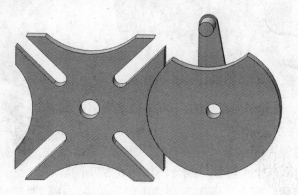

图 6-31　完成活塞杆配合

6.7.3 插入转轴零件

1）单击"装配体"工具栏中的 🐾 "插入零部件"按钮，弹出"插入零部件"的属性设置。单击"浏览"按钮，选择子装配体"转轴1"，单击"打开"按钮，在视图区域合适位置单击，如图 6-32 所示。

2）单击"装配体"工具栏中的 🔗 "配合"按钮，弹出"配合"属性管理器。激活"标准配合"选项下的 ◎ "同轴心"按钮，在 🖼 "要配合的实体"文本框中，选择如图 6-33 所示的面，其他保持默认，单击 ✔ "确定"按钮，完成同轴的配合。

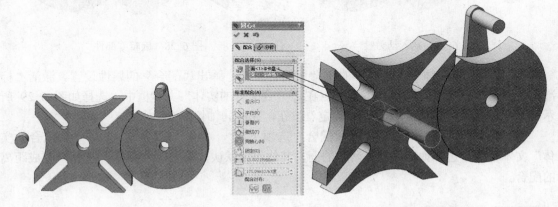

图 6-32　插入转轴 1　　　　　　　　　图 6-33　同轴配合约束

3）继续进行约束，激活"标准配合"选项下的 ⊠ "重合"按钮。在 🖼 "要配合的实体"文本框中，选择如图 6-34 所示的面，其他保持默认，单击 ✔ "确定"按钮，完成距离的配合。

4）完成的卡盘和转轴配合如图 6-35 所示。

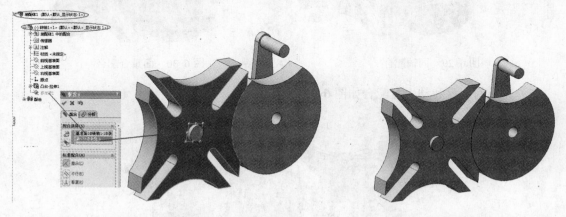

图 6-34　面重合配合　　　　　　　　　图 6-35　转轴 1 配合完成

5）插入第二个转轴，先配合"同轴"和"重合"约束，注意特征树中基准面的选择如图 6-36 所示，完成的第二个"转轴"配合，如图 6-37 所示。

6）插入第三个转轴，配合"同轴"和"距离"约束，在 🖼 "要配合的实体"需要的选择的实体如图 6-38 和图 6-39 所示。

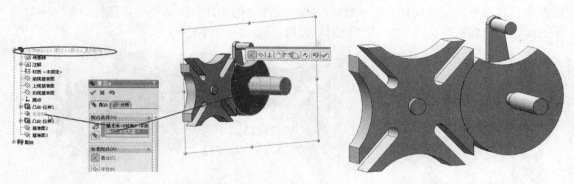

图 6-36　面重合中基准面的选择　　　　　　　图 6-37　转轴 2 配合完成

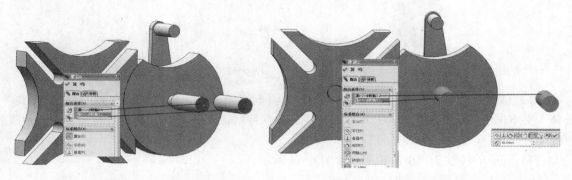

图 6-38　转轴配合是的重合约束　　　　　　图 6-39　转轴配合中的距离配合

7）3 个转轴全部装配完成后的结果如图 6-40 所示。

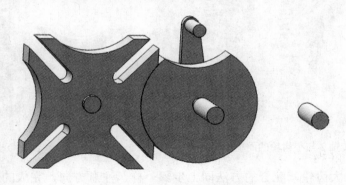

图 6-40　转轴配合完成后效果

6.7.4　插入齿轮零件

1）单击"装配体"工具栏中的 <img> "插入零部件"按钮，弹出"插入零部件"属性管理器。单击"浏览"按钮，选择子装配体"小齿轮"，单击"打开"按钮，在视图区域合适位置单击，如图 6-41 所示。

2）单击"装配体"工具栏中的 ✎ "配合"按钮，弹出"配合"属性管理器，激活"标准配合"选项下的 ⊚ "同轴心"按钮。在 🔧 "要配合的实体"文本框中，选择如图 6-42 所示的面，其他保持默认，单击 ✔ "确定"按钮，完成同轴的配合。

图 6-41　插入小齿轮　　　　　　　　　　　图 6-42　小齿轮与转轴 2 的同心配合

3）继续进行约束，激活"标准配合"选项下的 ⊼ "重合"按钮。在 🔧 "要配合的实体"文本框中，选择如图 6-43 所示的面，其他保持默认，单击 ✔ "确定"按钮，完成距离的配合。

4）完成的转轴 2 和小齿轮配合如图 6-44 所示。

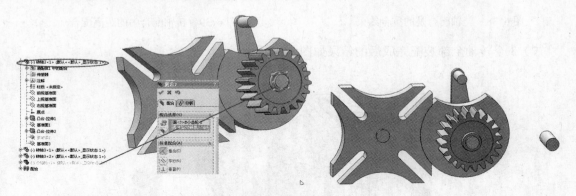

图 6-43　转轴 2 与小齿轮的面重合约束　　　　图 6-44　转轴 2 与小齿轮配合完成

5）继续插入大齿轮，配合的方法同上步骤一样，注意方向，完成的装配体如图 6-45 所示。

6）分别单击"草图"工具栏中的"绘制草图"，在 ╲ "直线"工具的帮助下在两齿轮面上画出草图，一条为圆心到齿顶中点的直线，一条为圆心到齿根中点的直线，完成后如图 6-46 所示。

7）单击"装配体"工具栏中的 ✎ "配合"按钮，弹出"配合"属性管理器，激活"标准配合"选项下的 ⊼ "重合"按钮。在 🔧 "要配合的实体"文本框中，选择如图 6-47 所示的面，其他保持默认，单击 ✔ "确定"按钮，完成同轴的配合。

图 6-45　插入大齿轮并配合完成　　　　　　　　图 6-46　绘制辅助草图

8）删除刚才新建的配合，刚才的配合只是为了调整齿轮之间的接触角度，为之后的机械配合做准备，如图 6-48 所示。

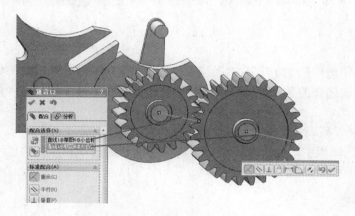

图 6-47　两齿轮配合　　　　　　　　　　　　图 6-48　删除新建配合

9）单击"装配体"工具栏中的 "配合"按钮，弹出"配合"属性管理器，激活"机械配合"选项下的 "齿轮"按钮。在 "要配合的实体"文本框中，选择如图 6-49 所示的面，"比率"中将其调整为"33.87mm：47.41mm"，单击 "确定"按钮，完成同轴的配合。

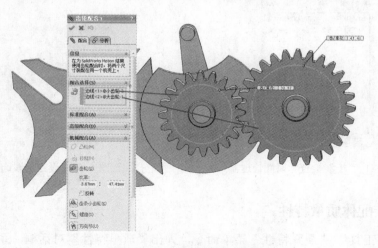

图 6-49　机械传动属性设置

10）完成的"齿轮传动"装配体如图 6-50 所示。

图 6-50　完成齿轮传动的配合约束

6.7.5　干涉检查

1）在"工具"菜单栏中单击![]"干涉检查"按钮，弹出"干涉检查"属性管理器，如图 6-51 所示。在没有任何零件被选择的条件下，系统将使用整个装配体进行干涉检查，单击"计算"按钮。

2）检查的结果列出在"结果"列表中。

3）在干涉检查的"选项"选项组中，用户可以设定干涉检查的相关选项和零件的显示选项，如图 6-52 所示。

图 6-51　"干涉检查"属性管理器

图 6-52　设定干涉选项

6.7.6　计算装配体质量特性

1）选择"工具"|"质量特性"菜单命令，弹出"质量特性"对话框，系统将根据零件材料属性设置和装配单位设置，计算装配体的各种质量特性，如图 6-53 所示。

2）图形区域显示了装配体的重心位置，重心位置的坐标以装配体的原点为零点，如图6-54所示。单击"关闭"按钮完成计算。

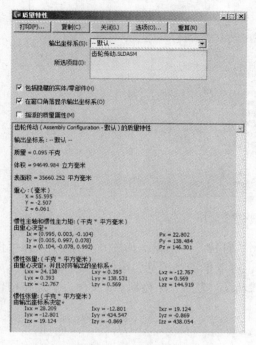

图 6-53　计算质量特性

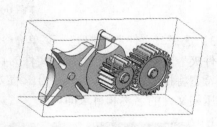

图 6-54　重心位置

6.7.7　装配体信息和相关文件

1）选择"工具"|"AssemblyXpert"菜单命令，弹出"AssemblyXpert"对话框，如图6-55所示，在"AssemblyXpert"对话框中显示了零件或子装配的统计信息。

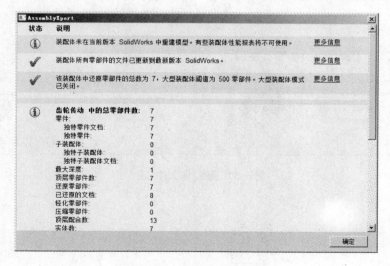

图 6-55　装配体统计信息

2）选择"文件"|"查找相关文件"菜单命令，弹出"查找参考引用"对话框，如图 6-56 所示，在"查找参考引用"对话框中显示了装配体文件所使用的零件文件、装配体文件的文件详细位置和名称。

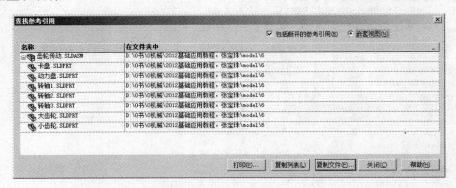

图 6-56　查找参考引用

3）选择"文件"|"打包"菜单命令，弹出"打包"对话框，如图 6-57 所示，在"保存到文件夹"文本框中指定要保存文件的目录，也可以单击"浏览"按钮查找目录位置。如果用户希望将打包的文件直接保存为压缩文件（*.zip），选择"保存到 zip 文件"单选按钮，并指定压缩文件的名称和目录即可。

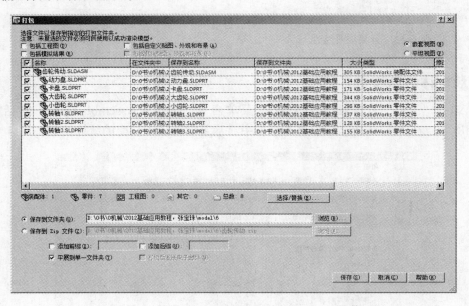

图 6-57　装配体文件打包

第7章 工程图设计

工程图是用来表达三维模型的二维图样，通常包含一组视图、完整的尺寸、技术要求、标题栏等内容。在工程图设计中，可以利用 SolidWorks 设计的实体零件和装配体直接生成所需视图，也可以基于现有的视图生成新的视图。

7.1 工程图概述

工程图是产品设计的重要技术文件，一方面体现了设计成果，另一方面也是指导生产的参考依据。在产品的生产制造过程中，工程图还是设计人员进行交流和提高工作效率的重要工具，是工程界的技术语言。SolidWorks 提供了强大的工程图设计功能，用户可以很方便地借助于零部件或者装配体三维模型生成所需的各个视图，包括剖视图、局部放大视图等。

SolidWorks 在工程图与零部件或者装配体三维模型之间提供全相关的功能，即对零部件或者装配体三维模型进行修改时，所有相关的工程视图将自动更新以反映零部件或者装配体的形状和尺寸变化；反之，当在一个工程图中修改零部件或者装配体尺寸时，系统也自动将相关的其他工程视图及三维零部件或者装配体中相应结构的尺寸进行更新。

7.2 工程图基本设置

7.2.1 工程图文件

工程图文件是 SolidWorks 设计文件的一种。在一个 SolidWorks 工程图文件中，可以包含多张图纸，这使得用户可以利用同一个文件生成一个零件的多张图纸或者多个零件的工程图，如图 7-1 所示。

工程图文件窗口可以分成两部分：左侧区域为文件的管理区域，显示了当前文件的所有图纸、图纸中包含的工程视图等内容；右侧区域可以认为是传统意义上的图纸，包含图纸格式、工程视图、尺寸、注解、表格等工程图样所必需的内容。

1. 设置多张工程图纸

在工程图文件中可以随时添加多张图纸。

选择"插入"｜"图纸"菜单命令，或者在"特征管理器设计树"中用鼠标右键单击如图 7-2 所示的图纸图标，在弹出的菜单中选择"添加图纸"命令，生成新的图纸。

2. 激活图纸

如果需要激活图纸，可以采用如下方法之一。

● 在图纸区域下方单击要激活的图纸的图标。

● 用鼠标右键单击图纸区域下方要激活的图纸的图标，在弹出的菜单中选择"激活"

命令, 如图 7-3 所示。

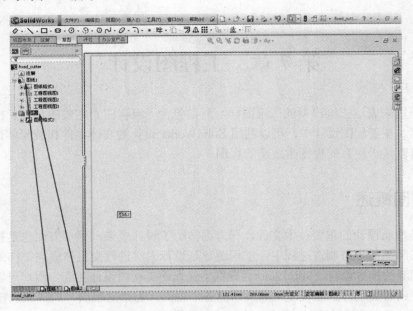

图 7-1　工程图文件中的多张图纸

● 用鼠标右键单击"特征管理器设计树"中的图纸图标, 在弹出的菜单中选择"激活"命令, 如图 7-4 所示。

图 7-2　快捷菜单

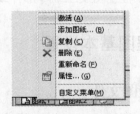

图 7-3　快捷菜单

3. 删除图纸

1) 用鼠标右键单击"特征管理器设计树"中要删除的图纸图标, 在弹出的菜单中选择"删除"命令。

2) 弹出"确认删除"对话框, 单击"是"按钮即可删除图纸, 如图 7-5 所示。

图 7-4　快捷菜单

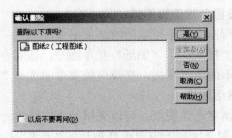

图 7-5　"确认删除"对话框

7.2.2 线型和图层

利用"线型"工具栏可以对工程视图的线型和图层进行设置。

1. 线型设置

对于视图中图线的线色、线粗、线型、颜色显示模式等，可以利用"线型"工具栏进行设置。"线型"工具栏如图 7-6 所示。

1）"图层属性"：设置图层属性（如颜色、厚度、样式等），将实体移动到图层中，然后为新的实体选择图层。

2） "线色"：可以对图线颜色进行设置。

3） "线粗"：单击该按钮，会弹出如图 7-7 所示的"线粗"菜单，可以对图线粗细进行设置。

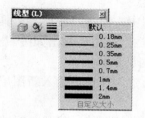

图 7-7 "线粗"菜单

图 7-6 "线型"工具栏

4）"线条样式"：单击该按钮，会弹出如图 7-8 所示的"线条样式"菜单，可以对图线样式进行设置。

5） "颜色显示模式"：单击该按钮，线色会在所设置的颜色中进行切换。

在工程图中如果需要对线型进行设置，一般在绘制草图实体之前，先利用"线型"工具栏中的"线色"、"线粗"和"线条样式"按钮对将要绘制的图线设置所需的格式，这样可以使被添加到工程图中的草图实体均使用指定的线型格式，直到重新设置另一种格式为止。

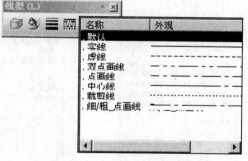

图 7-8 "线条样式"菜单

如果需要改变直线、边线或者草图视图的格式，可以先选择需要更改的直线、边线或者草图实体，然后利用"线型"工具栏中的相应按钮进行修改，新格式将被应用到所选视图中。

2. 图层

在工程图文件中，可以根据用户需求建立图层，并为每个图层上生成的新实体指定线条颜色、线条粗细和线条样式。新的实体会自动添加到激活的图层中。图层可以被隐藏或者显示。另外，还可以将实体从一个图层移动到另一个图层。创建好工程图的图层后，可以分别为每个尺寸、注解、表格和视图标号等局部视图选择不同的图层设置。例如，可以创建两个图层，将其中一个分配给直径尺寸，另一个分配给表面粗糙度注解。通过在文档层设置各个局部视图的图层，无需在工程图中切换图层即可应用自定义图层。

尺寸和注解（包括注释、区域剖面线、块、折断线、局部视图图标、剖面线及表格等）

可以被移动到图层上并使用图层指定的颜色。

草图实体使用图层的所有属性。图层工具栏如图 7-9 所示。

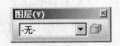

如果将*.DXF 或者*.DWG 文件输入到 SolidWorks 工程图中，
会自动生成图层。在最初生成*.DXF 或者*.DWG 文件的系统中指 图 7-9 "图层"工具栏
定的图层信息（如名称、属性和实体位置等）将被保留。

如果输出带有图层的工程图作为*.DXF 或者*.DWG 文件，则图层信息包含在文件中。
当在目标系统中打开文件时，实体都位于相同图层上，并且具有相同的属性，除非使用映射
功能将实体重新导向新的图层。

在工程图中，单击"图层"工具栏中的 ⬛ "图层属性"按钮，可以进行相关的图层
操作。

（1）建立图层

1）在工程图中，单击"线型"工具栏
中的 ⬛ "图层属性"按钮，弹出如图 7-10
所示的"图层"对话框。

2）单击"新建"按钮，输入新图层的
名称。

图 7-10 "图层"对话框

3）更改图层默认图线的颜色、样式和
粗细等。单击"颜色"下的方框，弹出"颜色"对话框，可以选择或者设置颜色，如图 7-11
所示。单击"样式"下的图线，在弹出的菜单中选择图线样式，如图 7-12 所示。单击"厚
度"下的直线，在弹出的菜单中选择图线的粗细，如图 7-13 所示。

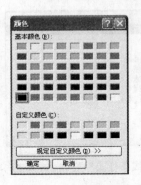

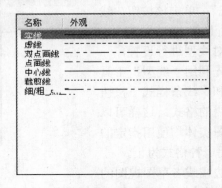

图 7-11 "颜色"对话框   图 7-12 选择样式   图 7-13 选择厚度

4）单击"确定"按钮，可以为文件建立新的图层。

（2）图层操作

- ⇒ 图标所指示的图层为激活的图层。如果要激活图层，单击图层左侧，则所添加的
  新实体会出现在激活的图层中。
- 💡 图标表示图层打开或者关闭的状态。当灯泡为黄色时，图层可见。单击某一图层
  的 💡 图标，则可以显示或者隐藏该图层。
- 如果要删除图层，选择图层，然后单击"删除"按钮。
- 如果要移动实体到激活的图层，选择工程图中的实体，然后单击"移动"按钮，即可

将其移动至激活的图层。

● 如果要更改图层名称,单击图层名称,输入所需的新名称即可。

7.2.3 图纸格式

当生成新的工程图时,必须选择图纸格式。图纸格式可以采用标准图纸格式,也可以自定义和修改图纸格式。通过对图纸格式的设置,有助于生成具有统一格式的工程图。

图纸格式主要用于保存图纸中相对不变的部分,如图框、标题栏和明细栏等。

1. 标准图纸格式

SolidWorks 提供了各种标准图纸大小的图纸格式,可以在"图纸格式/大小"对话框的"标准图纸大小"列表框中进行选择。其中,A 格式相当于 A4 规格的纸张尺寸,B 格式相当于 A3 规格的纸张尺寸,可以依此类推。单击"浏览"按钮,可以加载用户自定义的图纸格式。"图纸格式/大小"对话框如图 7-14 所示。

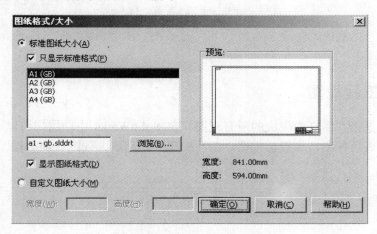

图 7-14 "图纸格式/大小"对话框

"显示图纸格式":显示边框、标题栏等。

2. 编辑图纸格式

当生成一个工程图文件后,可以随时对图纸大小、图纸格式、绘图比例、投影类型等图纸细节进行修改。

在"特征管理器设计树"中,用鼠标右键单击 图标,或者在工程图纸的空白区域单击鼠标右键,在弹出的菜单中选择"属性"命令,如图 7-15 所示,弹出"图纸属性"对话框,如图 7-16 所示。

"图纸属性"对话框中各选项如下。

1)"投影类型":为标准三视图投影选择"第一视角"或者"第三视角"(我国采用的是"第一视角")。

2)"下一视图标号":指定将使用在下一个剖面视图或者局部视图的字母。

3)"下一基准标号":指定要用做下一个基准特征符号的英文字母。

4)"采用在此显示的模型的自定义属性值":如果在图纸上显示了一个以上的模型,且工程图中包含链接到模型自定义属性的注释,则选择希望使用到的属性所在的模型视图;如果没有另外指定，则将使用插入到图纸的第一个视图中的模型属性。

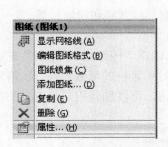

图 7-15　快捷菜单

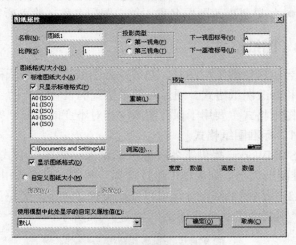

图 7-16　"图纸属性"对话框

7.3　生成工程视图

工程视图是指在图纸中生成的所有视图。在 SolidWorks 中，用户可以根据需要生成各种零件模型的表达视图，如投影视图、剖面视图、局部放大视图、轴测视图等，如图 7-17 所示。

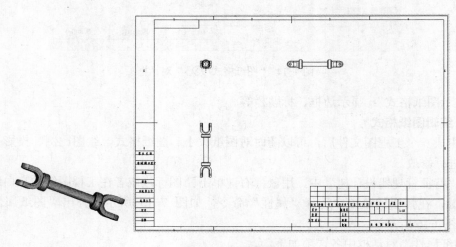

图 7-17　工程视图

在生成工程视图之前，应首先生成零部件或者装配体的三维模型，然后根据此三维模型考虑和规划视图，如工程图由几个视图组成、是否需要剖视等，最后再生成工程视图。

新建工程图文件，完成图纸格式的设置后，就可以生成工程视图了。选择"插入"｜"工程视图"菜单命令，弹出工程视图菜单，如图 7-18 所示。根据需要，可以选择相应的命令生成工程视图。

1）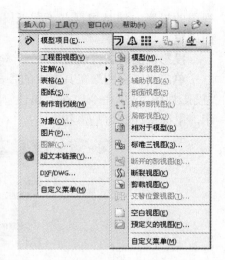"投影视图"：指从主、俯、左 3 个方向插入视图。

2）"辅助视图"：垂直于所选参考边线的视图。

3）"剖面视图"：可以用一条剖切线分割父视图。剖面视图可以是直切剖面或者是用阶梯剖切线定义的等距剖面。

4）"旋转剖视图"：与剖面视图相似，但旋转剖面的剖切线由连接到一个夹角的两条或者多条线组成。

5）"局部视图"：通常是以放大比例显示一个视图的某个部分，可以是正交视图、空间（等轴测）视图、剖面视图、裁剪视图、爆炸装配体视图或者另一局部视图等。

6）"相对于模型"：正交视图，由模型中两个直交面或者基准面及各自的具体方位的规格定义。

图 7-18　工程视图菜单

7）"标准三视图"：前视图为模型视图，其他两个视图为投影视图，使用在图纸属性中所指定的第一视角或者第三视角投影法。

8）"断开的剖视图"：是现有工程视图的一部分，而不是单独的视图。用户可以用闭合的轮廓（通常是样条曲线）定义断开的剖视图。

9）"断裂视图"：也称为中断视图。断裂视图可以将工程图视图以较大比例显示在较小的工程图纸上。与断裂区域相关的参考尺寸和模型尺寸反映实际的模型数值。

10）"剪裁视图"：除了局部视图、已用于生成局部视图的视图或者爆炸视图，用户可以根据需要裁剪任何工程视图。

7.3.1　标准三视图

标准三视图可以生成 3 个默认的正交视图，其中主视图方向为零件或者装配体的前视，投影类型则按照图纸格式设置的第一视角或者第三视角投影法。

在标准三视图中，主视图、俯视图及左视图有固定的对齐关系。主视图与俯视图长度方向对齐，主视图与左视图高度方向对齐，俯视图与左视图宽度相等。俯视图可以竖直移动，左视图可以水平移动。

标准三视图的属性设置

单击"工程图"工具栏中的"标准三视图"按钮，或者选择"插入"｜"工程视图"｜"标准三视图"菜单命令，在"属性管理器"中弹出"标准三视图"属性管理器，如图 7-19 所示，鼠标指针变为形状。

7.3.2　投影视图

投影视图是根据已有视图利用正交投影生成的视图。投影

图 7-19　"标准三视图"属性管理器

139

视图的投影方法是根据在"图纸属性"对话框中所设置的第一视角或者第三视角投影类型而确定。

投影视图的属性设置

单击"工程图"工具栏中的 圖 "投影视图"按钮，或者选择"插入"｜"工程视图"｜"投影视图"菜单命令，在"属性管理器"中弹出"投影视图"属性管理器，如图 7-20 所示，鼠标指针变为 ⌐ 形状。

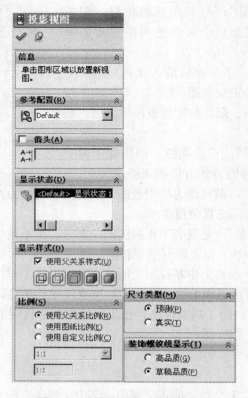

图 7-20 "投影视图"属性管理器

（1）"箭头"选项组

⫸ "标号"：表示按相应父视图的投影方向得到的投影视图的名称。

（2）"显示样式"选项组

"使用父关系样式"：取消选择此选项，可以选择与父视图不同的显示样式，显示样式包括 ⊟ "线架图"、 ⊡ "隐藏线可见"、 ⊡ "消除隐藏线"、 ⊡ "带边线上色"和 ▱ "上色"。

（3）"比例缩放"选项组

●"使用父关系比例"选项：可以应用为父视图所使用的相同比例。

●"使用图纸比例"选项：可以应用为工程图图纸所使用的相同比例。

●"使用自定义比例"选项：可以根据需要应用自定义的比例。

7.3.3 剪裁视图

剪裁视图通过隐藏除了所定义区域之外的所有内容而集中于工程图视图的某部分。未剪裁的部分使用草图（通常是样条曲线或其他闭合的轮廓）进行闭合。生成剪裁视图的操作步骤如下：

1）新建工程图文件，生成零部件模型的工程视图。

2）单击要生成剪裁视图的工程视图，使用草图绘制工具绘制一条封闭的轮廓，如图 7-21 所示。

3）选择封闭的剪裁轮廓，单击"工程图"工具栏中的"剪裁视图"按钮🔲，或者选择"插入"｜"工程视图"｜"剪裁视图"菜单命令，此时，剪裁轮廓以外的视图消失，生成剪裁视图，如图 7-22 所示。

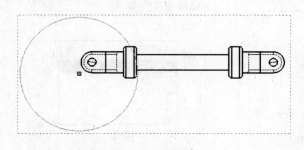

图 7-21　绘制剪裁轮廓

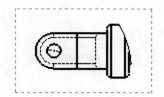

图 7-22　生成剪裁视图

7.3.4　局部视图

局部视图是一种派生视图，可以用来显示父视图的某一局部形状，通常采用放大比例显示。局部视图的父视图可以是正交视图、空间（等轴测）视图、剖面视图、裁剪视图、爆炸装配体视图或者另一局部视图，但不能在透视图中生成模型的局部视图。

单击"工程图"工具栏中的"局部视图"按钮🔍，或者选择"插入"｜"工程视图"｜"局部视图"菜单命令，在"属性管理器"中弹出"局部视图"属性管理器，如图 7-23 所示。

（1）"局部视图图标"选项组

● 🔍 "样式"：可以选择一种样式，如图 7-24 所示。

● 🔍 "标号"：编辑与局部视图相关的字母。

● "字体"：如果要为局部视图标号选择文件字体以外的字体，取消选择"文件字体"选项，然后单击"字体"按钮。

（2）"局部视图"选项组

● "完整外形"：局部视图轮廓外形全部显示。

● "钉住位置"：可以阻止父视图比例更改时局部视图发生移动。

● "缩放剖面线图样比例"：可以根据局部视图的比例缩放剖面线图样比例。

7.3.5　剖面视图

剖面视图是通过一条剖切线切割父视图而生成，属于派生视图，可以显示模型内部的形状和尺寸。剖面视图可以是剖切面或者是用阶梯剖切线定义的等距剖面视图，并可以生成半剖视图。

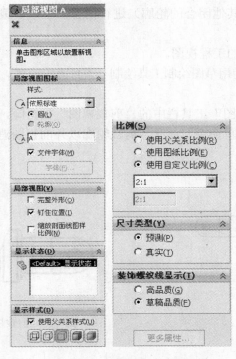

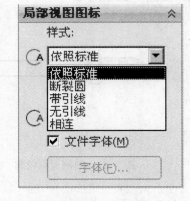

图 7-23 "局部视图"属性管理器　　　图 7-24 "样式"选项

单击"草图"工具栏中的┆"中心线"按钮，在激活的视图中绘制单一或者相互平行的中心线（也可以单击"草图"工具栏中的╲"直线"按钮，在激活的视图中绘制单一或者相互平行的直线段）。选择绘制的中心线（或者直线段），单击"工程图"工具栏中的♪"剖面视图"按钮（或者选择"插入"｜"工程视图"｜"剖面视图"菜单命令），在"属性管理器"中弹出"剖面视图 B-B"（根据生成的剖面视图，字母顺序排序）属性管理器，如图 7-25所示。

（1）"剖切线"选项组
● ♣♣ "反转方向"：反转剖切的方向。
● ♣♣ "标号"：编辑与剖切线或者剖面视图相关的字母。
● "字体"：如果剖切线标号选择文件字体以外的字体，取消选择"文档字体"选项，然后单击"字体"按钮，可以为剖切线或者剖面视图相关字母选择其他字体。

（2）"剖面视图"选项组
● "部分剖面"：当剖切线没有完全切透视图中模型的边框线时，会弹出剖切线小于视图几何体的提示信息，并询问是否生成局部剖视图。
● "只显示切面"：只有被剖切线切除的曲面出现在剖面视图中。
● "自动加剖面线"：选择此选项，系统可以自动添加必要的剖面（切）线。

7.3.6　旋转剖视图

旋转剖视图可以用来表达具有回转轴的零件模型的内部形状，生成旋转剖视图的剖切线，必须由两条连续的线段构成，并且这两条线段必须具有一定的夹角。创建旋转剖视图的操作步骤如下：

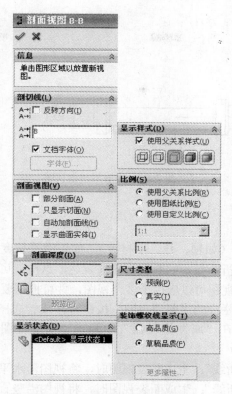

图 7-25　"剖面视图 B-B"属性管理器

1）在图纸区域中激活现有视图。

2）单击"草图"工具栏中的"中心线"按钮┇（或者"直线"按钮＼）。

3）根据需要，绘制相交的中心线（或者直线段）。一般情况下，交点与回转轴重合，如图 7-26 所示，同时选择一条中心线（或者直线段）。

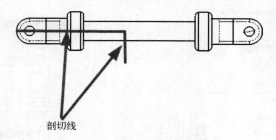

剖切线

图 7-26　绘制剖切线

4）单击"工程图"工具栏中的"旋转剖视图"按钮↥（或者选择"插入"｜"工程视图"｜"旋转剖视图"菜单命令），在"属性管理器"中弹出"剖面视图 A-A"（根据生成的剖面视图，字母顺序排序）属性管理器。在图纸区域中拖动鼠标指针，显示视图的预览。单击旋转剖视图并放置在合适位置，单击"确定"按钮✔，生成旋转剖视图，如图 7-27 所示。

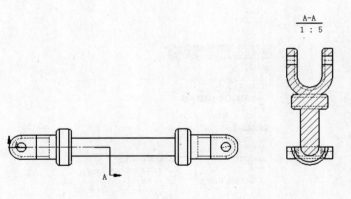

图 7-27　生成旋转剖视图

7.3.7　断裂视图

对于一些较长的零件（如轴、杆、型材等），如果沿着长度方向的形状统一（或者按一定规律）变化时，可以用折断显示的断裂视图来表达，这样就可以将零件以较大比例显示在较小的工程图纸上。断裂视图可以应用于多个视图，并可根据要求撤销断裂视图。

单击"工程图"工具栏中的"断裂视图"按钮，或者选择"插入"｜"工程视图"｜"断裂视图"菜单命令，在"属性管理器"中弹出"断裂视图"属性管理器，如图 7-28 所示。

1）"添加竖直折断线"：生成断裂视图时，将视图沿水平方向断开。

2）"添加水平折断线"：生成断裂视图时，将视图沿竖直方向断开。

3）"缝隙大小"：改变折断线缝隙之间的间距量。

4）"折断线样式"：定义折断线的类型，如图 7-29 所示，其效果如图 7-30 所示。

图 7-28　"断裂视图"属性管理器

图 7-29　"折断线样式"选项

7.3.8　相对视图

如果需要零件视图正确、清晰地表达零件的形状结构，使用模型视图和投影视图生成的工程视图可能会不符合实际情况。此时可以利用相对视图自行定义主视图，解决零件视图定向与工程视图投影方向的矛盾。

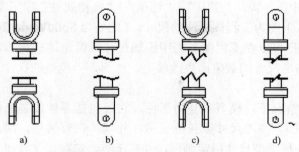

图7-30　不同折断线样式的效果

a) 直线切断　b) 曲线切断　c) 锯齿线切断　d) 小锯齿线切断

相对视图是一个相对于模型中所选面的正交视图，由模型的两个直交面及各自具体方位规格定义。通过在模型中依次选择两个正交平面或者基准面并指定所选面的朝向，生成特定方位的工程视图。相对视图可以作为工程视图中的第一个基础正交视图。

选择"插入"│"工程视图"│"相对于模型"菜单命令，在"属性管理器"中弹出"相对视图"属性管理器，如图7-31所示，鼠标指针变为 形状。

1)"第一方向"：选择方向（如图7-32所示），然后单击"第一方向的面/基准面"选择框，在图纸区域中选择一个面或者基准面。

图7-31　"相对视图"的属性设置

图7-32　"第一方向"选项

2)"第二方向"：选择方向，然后单击"第二方向的面/基准面"选择框，在图纸区域中选择一个面或基准面。

7.4　生成尺寸及注释

7.4.1　绘制草图尺寸

工程图中的尺寸标注是与模型相关联的，而且模型中的变更会反映到工程图中。

1)模型尺寸。通常在生成每个零件特征时即生成尺寸，然后将这些尺寸插入各个工程视图中。在模型中改变尺寸会更新工程图，在工程图中改变插入的尺寸也会改变模型。

2)为工程图标注。当生成尺寸时，可指定在插入模型尺寸到工程图中时是否应包括尺

寸在内。用鼠标右键单击尺寸并选择为工程图标注。用户也可指定为工程图所标注的尺寸自动插入到新的工程视图中。单击"工具"|"选项"|"文档属性"|"出详图"按钮，然后选择视图生成时自动插入下的为工程图标注的尺寸。（此处为 SolidWorks 2011 的新增功能）

3）参考尺寸。用户可以在工程图文档中添加尺寸，但是这些尺寸是参考尺寸，并且是从动尺寸；不能编辑参考尺寸的数值而更改模型。然而，当模型的标注尺寸改变时，参考尺寸值也会改变。

4）颜色。在默认情况下，模型尺寸为黑色。它还包括零件或装配体文件中以蓝色显示的尺寸（例如拉伸深度）。参考尺寸以灰色显示，并默认带有括号。用户可在工具、选项、系统选项、颜色中为各种类型尺寸指定颜色，并在工具、选项、文件属性、尺寸标注中指定添加默认括号。

5）箭头。尺寸被选中时尺寸箭头上出现圆形控标。当单击箭头控标时（如果尺寸有两个控标，可以单击任一个控标），箭头向外或向内反转。用鼠标右键单击控标时，箭头样式清单出现。用户可以使用此方法单独更改尺寸箭头的样式。

6）选择。用户可通过单击尺寸的任何地方，包括尺寸和延伸线和箭头来选择尺寸。

7）隐藏和显示尺寸。用户可使用工程图工具栏上的隐藏/显示注解，或通过"视图"菜单来隐藏和显示尺寸。用户也可以用鼠标右键单击尺寸，然后选择隐藏来隐藏尺寸。还可在注解视图中隐藏和显示尺寸。

8）隐藏和显示直线。若要隐藏一尺寸线或延伸线，用右键单击直线，然后选择隐藏尺寸线或隐藏延伸线。若想显示隐藏线，用鼠标右键单击尺寸或一可见直线，然后选择显示尺寸线或显示延伸线。

7.4.2　添加注释

单击"注解"工具栏中的"注释"按钮 $\mathbf{A}$，或者选择"插入"|"注解"|"注释"菜单命令，在"属性管理器"中弹出"注释"属性管理器，如图 7-33 所示。

（1）"注释常用类型"选项组

● "将默认属性应用到所选注释"：将默认类型应用到所选注释中。

● "添加或更新常用类型"：单击该按钮，在弹出的对话框中输入新名称，然后单击"确定"按钮，即可将常用类型添加到文件中。

● "删除常用类型"：从"设定当前常用类型"中选择一种样式，单击该按钮，即可将常用类型删除。

● "保存常用类型"：在"设定当前常用类型"中显示一种常用类型，单击该按钮，在弹出的"另存为"对话框中，选择保存该文件的文件夹，编辑文件名，最后单击"保存"按钮。

● "装入常用类型"：单击该按钮，在弹出的

图 7-33　"注释"属性管理器

"打开"对话框中选择合适的文件夹，然后选择一个或者多个文件，单击"打开"按钮，装入的常用尺寸出现在"设定当前常用类型"列表中。

(2)"文字格式"选项组

● 文字对齐方式：包括▤"左对齐"、▤"居中"和▤"右对齐"。
● ⤾"角度"：设置注释文字的旋转角度（正角度值表示逆时针方向旋转）。
● 🌐"插入超文本链接"：单击该按钮，可以在注释中包含超文本链接。
● 🗎"链接到属性"：单击该按钮，可以将注释链接到文件属性。
● 🔣"添加符号"：将鼠标指针放置在需要显示符号的"注释"文字框中，单击"添加符号"按钮，弹出"符号"对话框，选择一种符号，单击"确定"按钮，符号显示在注释中，如图7-34所示。

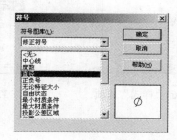

图7-34　选择符号

● 🔒"锁定/解除锁定注释"：将注释固定到位。当编辑注释时，可以调整其边界框，但不能移动注释本身（只可用于工程图）。
● ▦"插入形位公差"：可以在注释中插入形位公差符号。
● √"插入表面粗糙度符号"：可以在注释中插入表面粗糙度符号。
● Ⓐ"插入基准特征"：可以在注释中插入基准特征符号。
● "使用文档字体"：选择该选项，使用文件设置的字体；取消选择该选项，"字体"按钮处于可选择状态。单击"字体"按钮，弹出"选择字体"对话框，可以选择字体样式、大小及效果。

(3)"引线"选项组

● 单击╱"引线"、〜"多转折引线"、⤢"无引线"或者⤡"自动引线"按钮确定是否选择引线。
● 单击⌐"引线靠左"、⌐"引线向右"、"引线最近"按钮⤢，确定引线的位置。
● 单击⤢"直引线"、⤢"折弯引线"、"下划线引线"按钮⤢，确定引线样式。
● 从"箭头样式"中选择一种箭头样式，如图7-35所示。如果选择——☆"智能箭头"样式，则应用适当的箭头（如根据出详图标准，将——●应用到面上、——▶应用到边线上等）到注释中。
● "应用到所有"：将更改应用到所选注释的所有箭头。如果所选注释有多条引线，而自动引线没有被选择，则可以为每个单独引线使用不同的箭头样式。

(4)"边界"选项组

● "样式"：指定边界（包含文字的几何形状）的形状或者无，如图7-36所示。

● "大小": 指定文字是否为"紧密配合"或者固定的字符数, 如图 7-37 所示。

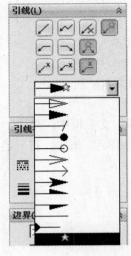

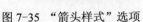

图 7-35 "箭头样式"选项   图 7-36 "样式"选项   图 7-37 "大小"选项

(5)"图层"选项组

该选项组用来指定注释所在的图层。

7.4.3 添加注释的操作步骤

1)单击"注解"工具栏中的 **A** "注释"按钮, 或者选择"插入"|"注解"|"注释"菜单命令, 鼠标指针变为 形状, 在"属性管理器"中弹出"注释"属性管理器。

2)在图纸区域中拖动鼠标指针定义文字框, 在文字框中输入相应的注释文字。

3)如果有多处需要注释文字, 只需在相应位置单击即可添加新注释, 单击 ✔ "确定"按钮, 注释添加完成。

7.5 打印图样

在 SolidWorks 中, 可以打印整个工程图样, 也可以只打印图样中所选的区域。如果使用彩色打印机, 可以打印彩色的工程图(默认设置为使用黑白打印), 也可以为单独的工程图纸指定不同的设置。在打印图样时, 要求用户正确安装并设置打印机、页面和线粗等。

7.5.1 页面设置

打印工程图前, 需要对当前文件进行页面设置。打开需要打印的工程图文件。选择"文件"|"页面设置"菜单命令, 弹出"页面设置"对话框, 如图 7-38 所示。

(1)"分辨率和比例"选项组

● "调整比例以套合"(仅对于工程图): 按照使用的纸张大小自动调整工程图样尺寸。

● "比例": 设置图样打印比例, 按照该比例缩放值(即百分比)打印文件。

● "高品质"(仅对于工程图): SolidWorks 软件为打印机和纸张大小组合决定最优分辨

率，生成 Raster 输出并进行打印。

（2）"纸张"选项组

● "大小"：设置打印文件的纸张大小。

● "来源"：设置纸张所处的打印机纸匣。

（3）"工程图颜色"选项组

● "自动"：如果打印机或者绘图机驱动程序报告能够进行彩色打印，发送彩色数据，否则发送黑白数据。

● "颜色/灰度级"：忽略打印机或者绘图机驱动程序的报告结果，发送彩色数据到打印机或者绘图机。黑白打印机通常以灰度级打印彩色实体。当彩色打印机或者绘图机使用自动设置进行黑白打印时，使用此选项。

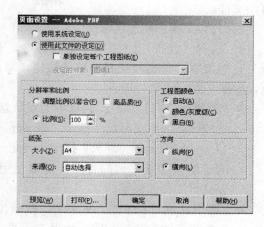

图 7-38 "页面设置"对话框

● "黑白"：不论打印机或者绘图机的报告结果如何，发送黑白数据到打印机或者绘图机。

7.5.2 线粗设置

选择"文件"|"打印"菜单命令，弹出"打印"对话框，如图 7-39 所示。

在"打印"对话框中，单击"线粗"按钮，在弹出的"线粗"对话框中设置打印时的线粗，如图 7-40 所示。

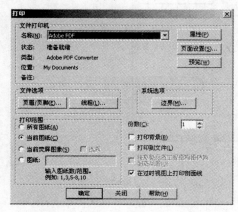

图 7-39 "打印"对话框

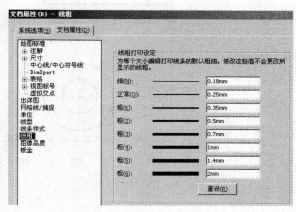

图 7-40 "线粗"对话框

7.5.3 打印出图

完成页面设置和线粗设置后，就可以进行打印出图的操作了。

1. 整个工程图图纸

选择"文件"|"打印"菜单命令，弹出"打印"对话框。在对话框中的"打印范围"选项组中，选中"所有图纸"或"图纸"单选按钮并输入想要打印的页数，单击"确定"按钮

打印文件。

2．打印工程图所选区域

1）选择"文件"|"打印"菜单命令，弹出"打印"对话框。在对话框中的"打印范围"选项组中，单击"选择"单选按钮，单击"确定"按钮，弹出"打印所选区域"对话框，如图 7-41 所示。

- "模型比例（1∶1）"：此选项为默认选项，表示所选的区域按照实际尺寸打印，即 mm（毫米）的模型尺寸按照 mm（毫米）打印。因此，对于使用不同于默认图纸比例的视图，需要使用自定义比例以获得需要的结果。

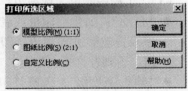

图 7-41 "打印所选区域"对话框

- "图纸比例（1∶1）"：所选区域按照其在整张图纸中的显示比例进行打印。如果工程图大小和纸张大小相同，将打印整张图纸。
- "自定义比例"：所选区域按照定义的比例因子打印，输入比例因子数值，单击"应用比例"按钮。改变比例因子时，在图纸区域中选择框将发生变化。

2）拖动选择框到需要打印的区域。可以移动、缩放视图，或者在选择框显示时更换图纸。此外，选择框只能整框拖动，不能拖动单独的边来控制所选区域，如图 7-42 所示，单击"确定"按钮，完成所选区域的打印。

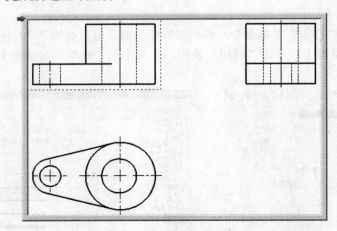

图 7-42 拖动选择框

7.6 范例

要熟练应用 SolidWorks 工程图程序需要多加练习，本节通过具体实例来使读者熟悉工程图的应用。本例将生成一个顶尖（如图 7-43 所示）的工程图，如图 7-44 所示。

7.6.1 建立工程图的准备工作

（1）打开零件

在本书配套光盘中找到"顶尖.SLDASM"文件双击打开，或启动中文版 SolidWorks

2012，选择"文件"|"打开"命令，在弹出的"打开"对话框中选择"顶尖.SLDASM"。

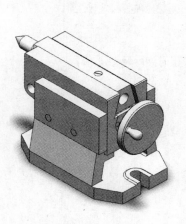

图 7-43　顶尖模型

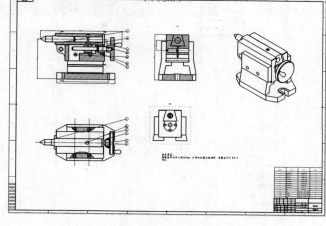

图 7-44　顶尖装配体工程图

（2）新建工程图纸

单击"文件"|"新建"命令，弹出"新建 SolidWorks 文件"对话框，如图 7-45 所示，单击"高级"按钮，可选 SolidWorks 自带的图纸模板，如图 7-46 所示，本例选取国标 A0 图纸格式。当然也可新建完成以后再更改图纸格式。

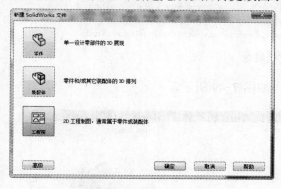

图 7-45　"新建 SolidWorks 文件"对话框

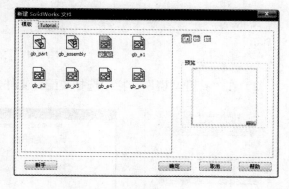

图 7-46　模板选取

（3）设置绘图标准

工程图的绘制要严格按照国标绘图标准，如尺寸公差的标注、箭头的表示方法等，好在 SolidWorks 提供了一套完成的国标方案。

1）单击"工具"|"选项"按钮，弹出"系统选项"对话框，如图 7-47 所示，单击"文档属性"选项卡。

2）将总绘图标准设置为 GB（国标），单击"确定"按钮结束。

7.6.2　插入视图

（1）插入标准三视图

1）常规的工程视图为标准的三视图，单击"插入"|"工程图视图"|"标准三视图"弹

出"标准三视图"对话框，如图 7-48 所示。

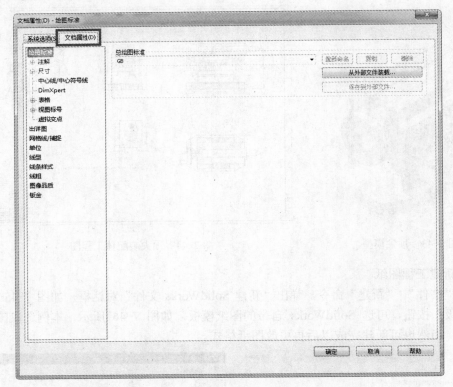

图 7-47 文档属性

2）在"打开文档"一栏中选择装配体文件，如图 7-49 所示。

图 7-48 "标准三视图"对话框

图 7-49 选择文件

3）单击"确定"按钮 继续。

（2）显示工程视图

1）插入完标准三视图后，如图 7-50 所示。

2）单击主视图，弹出"工程视图"对话框，如图 7-51 所示。

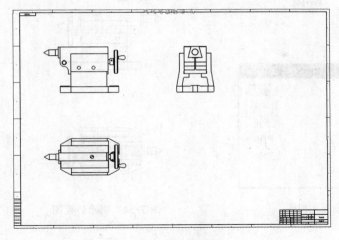

图 7-50　标准三视图　　　　　　　　　图 7-51　工程视图

3）单击"显示样式"一栏中的按钮 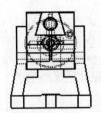，单击"确定"按钮 ✔ 继续，如图 7-52 所示。

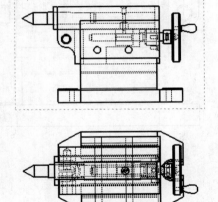

图 7-52　隐藏线

（3）建立剖面视图

1）单击视图的左视图，按"Delete"键删除，如图 7-53 所示。

2）单击"是"按钮继续，删除后视图，如图 7-54 所示。

3）单击 CommandManage 工具栏中的"试图布局"选项卡，单击按钮 剖面视图，弹出"投影视图"对话框如图 7-55 所示。

4）此时鼠标指针变成了 ✎ 形状，在正视图中画一条如图 7-56 所示的直线，注意直线要过螺孔的圆心。

5）松开鼠标左键，弹出"剖面视图"对话框，选择"自动打剖面线"和"反转方向"，如图 7-57 所示。

6）单击"确定"按钮，在原来左视图的位置放置视图，如图 7-58 所示。

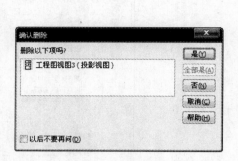

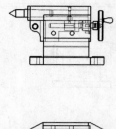

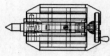

图 7-53　删除左视图　　　　　　　　图 7-54　删除后视图

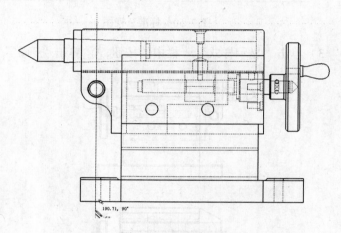

图 7-55　投影视图　　　　　　　　图 7-56　画直线

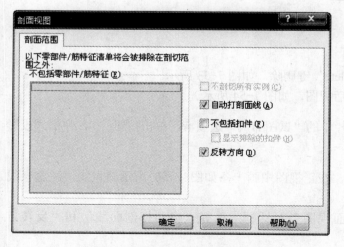

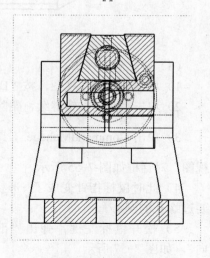

图 7-57　设置"剖面视图"对话框　　　　图 7-58　剖面视图

7）整个视图如图 7-59 所示。

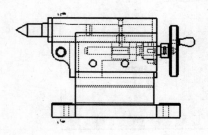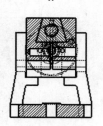

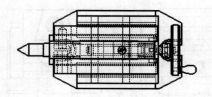

图 7-59　整个视图

8）在正视图中继续绘制剖切视图，如图 7-60 所示。

9）直线终点到大约图示位置处截止，注意直线没有穿过整个图形，弹出如图 7-61 所示的对话框。

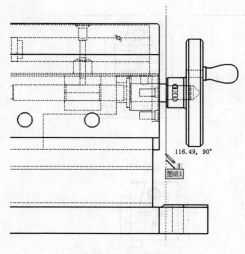

图 7-60　绘制剖切线

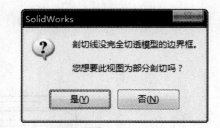

图 7-61　询问对话框

10）单击"是"按钮，弹出如图 7-62 所示的对话框，勾选"自动打剖面线"复选框。

11）此时若放置视图必须与正视图对齐，如图 7-63 所示。

12）按〈Ctrl〉键可解除与主视图对齐，在视图的右下角放置视图，如图 7-64 所示。

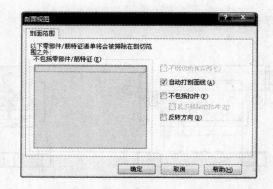

图 7-62 设置"剖面视图"对话框

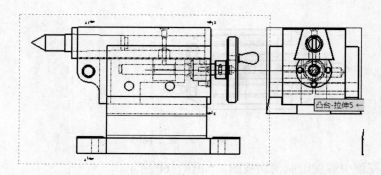

图 7-63   与正视图对齐

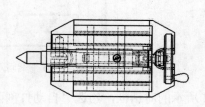
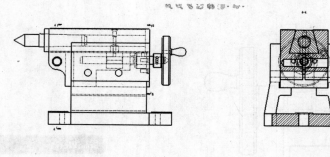

图 7-64   放置剖视图

7.6.3 插入轴测图

提示：较复杂的装配体还需要有爆炸视图或轴测图。

1）单击 CommandManage 工具栏中的"视图布局"一栏，单击按钮 模型视图，弹出"模型视图"对话框，如图 7-65 所示。

2）单击按钮 浏览(B)… ，选择装配体文件，如图 7-66 所示。

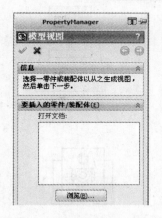

图 7-65 "模型视图"对话框   图 7-66 选择装配体

3）单击"打开"按钮，在"方向"一栏中单击"等轴测"按钮，如图 7-67 所示。

4）放置视图到合适位置，如图 7-68 所示。

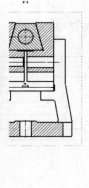

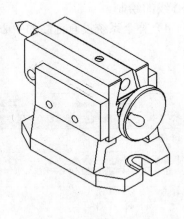

图 7-67 单击"等轴测"按钮   图 7-68 等轴测

7.6.4 标注中心线

在工程图中有圆柱面或圆锥面是需要标注中心线，以方便标注尺寸和标识。

1）单击 CommandManage 工具栏中的 中心线 ，弹出"中心线"对话框，如图 7-69 所示。

2）单击竖直的轮廓，如图 7-70 所示。

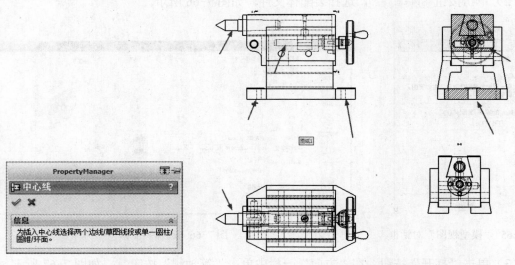

图 7-69 "中心线"对话框   图 7-70 单击竖直的轮廓

3）单击"选项"一栏中的"单一中心符号线"按钮 ，如图 7-71 所示，即可完成中心线的绘制。

4）补全系统没有标注的中心符号，如图 7-72 所示。

图 7-71 "中心符号线"对话框

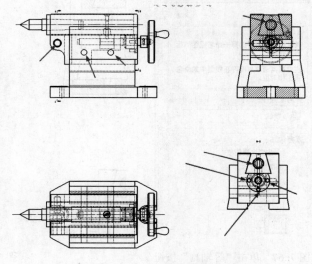

图 7-72 圆的轮廓线

5）标注完如图 7-73 所示。

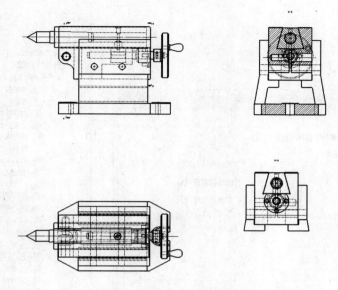

图 7-73　标注中心符号的工程图

7.6.5　绘制剖视图

注意：与刚才不同，此剖视图是在视图中的剖视图，即没有单独的视图。

（1）绘制正视图局部剖视图

1）单击 CommandManage 工具栏中的"草图"选项卡，单击"矩形"按钮 中的边角矩形，框住图示位置，如图 7-74 所示。

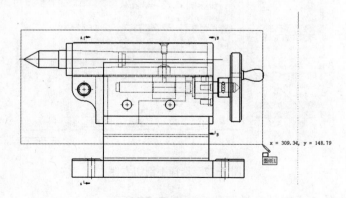

图 7-74　框住的右半部

2）按住"Ctrl"键，选择刚刚绘制的矩形四条边，然后单击 CommandManage 工具栏中的"视图布局"选项卡，单击按钮 ，弹出"剖面视图"对话框，如图 7-75 所示。

3）勾选"自动打剖面线"复选框，激活"不包括的零件筋特征"，展开"装配体"|"图

纸"|"工程视图"|"装配体",如图 7-76 所示。

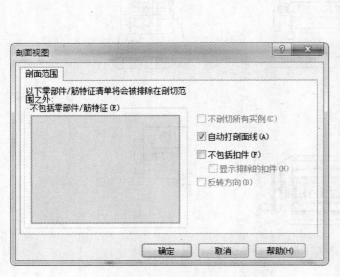

图 7-75 "剖面视图"对话框

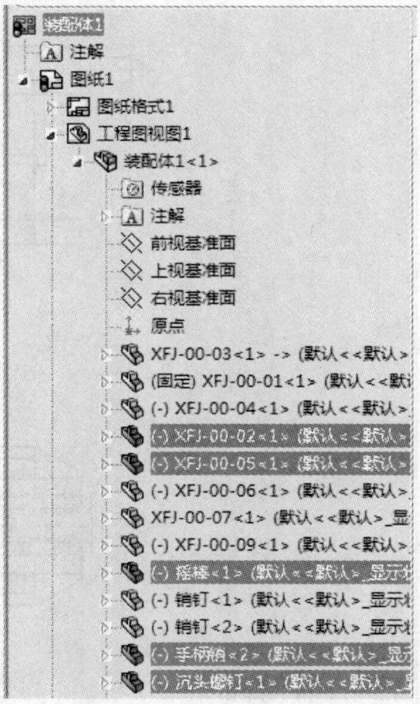

图 7-76 展开工作栏

4）选择"顶针"（XFJ-00-02）、"丝杠"（XFJ-00-05）、"螺钉"（沉头螺钉）、"手柄销"和"摇棒"，如图 7-77 所示。

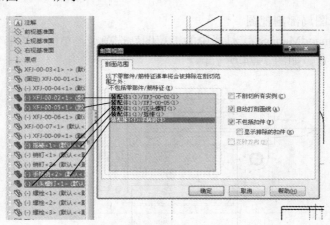

图 7-77 选择不剖切零件

5）此时视图中的 5 个零件会被框住，如图 7-78 所示。

6）单击"确定"按钮，此时会让用户输入剖切深度，弹出"断开的剖视图"对话框，如图 7-79 所示。

提示：SolidWorks 绘制剖切图既可手动输入剖切深度，也可通过选择隐藏线来让程序自动将深度剖切至隐藏线所在的面，需要激活图中的 右边的框体（默认是被激活的）。

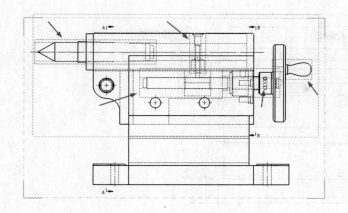

图 7-78　选择不剖切零件　　　　　　　　图 7-79　"断开的剖视图"对话框

7）从主视图中选择一条隐藏线，如图 7-80 所示。

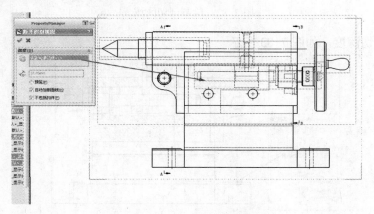

图 7-80　选择隐藏线

8）单击"确定"按钮 ✔ 继续，生成的剖切图如图 7-81 所示。

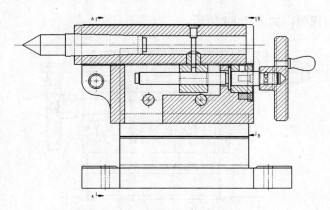

图 7-81　剖切图

9）模仿上述步骤，生成下半部剖视图，如图 7-82 所示。

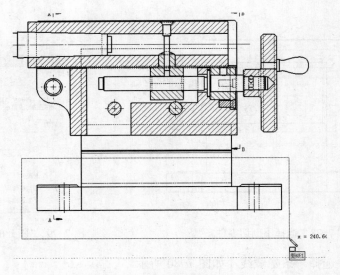

图 7-82　绘制剖切区域

10）选择剖切深度，如图 7-83 所示。

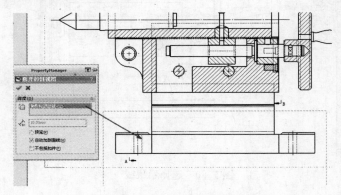

图 7-83　选择剖切深度

11）绘制后的剖视图，如图 7-84 所示。

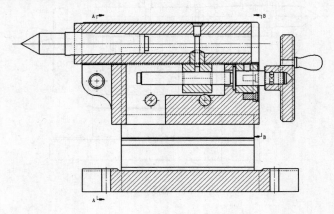

图 7-84　剖视图

162

（2）绘制俯视图局部剖视图

1）类似上述方法，先绘制一条样条曲线，如图 7-85 所示。

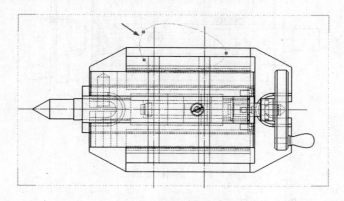

图 7-85　绘制样条曲线

2）选择剖切深度，如图 7-86 所示。

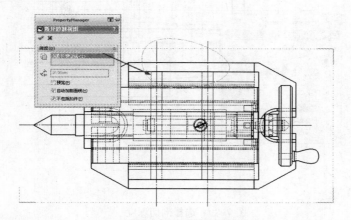

图 7-86　选择剖切深度

3）生成剖视图，如图 7-87 所示。

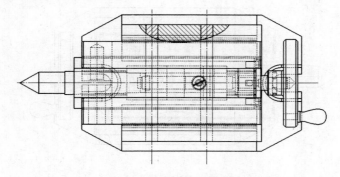

图 7-87　生成剖视图

4）下半部区域也先绘制一个样条曲线，如图 7-88 所示。

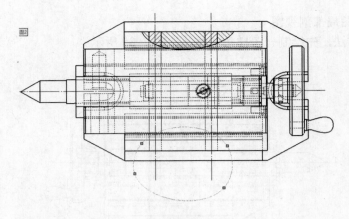

图 7-88　绘制样条曲线

5）选择剖切深度，如图 7-89 所示。

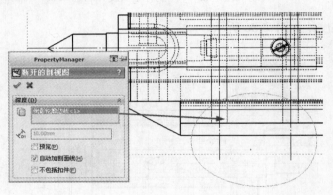

图 7-89　选择剖切深度

6）生成的剖视图如图 7-90 所示。

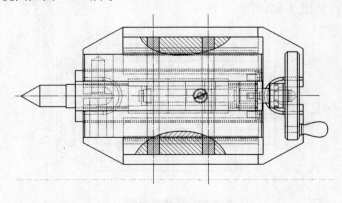

图 7-90　剖视图

7）整个剖视后的视图如图 7-91 所示。

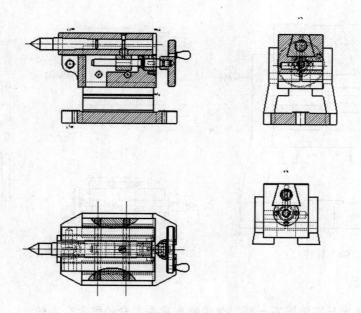

图 7-91　完成的剖视图

（3）消除隐藏线

注意：要想取消所有视图的隐藏线只需要取消主视图即可。

1）单击正视图，弹出"工程图视图 1"对话框，如图 7-92 所示。

2）拖动滑块找到"显示样式"一栏，选择 "显出隐藏线"按钮，单击 ✅ "确定"按钮继续。最后的视图如图 7-93 所示。

图 7-92　"工程图视图 1"对话框

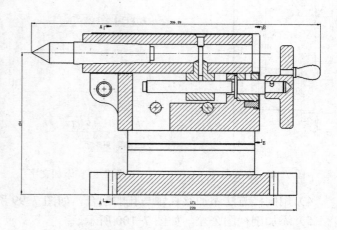

图 7-93　正视图标注

3）对右边的剖视图标注，如图 7-94 所示。

4）整个视图如图 7-95 所示。

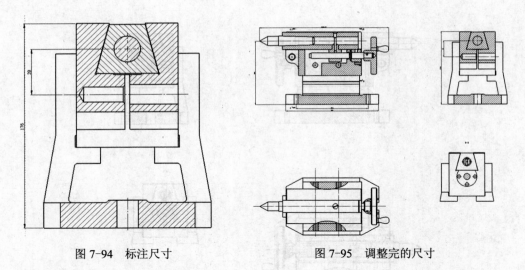

图 7-94 标注尺寸　　　　　　　　　　图 7-95 调整完的尺寸

（4）标注公差

🎭 **注意**：装配体与零件图不一样，仅需要有重要部分的配合公差的。

1）单击 CommandManage 工具栏中的 [模型项目] 按钮，为摇棒和手轮配合添加尺寸，如图 7-96 所示。

2）添加尺寸完毕后，弹出"尺寸"对话框，在"标注尺寸"文字后输入"H7/k6"，如图 7-97 所示。

3）单击 ✅ "确定"按钮继续，此时图形变为如图 7-98 所示。

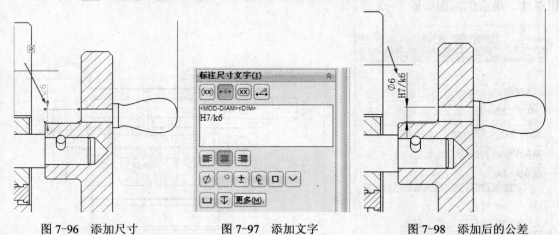

图 7-96 添加尺寸　　　　　　图 7-97 添加文字　　　　　图 7-98 添加后的公差

4）用同样方法添加丝杠轴与孔的配合，如图 7-99 所示。

5）添加剖视图公差，如图 7-100 所示。

7.6.6　生成零件序号和零件表

（1）生成零件序号

166

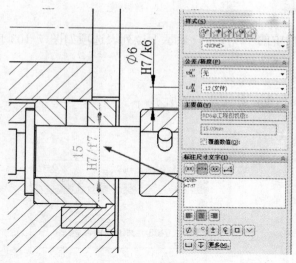

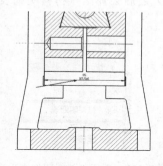

图 7-99　添加丝杠轴与孔的配合　　　　　　图 7-100　　添加剖视图公差

1）单击图纸，再单击 CommandManage 工具栏中的 自动零件序号 按钮后，弹出"自动零件序号"对话框，根据工程图的布局，选择 右(R) "布置零件序号到右"和"圆形"样式，如图 7-101 所示。

2）单击 "确定"按钮继续，生成的零件序号，如图 7-102 所示。

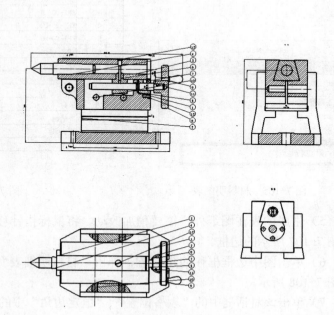

图 7-101　设置"自动零件序号"对话框　　　　图 7-102　自动序号生成

（2）生成零件表

1）单击 CommandManage 工具栏中的  按钮，显示下拉列表选项如图 7-103 所示，选择"材料明细表"选项。

2）之后会弹出"材料明细表"对话框，如图 7-104 所示。

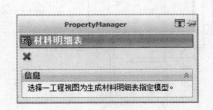

图 7-103 选择"材料明细表"选项　　　　图 7-104 "材料明细表"对话框

3）单击主视图，弹出"材料明细表"对话框，选中"附加到定位点"复选框，如图 7-105 所示。

4）单击 ✅ "确定"按钮继续，生成表如图 7-106 所示。

图 7-105 材料明细表

图 7-106 零件表

5）生成的表在图纸外，需要稍加改动，将鼠标指针移动到刚生成的表格中，便可出现如图 7-107 所示的边框。

6）单击图中边框框住的 位置，弹出"材料明细表"对话框和"表格位置"选项组，如图 7-108 所示。

7）单击该对话框中的"表格位置"|"恒定边角"中的 "右下点"按钮，单击 ✅ "确定"按钮继续，生成的表格即可和图纸外边框对齐，如图 7-109 所示。

（3）修改表格格式

1）选择表格 C 列，如图 7-110 所示。

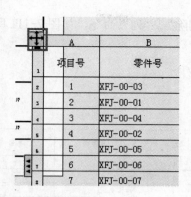

图 7-107　边框

图 7-108　弹出的对话框

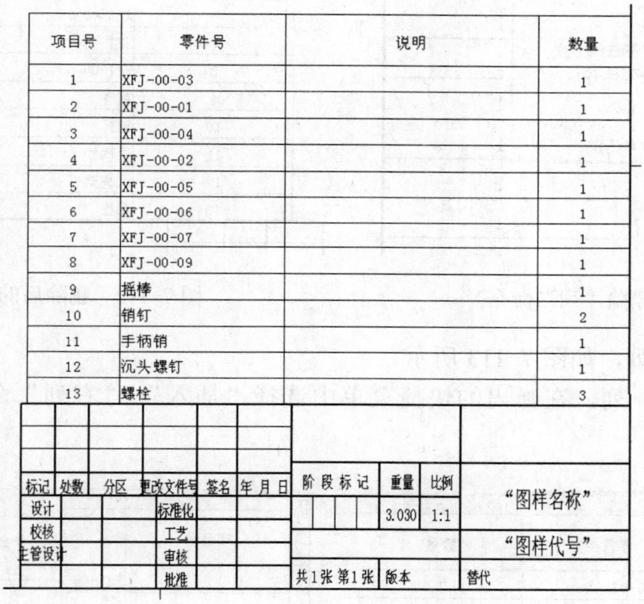

项目号	零件号	说明	数量
1	XFJ-00-03		1
2	XFJ-00-01		1
3	XFJ-00-04		1
4	XFJ-00-02		1
5	XFJ-00-05		1
6	XFJ-00-06		1
7	XFJ-00-07		1
8	XFJ-00-09		1
9	摇棒		1
10	销钉		2
11	手柄销		1
12	沉头螺钉		1
13	螺栓		3

标记	处数	分区	更改文件号	签名	年 月 日	阶 段 标 记	重量	比例	"图样名称"
设计			标准化				3.030	1:1	
校核			工艺						"图样代号"
主管设计			审核						
			批准			共1张 第1张	版本	替代	

图 7-109　和外边框对齐的零件表

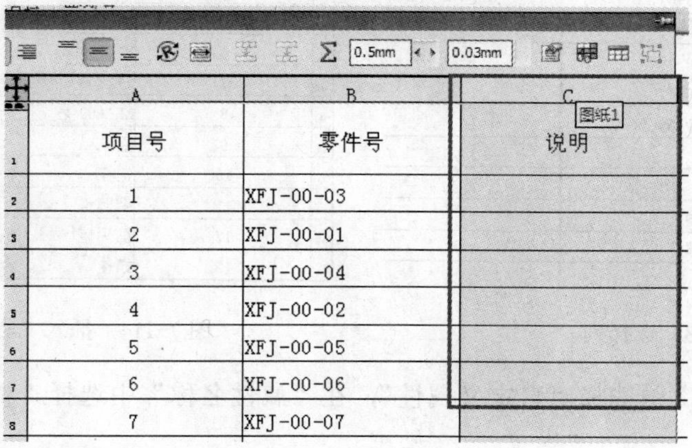

	A	B	C
	项目号	零件号	说明
1	1	XFJ-00-03	
2	2	XFJ-00-01	
3	3	XFJ-00-04	
4	4	XFJ-00-02	
5	5	XFJ-00-05	
6	6	XFJ-00-06	
7	7	XFJ-00-07	

图 7-110　选择 C 列

2）右键单击C列，在弹出的快捷菜单中选择“删除”|“列”命令，如图7-111所示。

3）删除后效果，如图7-112所示。

C
D
缩放/平移/旋转
最近的命令(R)
插入
选择
删除
表格 (A)
列 (B)
隐藏
隐藏所选 (J)
格式化
分割
排序 (N)
编辑多个属性值 (O)
插入 - 新零件 (P)
另存为... (Q)
自定义菜单(M)
数量

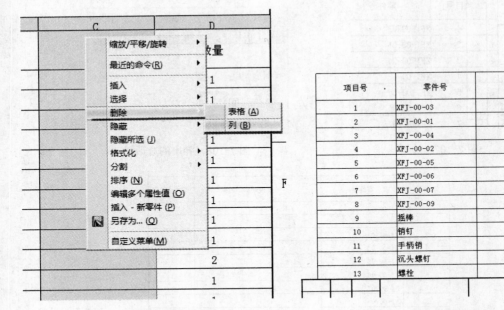

图7-111　删除“列”命令

项目号
零件号
数量
1 XFJ-00-03 1
2 XFJ-00-01 1
3 XFJ-00-04 1
4 XFJ-00-02 1
5 XFJ-00-05 1
6 XFJ-00-06 1
7 XFJ-00-07 1
8 XFJ-00-09 1
9 摇棒 1
10 销钉 2
11 手柄销 1
12 沉头螺钉 1
13 螺栓 3

图7-112　删除后的效果

4）选择表格B列，如图7-113所示。

5）右键单击B列，在弹出的快捷菜单中选择“插入”|“右列”命令，如图7-114所示。

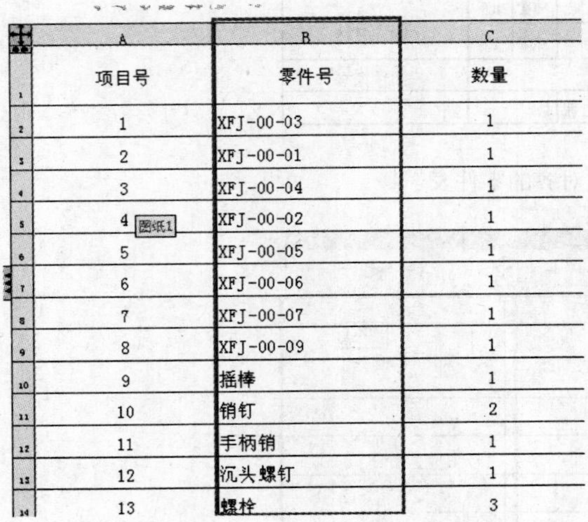

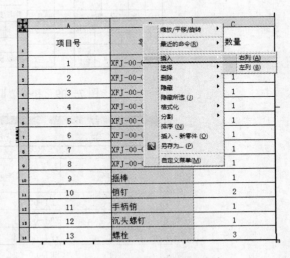

A
B
C
项目号
零件号
数量
1 XFJ-00-03 1
2 XFJ-00-01 1
3 XFJ-00-04 1
4 图纸1 XFJ-00-02 1
5 XFJ-00-05 1
6 XFJ-00-06 1
7 XFJ-00-07 1
8 XFJ-00-09 1
9 摇棒 1
10 销钉 2
11 手柄销 1
12 沉头螺钉 1
13 螺栓 3

图7-113　选择列

A
C
项目号
数量
缩放/平移/旋转
最近的命令(R)
插入
右列 (A)
左列 (B)
选择
删除
隐藏
隐藏所选 (J)
格式化
分割
排序 (N)
插入 - 新零件 (O)
另存为... (P)
自定义菜单(M)
摇棒
销钉
手柄销
沉头螺钉
螺栓

图7-114　插入“右列”命令

6）在“列类型”中选择“自定义属性”，在“属性名称”中选择“材料”，如图7-115所示。

7）完成后的效果，如图7-116所示。

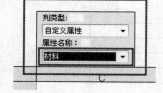

项目号	零件号	材料	数量
1	XFJ-00-03	铸造合金钢	1
2	XFJ-00-01	可锻铸铁	1
3	XFJ-00-04	铸造合金钢	1
4	XFJ-00-02	铸造合金钢	1
5	XFJ-00-05	铸造合金钢	1
6	XFJ-00-06	铸造合金钢	1
7	XFJ-00-07	普通碳钢	1
8	XFJ-00-09	可锻铸铁	1
9	摇棒	ABS PC	1
10	销钉	AISI 1045 钢, 冷拔	2
11	手柄销	AISI 1045 钢, 冷拔	1
12	沉头螺钉	AISI 1045 钢, 冷拔	1
13	螺栓	AISI 1045 钢, 冷拔	3

图 7-115 设置列类型和属性名称　　　　　图 7-116 插入材料后的效果

（4）修改表格格式

1）鼠标右键单击第一列，在弹出的快捷菜单中选择"格式化"|"列宽"命令，如图 7-117 所示。

2）在"列宽"中输入"45mm"，如图 7-118 所示。

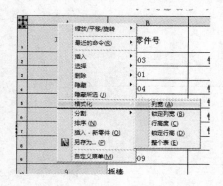

图 7-117 单击"列宽"命令

图 7-118 设置列宽

3）在以后的 3 个列中都执行此操作，最后表格如图 7-119 所示。

7.6.7 插入文本

1）单击 CommandManage 工具栏中的"注解"一栏，单击 按钮，弹出"注解"对话框，如图 7-120 所示。

2）在"文字样式"一栏里单击 "右对齐"命令，在空白区域中画一个矩形框，如图 7-121 所示。

3）松开鼠标左键，矩形框变成文本框，如图 7-122 所示。

4）在文本框中输入如下文字，如图 7-123 所示。

技术要求：

装配后顶尖中心高 160cm，必须与分度头高相等，其偏差不大于 0.02cm。

项目号	零件号	材料	数量
1	XFJ-00-03	铸造合金钢	1
2	XFJ-00-01	可锻铸铁	1
3	XFJ-00-04	铸造合金钢	1
4	XFJ-00-02	铸造合金钢	1
5	XFJ-00-05	铸造合金钢	1
6	XFJ-00-06	铸造合金钢	1
7	XFJ-00-07	普通碳钢	1
8	XFJ-00-09	可锻铸铁	1
9	摇棒	ABS PC	1
10	销钉	AISI 1045 钢，冷拔	2
11	手柄销	AISI 1045 钢，冷拔	1
12	沉头螺钉	AISI 1045 钢，冷拔	1
13	螺栓	AISI 1045 钢，冷拔	3
标记	处数	分区	更改文件号	签名	年 月 日	阶段标记	重量	比例

图 7-119　最终表格的显示

图 7-120　"注解"对话框　　　　　　　　图 7-121　绘制矩形框

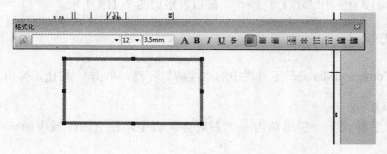

图 7-122　变成文本框

5）设置字体为仿宋，字号大小为 28，设置后的效果如图 7-124 所示。

6）单击 "确定" 按钮结束。至此，工程图已绘制完毕，如图 7-125 所示。

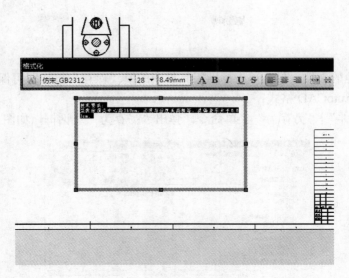

图 7-123　输入文字

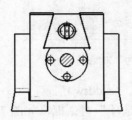

技术要求：
装配后顶尖中心高160cm，必须与分度头高相等，其偏差不大于0.0
2cm。

图 7-124　文字效果

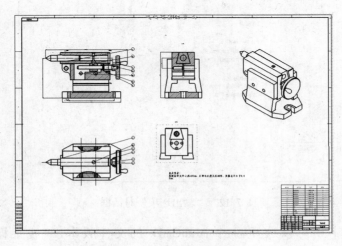

图 7-125　绘制完的工程图

7.6.8 保存

（1）常规保存

如同编辑其他的文档一样，单击标准工具栏中的 ▣ "保存"按钮即可保存文件。

（2）保存为 AutoCAD 格式

1）单击"文件"|"另存为"菜单命令，弹出"另存为"对话框，如图 7-126 所示。

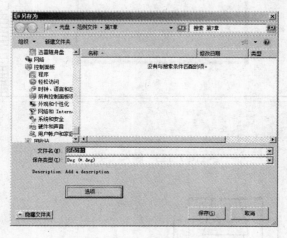

图 7-126 "另存为"对话框

2）在"保存类型"中选择"工程图（*.dwg；*.slddrw）"。

3）单击对话框右下角 选项(P)... ，弹出"输出选项"对话框，如图 7-127 所示。

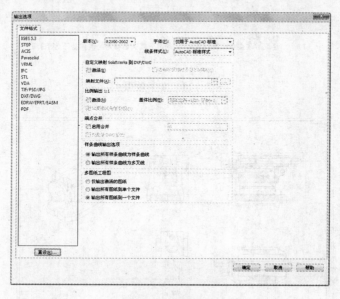

图 7-127 "输出选项"对话框

4）在此选项卡中可以选择输出 AutoCAD 的文件版本，"线条样式"建议选择"AutoCAD 标准样式"。单击"确定"按钮后，单击"保存"按钮，即可保存为 dwg 格式。

第8章 动画制作

SolidWorks Motion 作为 SolidWorks 自带插件，主要用于制作产品的动画演示，可以制作产品设计的虚拟装配过程、虚拟拆卸过程和虚拟运行过程。用户通过动画可以直观地理解设计师的意图。

8.1 动画概述

运动算例是装配体模型运动的图形模拟，并可将诸如光源和相机透视图之类的视觉属性融合到运动算例中。

用户可从运动算例中使用 MotionManager 运动管理器。此为基于时间线的界面，包括以下运动算例工具：

1）动画（可在核心 SolidWorks 内使用）：可使用动画来演示装配体的运动。

2）基本运动（可在核心 SolidWorks 内使用）：可使用基本运动在装配体上模仿马达、弹簧、碰撞，以及引力，基本运动在计算运动时考虑到质量。

3）运动分析（可在 SolidWorks Premium 的 SolidWorks Motion 插件中使用）：可使用运动分析装配体上精确模拟和分析运动单元的效果（包括力、弹簧、阻尼以及摩擦）。运动分析使用计算能力强大的动力求解器，在计算中考虑到材料属性、质量及惯性。

8.1.1 时间线

时间线是动画的时间界面，它显示在动画"特征管理器设计树"的右侧。当定位时间栏、在图形区域中移动零部件或者更改视像属性时，时间栏会使用键码点和更改栏显示这些更改。

时间线被竖直网格线均分，这些网络线对应于表示时间的数字标记。数字标记从00:00:00 开始，其间距取决于窗口的大小。例如，沿时间线可能每隔 1s、2s 或者 5s 就会有一个标记，如图 8-1 所示。

图 8-1　时间线

如果需要显示零部件，可以沿时间线单击任意位置，以更新该点的零部件位置。定位时间栏和图形区域中的零部件后，可以通过控制键码点来编辑动画。在时间线区域中用鼠标右键单击，然后在弹出的快捷菜单中进行选择，如图 8-2 所示。

- "放置键码"：添加新的键码点，并在指针位置添加一组相关联的键码点。
- "动画向导"：可以调出"动画向导"对话框。

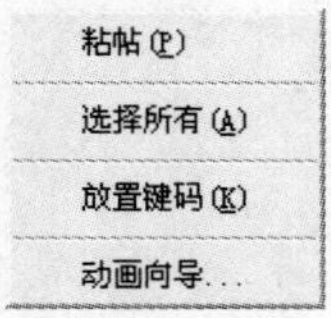

8.1.2　键码点和键码属性

图 8-2　选项快捷菜单

每个键码画面在时间线上都包括代表开始运动时间或者结束运动时间的键码点。无论何时定位一个新的键码点，它都会对应于运动或者视像属性的更改。

- 键码点：对应于所定义的装配体零部件位置、视觉属性或模拟单元状态的实体。
- 关键帧：键码点之间可以为任何时间长度的区域，此定义为零部件运动或视觉属性发生更改时的关键点。

8.1.3　零部件接触

对于运动分析算例，当用户可在用户的装配体中以两条在运动过程中相接触的曲线建模零部件接触时，用户可定义两个零部件之间的曲线到曲线接触。当两个零部件在运动分析过程中进行间歇性接触时，曲线到曲线接触将接触力应用到零部件，以防止它们彼此穿越。用户也可用曲线到曲线接触约束两个零部件的连续接触。

当用户从在平行或重合基准面中相接触的两条曲线定义两个零件之间的接触时，用户可在运动算例中包括曲线到曲线接触。用户可以使用直线、边线、闭环轮廓、样条曲线、圆弧或连续曲线来定义接触。

1．连续曲线到曲线相触

当同一基准面内的两条分曲线或边线在运动分析期间始终相触时，就形成连续相触。用户可以将连续曲线到曲线相触加入一个运动算例中，使零件在整个运动中保持相触。

2．间歇曲线到曲线相触

对于运动分析算例，当在用户的装配体中以两条在运动过程中相接触的曲线建模零部件接触时，用户可定义两个零部件之间的曲线到曲线接触。当两个零部件在运动分析过程中进行间歇性接触时，曲线到曲线接触将接触力应用到零部件，以防止它们彼此穿越。用户也可用曲线到曲线接触约束两个零部件的连续接触。

3．定义两维曲线到曲线接触

当用户从在平行或重合基准面中相接触的两条曲线定义两个零件之间的接触时，用户可在运动算例中包括曲线到曲线接触。

4．定义曲线到曲线接触的步骤

定义曲线到曲线接触的步骤如下：

1）在 Motion 分析算例中，单击 "接触" 按钮。

2）在 PropertyManager 的 "接触类型" 下，单击 "曲线" 按钮，如图 8-3 所示。

3）在 "选择" 下选择相接触的两条曲线或边线。

4）单击 "向外法向方向" 按钮更改应用到选定零件的法向力的方向。

5）在 "选择" 选项组下，有两种选择情况。

- 若为平行基准面的间歇接触，则不勾选 "曲线始终接触" 复选框。

● 若选择"曲线始终接触"复选框，则表示约束同一基准面中曲线的连续接触。

图 8-3　设置"接触"属性管理器

6）选择其他相触选项并单击 ✓ "确定"按钮以关闭 PropertyManager，或在单击 ✓ "确定"按钮之前先单击 ⬚ "保持可见"按钮以定义其他相触对象。

5.　"接触"属性管理器

"接触"属性管理器如图 8-4 所示。下面具体介绍一下各参数的设置。

图 8-4　"接触"属性管理器

（1）"接触类型"选项组

● ⬚ "实体"：给运动算例在移动零部件之间添加三维接触。

- ⊠ "线性"：给运动算例在两个相触曲线之间添加二维接触。

（2）"选择"选项组

- "使用接触组"：为运动分析算例启用接触组选择。
- ⎯ "组1：零部件"：在第一个接触组中列举选定的零部件。
- ⎯ "组2：零部件"：在第二个接触组中列举选定的零部件。

（3）"摩擦"选项组

- v_k "动态摩擦速度"：指定动态摩擦成为恒定的速度。
- μ_k "动态摩擦系数"：指定由于动态摩擦而用来计算力的常量。
- ☑ 静态摩擦(A)：在接触计算中包括静态摩擦。
- v_s "静态摩擦速度"：指定克服静态摩擦力的速度以使固定零部件开始移动。
- μ_s "静态摩擦系数"：指定用来计算克服两个相触实体静止时所需的力的常量。

（4）"弹性属性"选项组

- "冲击"：按冲击效果计算弹性属性。
- "恢复系数"：设定两个弹性球体在冲击前后的相对速度的比率。
- "刚度"：设定刚度 k 以近似出在碰撞中两个零件间相接触边界处的材料刚度。
- "指数"：设定冲击的指数。
- "最大阻尼"：设定冲击的最大阻尼。
- "穿透度"：设定边界穿透度数值。

8.2 旋转动画

通过单击 "动画向导"按钮，可以生成旋转动画，即模型绕着指定的轴线进行旋转的动画。

【案例 8-1】 创建装配体动画，使装配体绕指定轴线并且按设定时间旋转。

	实例素材	实例素材\8\8-2\8-2 装配体草图.SLDASM
	最终效果	最终效果\8\8-2\8-2 旋转动画.avi

具体操作步骤如下：

1）打开"8-2 装配体草图.SLDASM"装配体，如图 8-5 所示。

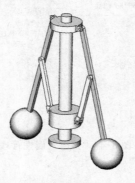

图 8-5　打开装配体

2）单击图形区域下方的"运动算例"按钮，在下拉列表框中选择"动画"选项，在图形区域下方出现"运动管理器"工具栏和时间线，如图 8-6 所示。单击"运动管理器"工具栏中的 "动画向导"按钮，弹出"选择动画类型"对话框，如图 8-7 所示。

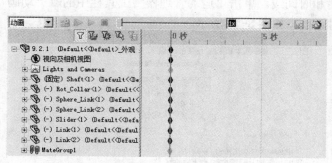

图 8-6　运动算例界面

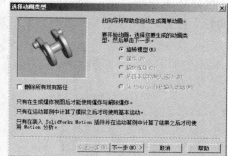

图 8-7　"选择动画类型"对话框

3）单击"旋转模型"单选按钮，如果删除现有的动画序列，则选择"删除所有现有路径"选项，单击"下一步"按钮，弹出"选择一旋转轴"对话框，如图 8-8 所示。

4）单击"Y-轴"单选按钮选择旋转轴，设置"旋转次数"为"1"，单击"顺时针"单选按钮，单击"下一步"按钮，弹出"动画控制选项"对话框，如图 8-9 所示。

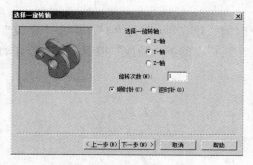

图 8-8　"选择一旋转轴"对话框

图 8-9　"动画控制选项"对话框

5）设置动画播放的"时间长度（秒）"为"10"，运动延迟的"开始时间（秒）"为"0"（时间线含有相应的更改栏和键码点，具体取决于"时间长度（秒）"和"开始时间（秒）"的属性设置），单击"完成"按钮，完成旋转动画的设置。单击"运动管理器"工具栏中的 "播放"按钮，观看旋转动画效果。

8.3　装配体爆炸动画

通过单击 "动画向导"按钮，可以生成爆炸动画，即将装配体的爆炸视图步骤按照时间先后顺序转化为动画形式。

【案例 8-2】　创建装配体动画，模拟装配体的爆炸效果。

	实例素材	实例素材\8\8-3\8-3 装配体草图.SLDASM
	最终效果	最终效果\8\8-3\8-3 爆炸动画.avi

具体操作步骤如下:

1）打开"8-3 装配体草图.SLDASM"装配体,如图 8-10 所示。

2）单击图形区域下方的"运动算例"按钮,在下拉列表框中选择"动画"选项,在图形区域下方出现"运动管理器"工具栏和时间线。单击"运动管理器"工具栏中的 "动画向导"按钮,弹出"选择动画类型"对话框,如图 8-11 所示。

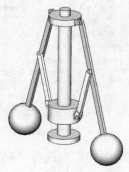

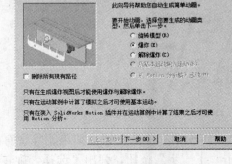

图 8-10　打开装配体　　　　　　　图 8-11　"选择动画类型"对话框

3）单击"爆炸"单选按钮,单击"下一步"按钮,弹出"动画控制选项"对话框,如图 8-12 所示。

4）在"动画控制选项"对话框中,设置"时间长度（秒）"为"4",单击"完成"按钮,完成爆炸动画的设置。单击"运动管理器"工具栏中的 "播放"按钮,观看爆炸动画效果,如图 8-13 所示。

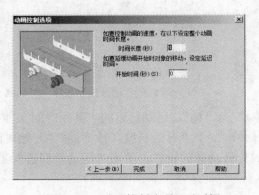

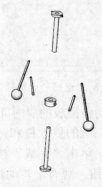

图 8-12　"动画控制选项"对话框　　　图 8-13　爆炸动画完成效果

8.4　视像属性动画

用户可以动态改变单个或者多个零部件的显示,并且在相同或者不同的装配体零部件中组合不同的显示选项。如果需要更改任意一个零部件的视像属性,沿时间线选择一个与想要影响的零部件相对应的键码点,然后改变零部件的视像属性即可。单击"SolidWorks Motion"工具栏中的 "播放"按钮,该零部件的视像属性将会随着动画的进程而变化。

【**案例 8-3**】 更改单个或多个零部件的显示，并在相同或不同的装配体零部件中组合不同的显示选项。

	实例素材	实例素材\8\8-4\8-4 装配体草图.SLDASM
	最终效果	最终效果\8\8-4\8-4 动画视像属性.avi

具体操作步骤如下：

1）打开"8-4 装配体草图.SLDASM"装配体，单击图形区域下方的"运动算例"按钮，在下拉列表框中选择"动画"选项，在图形区域下方出现"运动管理器"工具栏和时间线。首先利用"运动管理器"工具栏中的 "动画向导"按钮制作装配体的爆炸动画，如图 8-14 所示。

2）单击时间线上的最后时刻，如图 8-15 所示。

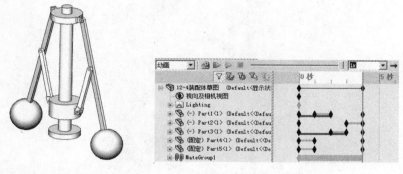

图 8-14　打开装配体　　　　　　　　图 8-15　时间线

3）用鼠标右键单击一个零件，在弹出的快捷菜单中选择"更改透明度"命令，如图 8-16 所示。

4）按照上面的步骤可以为其他零部件更改透明度属性，单击"运动管理器"工具栏中的 "播放"按钮，观看动画效果。被更改了透明度的零件在装配后变成了半透明效果，如图 8-17 所示。

图 8-16　选择"更改透明度"命令　　　图 8-17　更改透明度后的效果

8.5　距离或者角度配合动画

在 SolidWorks 中可以添加限制运动的配合，这些配合也影响到 SolidWorks Motion 中的零件的运动。

【案例 8-4】 通过改变装配体中的距离配合参数，生成直观、形象的动画。

实例素材	实例素材\8\8-5\8-5 装配体草图.SLDASM
最终效果	最终效果\8\8-5\8-5 配合动画.avi

具体操作步骤如下：

1）打开"8-5 装配体草图.SLDASM"装配体，如图 8-18 所示。

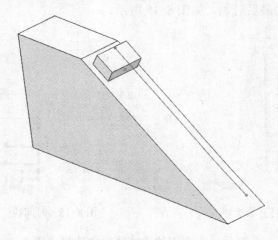

图 8-18　打开装配体

2）单击图形区域下方的"运动算例"按钮，在下拉列表框中选择"动画"选项，在图形区域下方出现"运动管理器"工具栏和时间线。单击小滑块零件，沿时间线拖动时间栏，设置动画顺序的时间长度，单击动画的最后时刻，如图 8-19 所示。

3）在动画"特征管理器设计树"中，双击"距离 1"图标，在弹出的"修改"对话框中，更改数值为"50.00mm"，如图 8-20 所示。

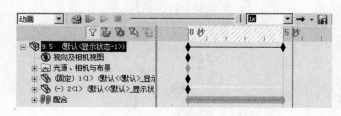

图 8-19　设定时间栏长度

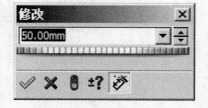

图 8-20　"修改"对话框

4）单击"运动管理器"工具栏中的▷"播放"按钮，当动画开始时，端点和参考直线上端点之间距离是"10.00mm"，如图 8-21 所示；当动画结束时，球心和参考直线上端点之间距离是"50.00mm"，如图 8-22 所示。

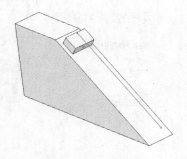
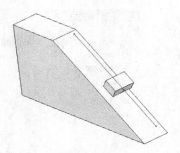

图 8-21　动画开始时　　　　　　　图 8-22　动画结束时

8.6　物理模拟动画

物理模拟可以允许模拟马达、弹簧及引力等在装配体上的效果。物理模拟将模拟成分与 SolidWorks 工具（如配合和物理动力等）相结合以围绕装配体移动零部件。物理模拟包括引力、线性或者旋转马达、线性弹簧等。

8.6.1　引力

引力是模拟沿某一方向的万有引力，在零部件自由度之内逼真地移动零部件。

引力的属性设置

单击"模拟"工具栏中的 ❸ "引力"按钮，或者选择"插入"|"模拟"|"引力"菜单命令），在"属性管理器"中弹出"引力"属性管理器，如图 8-23 所示。

- "引力参数"：选择线性边线、平面、基准面或者基准轴作为引力的方向参考。
- ❷ "反向"：改变引力的方向。
- ❸ "数字"：选择此选框，可以设置"数字引力值"。

图 8-23　"引力"属性管理器

8.6.2　线性马达和旋转马达

线性马达和旋转马达为使用物理动力围绕一个装配体移动零部件的模拟成分。

1. 线性马达

单击"模拟"工具栏中的 ❸ "马达"按钮，在"属性管理器"中弹出"马达"属性管理器，如图 8-24 所示。

- "参考零件"：选择零部件的一个点。
- ❷ "反向"：改变线性马达的方向。
- "类型"：为线性马达选择类型。
- ❸ "数字"：选择此选框，可以设置速度数值。

2. 旋转马达

单击"模拟"工具栏中的 ❸ "马达"按钮，在"属性管理器"中弹出"旋转马达"属性管理器，如图 8-25 所示。

图 8-24 "线性马达"属性管理器   图 8-25 "旋转马达"属性管理器

　　"旋转马达"的属性设置与"线性马达"类似，这里不再赘述。

8.6.3 线性弹簧

　　线性弹簧为使用物理动力围绕一个装配体移动零部件的模拟成分。

　　线性弹簧的属性设置

　　单击"模拟"工具栏中的⊠"线性弹簧"按钮，或者选择"插入"|"模拟"|"线性弹簧"菜单命令，在"属性管理器"中弹出"线性弹簧"属性管理器，如图 8-26 所示。

图 8-26 "线性弹簧"属性管理器

　　（1）"弹簧参数"选项组

　　● ▣：为弹簧端点选取两个特征。

- k_e：根据弹簧的函数表达式选取弹簧力表达式指数。
- k：根据弹簧的函数表达式设定弹簧常数。
- $\boxminus$：设定自由长度，初始距离为当前在图形区域中显示的零件之间的长度。

（2）"阻尼"选项组
- c_e：选取阻尼力表达式指数。
- C：设定阻尼常数。

8.7 范例

本例将通过曲柄摇杆机构的动画制作过程，详细介绍动画制作的方法，曲柄摇杆机构如图 8-27 所示。

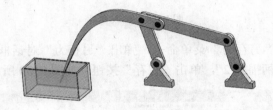

图 8-27　曲柄摇杆机构模型

主要步骤如下：
1）插入零件。
2）设置配合。
3）制作旋转动画。
4）制作爆炸动画。
5）制作物理模拟动画。

8.7.1　插入零件

1）启动中文版 SolidWorks 2012，单击"标准"工具栏中的□ "新建"按钮，弹出"新建 SolidWorks 文件"对话框，单击"装配体"按钮，如图 8-28 所示，单击"确定"按钮。

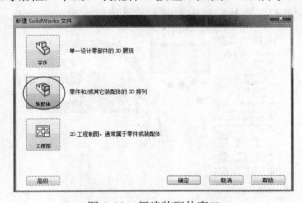

图 8-28　新建装配体窗口

2）弹出"开始装配体"对话框，单击"浏览"按钮，选择零件"固定座"，单击"打开"按钮，如图8-29所示，单击"确定"按钮，在图形区域中单击以放置零件。

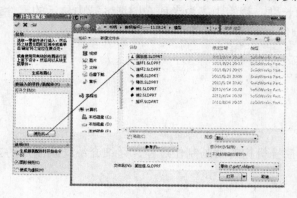

图8-29 插入零件

3）单击"文件"|"另存为"菜单命令，弹出"另存为"对话框，在"文件名"文本框中输入装配体名称"曲柄摇杆2"，单击"保存"按钮，如图8-30所示。

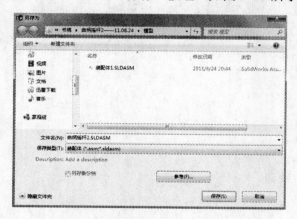

图8-30 "另存为"对话框

4）单击"装配体"工具栏中的 "插入零部件"按钮，系统弹出"开始装配体"对话框，重复步骤2）和步骤4），将装配体所需所有零件放置在图形区域中，如图8-31所示。

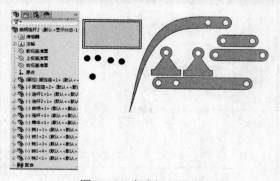

图8-31 完成插入零件

8.7.2 设置配合

1）单击"装配体"工具栏中的 ✎ "配合"按钮，打开"配合"选项卡。激活"标准配合"选项下的 ◎ "同轴心"按钮，在 ▦ "要配合的实体"文本框中，选择如图 8-32 所示的面，其他保持默认，单击 ✔ "确定"按钮，完成同轴配合。

2）继续进行配合约束，激活"标准配合"选项下的 ✎ "重合"按钮，在 ▦ "要配合的实体"文本框中，选择如图 8-33 所示的面，其他保持默认，单击 ✔ "确定"按钮，完成重合配合。

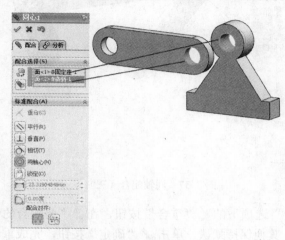

图 8-32　同轴配合（一）

图 8-33　重合配合（一）

3）可以查看零件"固定座<1>"的约束情况，在"装配体特征树"中单击"固定座<1>"前的图标 ⊞，展开零件"固定座<1>"的特征树，单击"曲柄摇杆 2 中的配合"前的图标 ⊞，可以查看如图 8-34 所示的配合类型。

4）单击"装配体"工具栏中的 ✎ "配合"按钮，打开"配合"选项卡。激活"标准配合"选项下的 ◎ "同轴心"按钮，在 ▦ "要配合的实体"文本框中，选择如图 8-35 所示的面，其他保持默认，单击 ✔ "确定"按钮，完成同轴配合。

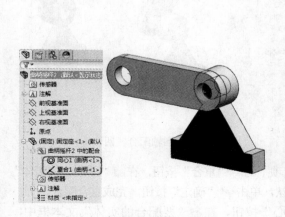

图 8-34　查看零件配合

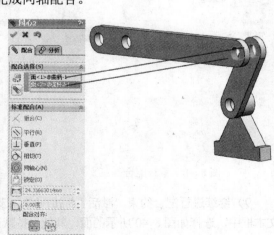

图 8-35　同轴配合（二）

5）继续进行配合约束，激活"标准配合"选项下的 ✗ "重合"按钮，在 🔧 "要配合的实体"文本框中，选择如图 8-36 所示的面，其他保持默认，单击 ✔ "确定"按钮，完成重合配合。

6）激活"标准配合"选项下的 ◎ "同轴心"按钮，在 🔧 "要配合的实体"文本框中，选择如图 8-37 所示的面，其他保持默认，单击 ✔ "确定"按钮，完成同轴配合。

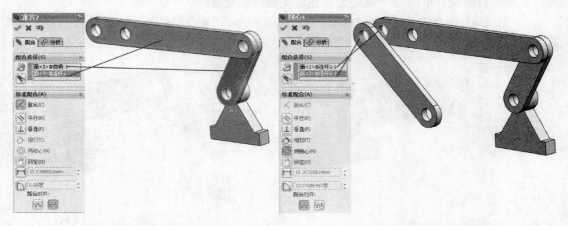

图 8-36　重合配合（二）　　　　　　　　　　图 8-37　同轴配合（三）

7）继续进行配合约束，激活"标准配合"选项下的 ✗ "重合"按钮，在 🔧 "要配合的实体"文本框中，选择如图 8-38 所示的面，其他保持默认，单击 ✔ "确定"按钮，完成重合配合。

8）激活"标准配合"选项下的 ◎ "同轴心"按钮，在 🔧 "要配合的实体"文本框中，选择如图 8-39 所示的面，其他保持默认，单击 ✔ "确定"按钮，完成同轴配合。

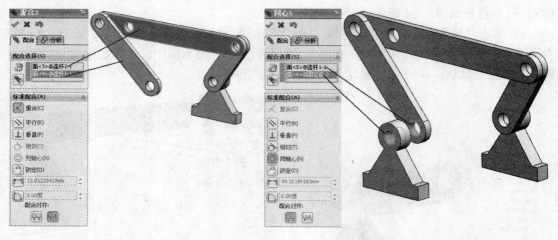

图 8-38　重合配合（三）　　　　　　　　　　图 8-39　同轴配合（四）

9）继续进行配合约束，激活"标准配合"选项下的 ✗ "重合"按钮，在 🔧 "要配合的实体"文本框中，选择如图 8-40 所示的面，其他保持默认，单击 ✔ "确定"按钮，完成重合配合。

10）激活"标准配合"选项下的 ◎ "同轴心"按钮，在 🔧 "要配合的实体"文本框中，选择如图 8-41 所示的面，其他保持默认，单击 ✔ "确定"按钮，完成同轴配合。

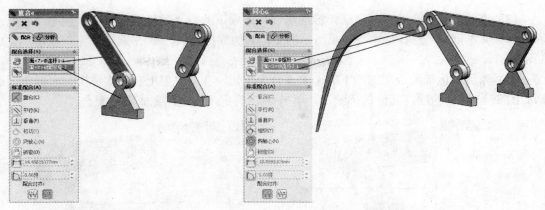

图 8-40　重合配合（四）　　　　　　　　　图 8-41　同轴配合（五）

11）继续进行配合约束，激活"标准配合"选项下的 ◎ "同轴心"按钮，在 🗺 "要配合的实体"文本框中，选择如图 8-42 所示的面，其他保持默认，单击 ✅ "确定"按钮，完成同轴配合。

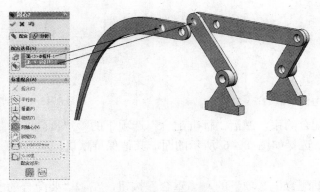

图 8-42　同轴配合（六）

12）激活"标准配合"选项下的 ⊀ "重合"按钮，在 🗺 "要配合的实体"文本框中，选择如图 8-43 所示的面，其他保持默认，单击 ✅ "确定"按钮，完成重合配合。

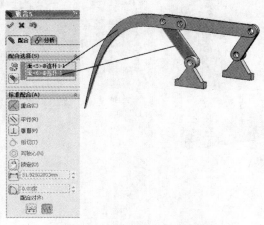

图 8-43　重合配合（五）

13）继续进行配合约束，激活"标准配合"选项下的◎"同轴心"按钮，在🖳"要配合的实体"文本框中，选择如图 8-44 所示的面，其他保持默认，单击✅"确定"按钮，完成同轴配合。

14）激活"标准配合"选项下的╳"重合"按钮，在🖳"要配合的实体"文本框中，选择如图 8-45 所示的面，其他保持默认，单击✅"确定"按钮，完成重合配合。

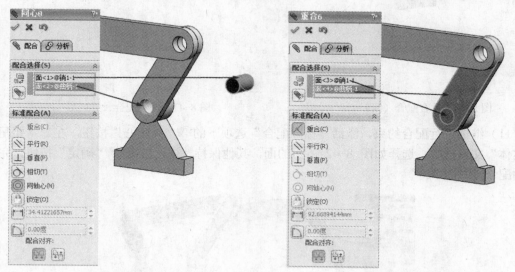

图 8-44　同轴配合（七）　　　　　　　　图 8-45　重合配合（六）

15）继续进行配合约束，激活"标准配合"选项下的◎"同轴心"按钮，在🖳"要配合的实体"文本框中，选择如图 8-46 所示的面，其他保持默认，单击✅"确定"按钮，完成同轴配合。

16）激活"标准配合"选项下的╳"重合"按钮，在🖳"要配合的实体"文本框中，选择如图 8-47 所示的面，其他保持默认，单击✅"确定"按钮，完成重合配合。

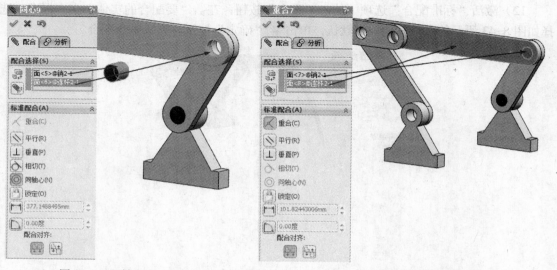

图 8-46　同轴配合（八）　　　　　　　　图 8-47　重合配合（七）

17）激活"标准配合"选项下的 ◎ "同轴心"按钮，在 ▦ "要配合的实体"文本框中，选择如图 8-48 所示的面，其他保持默认，单击 ✔ "确定"按钮，完成同轴配合。

18）激活"标准配合"选项下的 ✖ "重合"按钮，在 ▦ "要配合的实体"文本框中，选择如图 8-49 所示的面，其他保持默认，单击 ✔ "确定"按钮，完成重合配合。

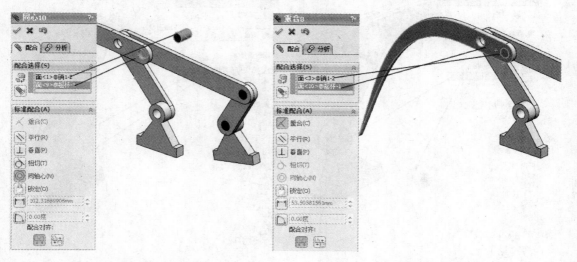

图 8-48　同轴配合（九）　　　　　　　　　　图 8-49　重合配合（八）

19）激活"标准配合"选项下的 ◎ "同轴心"按钮，在 ▦ "要配合的实体"文本框中，选择如图 8-50 所示的面，其他保持默认，单击 ✔ "确定"按钮，完成同轴配合。

20）激活"标准配合"选项下的 ✖ "重合"按钮，在 ▦ "要配合的实体"文本框中，选择如图 8-51 所示的面，其他保持默认，单击 ✔ "确定"按钮，完成重合配合。

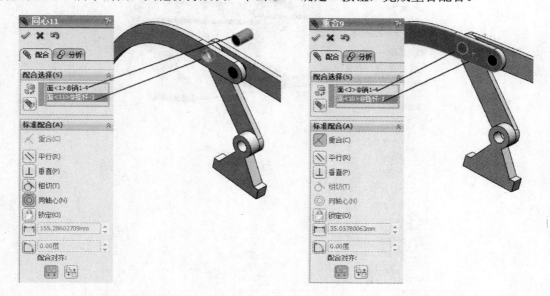

图 8-50　同轴配合（十）　　　　　　　　　　图 8-51　重合配合（九）

21）激活"标准配合"选项下的 ◎ "同轴心"按钮，在 ▦ "要配合的实体"文本框中，选择如图 8-52 所示的面，其他保持默认，单击 ✔ "确定" 按钮，完成同轴配合。

22）激活 "标准配合" 选项下的 ☒ "重合" 按钮，在 🗃 "要配合的实体" 文本框中，选择如图 8-53 所示的面，其他保持默认，单击 ✔ "确定" 按钮，完成重合配合。

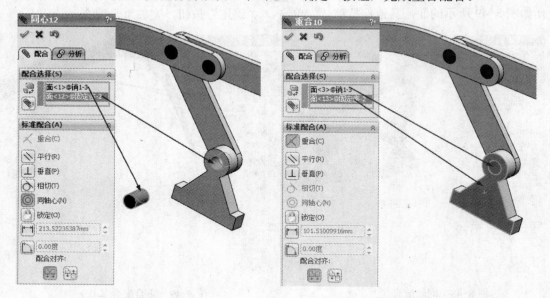

图 8-52　同轴配合（十一）　　　　　　　　　图 8-53　重合配合（十）

23）激活 "标准配合" 选项下的 ☒ "重合" 按钮，在 🗃 "要配合的实体" 文本框中，选择如图 8-54 所示的面，其他保持默认，单击 ✔ "确定" 按钮，完成重合配合。

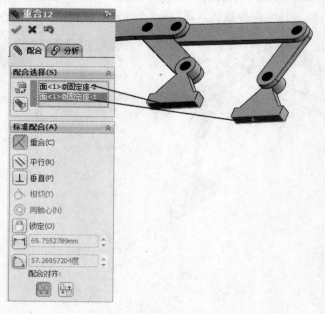

图 8-54　重合配合（十一）

24）调整好 "固定座<2>" 的位置，在 "装配体设计树" 中右键单击 "固定座<2>"，选

192

择"固定"命令，如图 8-55 所示。

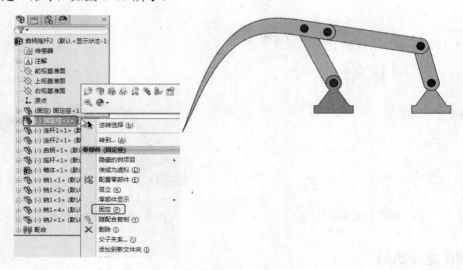

图 8-55　固定零部件

25）为了便于进行配合约束，旋转"箱体"，单击"装配体"工具栏中的 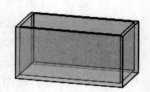 "移动零部件" ▾ 下拉按钮，选择 ⬚ "旋转零部件"命令，弹出"旋转零部件"属性管理器，此时鼠标指针变为图标 ♻，旋转至合适位置，单击 ✔ "确定"按钮，如图 8-56 所示。

图 8-56　旋转零部件

26）激活"标准配合"选项下的 ◺ "平行"按钮，在 ⬚ "要配合的实体"文本框中，选择如图 8-57 所示的面，其他保持默认，单击 ✔ "确定"按钮，完成平行配合。

27）激活"标准配合"选项下的 ◺ "平行"按钮，在 ⬚ "要配合的实体"文本框中，选择如图 8-58 所示的面，其他保持默认，单击 ✔ "确定"按钮，完成平行配合。

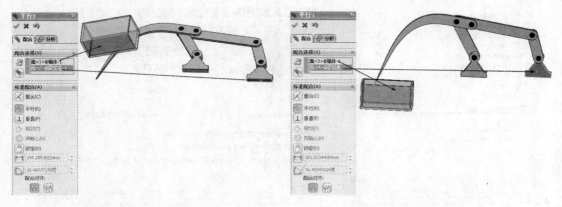

图 8-57　平行配合（一）　　　　　　　　图 8-58　平行配合（二）

28）调整好"箱体"的位置，在"装配体设计树"中右键单击"箱体"，选择"固定"命令，如图 8-59 所示。

29）完成的"曲柄摇杆 2"装配体如图 8-60 所示。

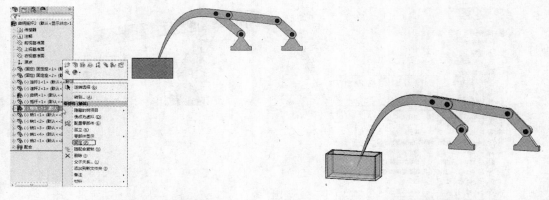

图 8-59　固定零部件　　　　　　　　　　　　图 8-60　完成装配体配合约束

8.7.3　制作旋转动画

具体操作步骤如下：

1）选择"工具"|"插件"菜单命令，弹出"插件"对话框，单击"SolidWorks Motion"复选框，使之处于被选择状态，如图 8-61 所示，启动 SolidWorks Motion 插件。

2）选择"插入"|"新建运动算例"菜单命令，在图形区域下方出现"运动算例"工具栏和时间线。单击"运动算例"工具栏中的 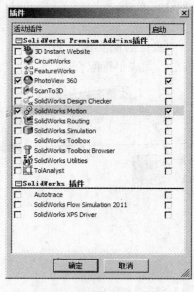 "动画向导"按钮，弹出"选择动画类型"对话框，单击"旋转模型"单选按钮，如图 8-62 所示。

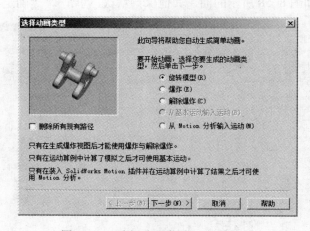

图 8-61　启动 SolidWorks Motion 插件　　　图 8-62　"选择动画类型"对话框

3）单击"下一步"按钮，弹出"选择一旋转轴"对话框，单击"Y-轴"单选按钮，设置"旋转次数"为"1"，单击"顺时针"单选按钮，如图 8-63 所示。

4）单击"下一步"按钮，弹出"动画控制选项"对话框，设置"时间长度（秒）"为"10"，如图 8-64 所示。

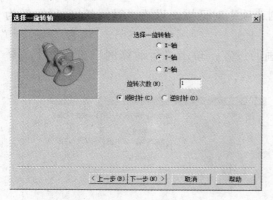 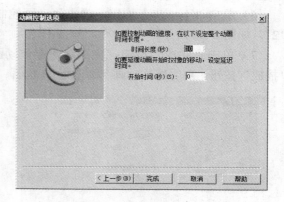

图 8-63 "选择一旋转轴"对话框   图 8-64 "动画控制选项"对话框

5）单击"完成"按钮，完成旋转动画的设置。单击"运动算例"工具栏中的 ▷ "播放"按钮，观看旋转动画的效果。

8.7.4 制作爆炸动画

具体操作步骤如下：

1）单击"装配体"工具栏中的 ❖ "爆炸视图"按钮，生成爆炸视图。用鼠标右键单击"运动算例"按钮，在弹出的菜单中选择"生成新运动算例"命令，在图形区域下方出现"运动算例 2"按钮。

2）单击"运动算例 2"工具栏中的 ❖ "动画向导"按钮，弹出"选择动画类型"对话框，单击"爆炸"单选按钮，如图 8-65 所示。

3）单击"下一步"按钮，弹出"动画控制选项"对话框，设置"时间长度（秒）"为"2"，如图 8-66 所示。

4）单击"完成"按钮，完成爆炸动画的设置，单击"运动算例"工具栏中的 ▷ "播放"按钮，观看爆炸动画。

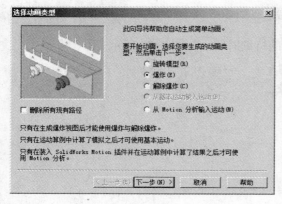 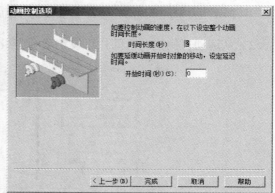

图 8-65 "选择动画类型"对话框   图 8-66 "动画控制选项"对话框

5）继续单击"运动算例"工具栏中的 ![] "动画向导"按钮，弹出"选择动画类型"对话框，单击"解除爆炸"单选按钮，如图 8-67 所示。

6）单击"下一步"按钮，弹出"动画控制选项"对话框，设置"时间长度（秒）"为"2"，如图 8-68 所示。

7）单击"完成"按钮，完成解除爆炸动画的设置，单击"运动算例"工具栏中的 ![] "播放"按钮，观看爆炸动画和解除爆炸动画。

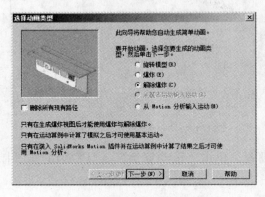
图 8-67 "选择动画类型"对话框

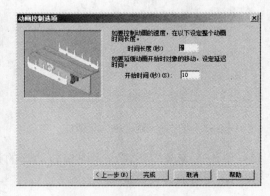
图 8-68 "动画控制选项"对话框

8.7.5 制作物理模拟动画

1）单击"运动算例"选项卡（位于图形区域下部模型选项卡右边），为装配体生成第一个运动算例，如图 8-69 所示。

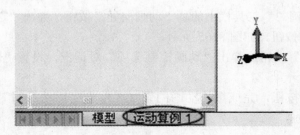
图 8-69 生成运动算例

2）从运动算例拖动时间栏以设定动画序组的持续时间，如图 8-70 所示。

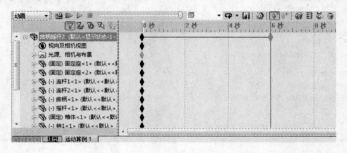
图 8-70 设定动画持续时间

3）单击装配体 MotionManager 工具栏中的 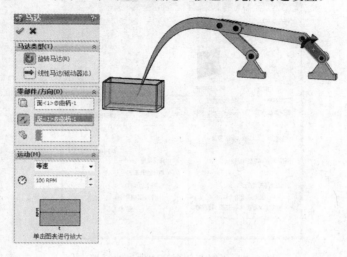 "马达"按钮。

4）在"马达"属性管理器中，在"马达类型"选项组中，选择"旋转马达"；在"零部件/方向"选项组中，选择 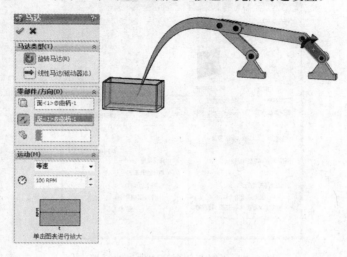 "马达位置"在"曲柄"上，在"运动"选项组中，选择恒定马达"等速"，如图 8-71 所示，单击 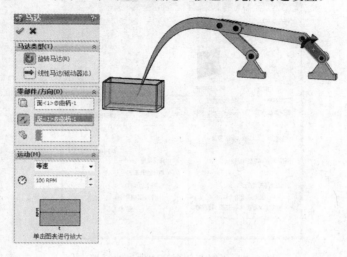 "确定"按钮，完成马达设置。

图 8-71　设置"马达"

5）完成动画设置后，时间轴如图 8-72 所示。

图 8-72　时间轴状态

6）单击 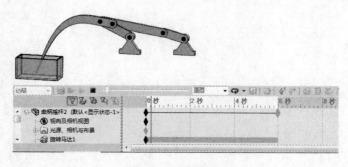 "从头播放"按钮（MotionManager 工具栏）观看动画，模拟运动完成，如图 8-73 所示。

图 8-73　观看动画

197

7）单击 MotionManager 工具栏中的"保存动画"按钮，弹出"保存动画到文件"对话框。为文件输入名称为"曲柄摇杆 2"，选择"保存类型"为"Microsoft AVI 文件（*.avi)"，选择保存路径，然后单击"保存"按钮，如图 8-74 所示。

图 8-74 "保存动画到文件"对话框

8）单击"保存"后，弹出"视频压缩"对话框，如图 8-75 所示，适当调整后单击"确定"按钮。

图 8-75 "视频压缩"对话框

第9章 曲线和曲面设计

SolidWorks 提供了曲线和曲面的设计功能。曲线和曲面是复杂和不规则实体模型的主要组成部分，尤其在工业设计中，该组命令的应用更为广泛。曲线和曲面使不规则实体的绘制更加灵活、快捷。

9.1 制作曲线

选择"插入"｜"曲线"菜单命令，可以选择绘制相应曲线的类型，如图 9-1 所示，或者选择"视图"｜"工具栏"｜"曲线"菜单命令，调出"曲线"工具栏，如图 9-2 所示，在"曲线"工具栏中进行选择。

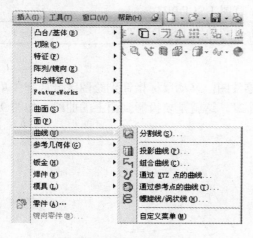

图 9-1 "曲线"菜单命令

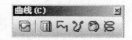

图 9-2 "曲线"工具栏

9.1.1 投影曲线

投影曲线可以通过将绘制的曲线投影到模型面上的方式生成一条三维曲线。

1. 投影曲线的属性设置

单击"曲线"工具栏中的 🔲 "投影曲线"按钮，或者选择"插入"｜"曲线"｜"投影曲线"菜单命令，在"属性管理器"中弹出"投影曲线"属性管理器，如图 9-3 所示。在"选择"选项组中，可以选择两种投影类型，即"面上草图"和"草图上草图"。

- ☑ "要投影的一些草图"：在图形区域或者"特征管理器设计树"中选择曲线草图。
- ▢ "投影面"：在实体模型上选择想要投影草图的面。
- "反转投影"：设置投影曲线的方向。

a)   b)

图 9-3 "投影曲线"属性管理器

a)"草图上草图"投影类型   b)"草图到面"投影类型

2. 生成投影曲线的操作步骤

【**案例 9-1**】 请在基准面上绘制的曲线投影到选定的模型面上。

◎	实例素材	实例素材\9\9-1-1 草图 1.SLDPRT
	最终效果	最终效果\9\9-1-1 投影曲线 1.SLDPRT

具体操作步骤如下：

1）打开"9-1-1 草图 1.SLDPRT"零件图，移动鼠标指针到绘图区域选择"草图 2"轮廓，或者在"特征管理树"中选中"草图 2"，这就是要投影到面上的曲线，如图 9-4 所示。

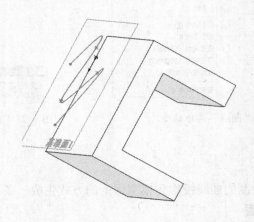

图 9-4 打开草图

2）单击"曲线"工具栏中的 🏛 "投影曲线"按钮或执行"插入"|"曲线"|🏛 "投影曲线"命令，系统弹出"投影曲线"属性管理器，如图 9-5 所示。在"选择"选项组下，"投影类型"中选择"面上草图"单选按钮，🖋 "要投影的草图"文本框中选择"草图 2"，🗂 "投影面"文本框中选择"面<1>"，同时选中"反转投影"复选框。

3）单击 ✅ "确定"按钮，完成"投影曲线-面上草图"特征的创建，如图 9-6 所示。

200

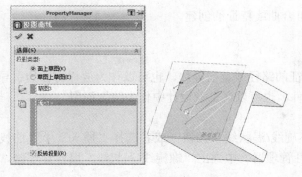
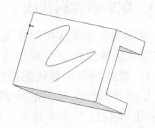

图 9-5 "投影曲线-面上草图"属性设置　　　图 9-6 创建"投影曲线-面上草图"特征

9.1.2 组合曲线

组合曲线通过将曲线、草图几何体和模型边线组合为 1 条单一曲线而生成。

1．组合曲线的属性设置

单击"曲线"工具栏中的 "组合曲线"按钮，或者选择"插入"｜"曲线"｜"组合曲线"菜单命令，在"属性管理器"中弹出"组合曲线"属性管理器，如图 9-7 所示。

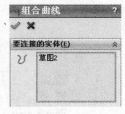

"要连接的草图、边线以及曲线"：在图形区域中选择要组合曲线的项目。

2．生成组合曲线的操作步骤

【案例 9-2】 将模型实体的多个边线连接成一个整体形成一条曲线。

图 9-7 "组合曲线"属性管理器

⊙	实例素材	实例素材\9\9-1-2 草图.SLDPRT
	最终效果	最终效果\9\9-1-2 组合曲线.SLDPRT

具体操作步骤如下：

1）打开"9-1-2 草图.SLDPRT"零件图，如图 9-8 所示。

2）单击"曲线"工具栏中的 "组合曲线"按钮，或选择"插入"｜"曲线"｜ "组合曲线"菜单命令，系统弹出"组合曲线"属性管理器，如图 9-9 所示。在"要连接的实体"选项组下，单击 "要连接的草图、边线以及曲线"文本框，然后在图形区域中选择实体的边线。

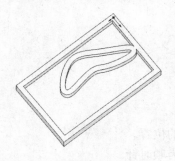
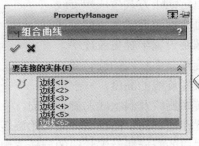
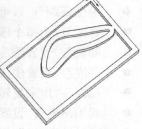

图 9-8 打开草图　　　　　图 9-9 "组合曲线"属性管理器

3）单击 ✓ "确定"按钮，完成组合曲线特征的创建。

9.1.3 螺旋线和涡状线

螺旋线和涡状线可以作为扫描特征的路径或者引导线，也可以作为放样特征的引导线，通常用来生成螺纹、弹簧和发条等零件，也可以在工业设计中作为装饰使用。

1. 螺旋线和涡状线的属性设置

单击"曲线"工具栏中的 ⊠ "螺旋线/涡状线"按钮，或者选择"插入"｜"曲线"｜"螺旋线/涡状线"菜单命令，在"属性管理器"中弹出"螺旋线/涡状线"属性管理器。

（1）"定义方式"选项组

该选项组用来定义生成螺旋线和涡状线的方式，可以根据需要进行选择，如图 9-10 所示。

● "螺距和圈数"：通过定义螺距和圈数生成螺旋线，其属性设置如图 9-11 所示。

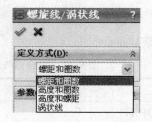

图 9-10　"定义方式"选项　　　　图 9-11　选择"螺距和圈数"选项后的属性管理器

● "高度和圈数"：通过定义高度和圈数生成螺旋线。
● "高度和螺距"：通过定义高度和螺距生成螺旋线。
● "涡状线"：通过定义螺距和圈数生成涡状线。

（2）"参数"选项组

● "恒定螺距"：以恒定螺距方式生成螺旋线。
● "可变螺距"：以可变螺距方式生成螺旋线。
● "螺距"：为每个螺距设置半径更改比率。
● "圈数"：设置螺旋线及涡状线的旋转数。
● "高度"：设置生成螺旋线的高度。
● "反向"：用来反转螺旋线及涡状线的旋转方向。
● "起始角度"：设置在绘制的草图圆上开始初始旋转的位置。
● "顺时针"：设置生成的螺旋线及涡状线的旋转方向为顺时针。
● "逆时针"：设置生成的螺旋线及涡状线的旋转方向为逆时针。

（3）"锥形螺纹线"选项组

该选项组在"定义方式"选项组中选择"涡状线"选项时不可用。

- ◢ "锥形角度"：设置生成锥形螺纹线的角度。
- "锥度外张"：设置生成的螺纹线是否锥度外张。

2．生成螺旋线的操作步骤

【案例 9-3】 已知存在一个草图圆，在草图基础上创建一个等螺距的螺旋线。

◎	实例素材	实例素材\9\9-1-3 草图 1.SLDPRT
	最终效果	最终效果\9\9-1-3 螺旋线 1.SLDPRT

具体操作步骤如下：

1）打开"9-1-3 草图 1.SLDPRT"零件图，如图 9-12 所示。

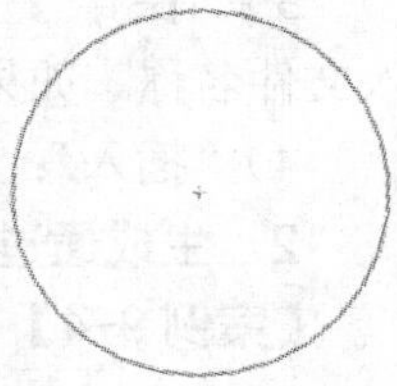

2）单击"曲线"工具栏中的 ⊗ "螺旋线/涡状线"按钮，或执行"插入"|"曲线"| ⊗ "螺旋线/涡状线"命令，系统弹出"螺旋线"属性管理器。

3）在"定义方式"选项组下选择"螺距和圈数"选项。在"参数"选项组下选择"恒定螺距"单选按钮，"螺距"文本框中输入"30mm"，"圈数"文本框中输入"6"，"起始角度"文本框中输入"0 度"，选择"顺时针"单选按钮，如图 9-13 所示。

图 9-12 打开草图

4）单击 ✔ "确定"按钮，完成"螺旋线-恒定螺距"特征的创建，如图 9-14 所示。

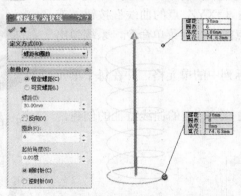

图 9-13 "螺旋线-恒定螺距"属性管理器

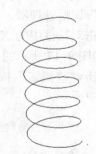

图 9-14 创建"螺旋线-恒定螺距"特征

9.1.4 通过 XYZ 点的曲线

用户可以通过用户定义的点生成样条曲线，以这种方式生成的曲线被称为通过 XYZ 点的曲线。

1．通过 XYZ 点的曲线的属性设置

单击"曲线"工具栏中的 ⅋ "通过 XYZ 点的曲线"按钮，或者选择"插入"|"曲线"|"通过 XYZ 点的曲线"菜单命令，弹出"曲线文件"对话框，如图 9-15 所示。

1）"点"、"X"、"Y"、"Z"："点"表示生成曲线的点的顺序；"X"、"Y"、"Z"的列坐标对应点的坐标值。双击每个单元格，即可激活该单元格，然后输入数值即可。

2）"浏览"：单击"浏览"按钮，可以输入存在的曲线文件，根据曲线文件，直接生成曲线。

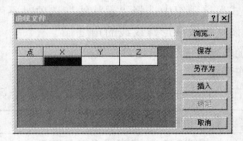

图 9-15 "曲线文件"对话框

3）"保存"：单击"保存"按钮，选择想要保存的位置，然后在"文件名"文本框中输入文件名称。如果没有指定扩展名，SolidWorks 应用程序会自动添加*.SLDCRV 扩展名。

4）"插入"：用于插入新行。

2. 生成通过 XYZ 点的曲线的操作步骤

【案例 9-4】 通过手工输入一系列点的 X、Y、Z 坐标，将这些点连接成一条曲线。

	实例素材	实例素材\9\7-1-6 草图.SLDPRT
	最终效果	最终效果\9\7-1-6XYZ 点曲线.SLDPRT

具体操作步骤如下：

1）打开"7-1-6 草图.SLDPRT"零件图，如图 9-16 所示。

2）单击"曲线"工具栏中的 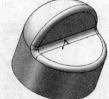 "通过 XYZ 点的曲线"按钮，或单击"插入"|"曲线"| "通过 XYZ 点的曲线"菜单命令，系统弹出"曲线文件"属性管理器。

3）双击对话框中的 X、Y 和 Z 坐标列中的单元格，并在每个单元格中输入如图 9-17 所示的坐标值。

4）单击 "确定"按钮，完成通过 XYZ 点的曲线特征的创建，如图 9-18 中所示。

图 9-16 打开草图

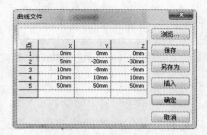

图 9-17 "曲线文件"对话框

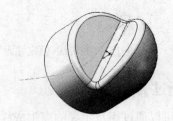

图 9-18 创建 XYZ 点的曲线

9.1.5 通过参考点的曲线

通过参考点的曲线是通过一个或者多个平面上的点而生成的曲线。

1. 通过参考点的曲线的属性设置

单击"曲线"工具栏中的 "通过参考点的曲线"按钮，或者单击"插入"｜"曲线"｜

"通过参考点的曲线"菜单命令，在"属性管理器"中弹出"通过参考点的曲线"属性管理器，如图 9-19 所示。

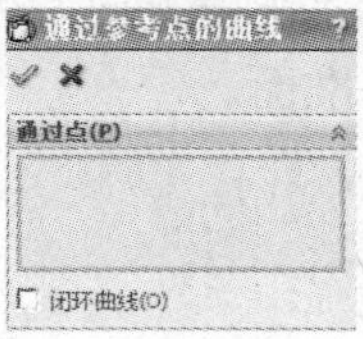

- "通过点"：选择通过一个或者多个平面上的点。
- "闭环曲线"：定义生成的曲线是否闭合。选择此选项，则生成的曲线自动闭合。

2．生成通过参考点的曲线的操作步骤

【案例 9-5】 通过将实体上的多个点连接起来，形成空间曲线。

图 9-19 "通过参考点的曲线"属性管理器

	实例素材	实例素材\9\9-1-5 草图.SLDPRT
	最终效果	最终效果\9\9-1-5 参考点曲线.SLDPRT

具体操作步骤如下：

1）打开"9-1-5 草图.SLDPRT"零件图，如图 9-20 所示。

2）单击"曲线"工具栏中的 "通过参考点的曲线"按钮，或执行"插入"|"曲线"| "通过参考点的曲线"命令，系统弹出"通过参考点的曲线"属性管理器。在"通过点"选项组下，单击文本框，然后依次单击六边形凸台上的顶点，如图 9-21 所示，同时选中"闭环曲线"复选框。

图 9-20 打开草图

3）单击 "确定"按钮，完成通过参考点的曲线特征的创建，如图 9-22 所示。

图 9-21 "通过参考点的曲线"属性管理器　　　图 9-22 创建"通过参考点的曲线"

9.1.6 分割线

分割线通过将实体投影到曲面或者平面上而生成。

1．分割线的属性设置

单击"曲线"工具栏中的 "分割线"按钮，或者选择"插入"|"曲线"|"分割线"菜单命令，在"属性管理器"中弹出"分割线"属性管理器。在"分割类型"选项组中，选择生成的分割线的类型，如图 9-23 所示。

- "轮廓"：在圆柱形零件上生成分割线。
- "投影"：将草图线投影到表面上生成分割线。
- "交叉点"：以交叉实体、曲面、面、基准面或者曲面样条曲线分割面。

（1）单击"轮廓"单选按钮后的属性设置

单击"曲线"工具栏中的 "分割线"按钮，或者选择"插入"|"曲线"|"分割线"菜单命令，在"属性管理器"中弹出"分割线"属性管理器。单击"轮廓"单选按钮，

其属性设置如图 9-24 所示。

- 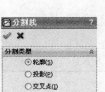 "拔模方向"：在图形区域或者"特征管理器设计树"中选择通过模型轮廓投影的基准面。

图 9-23　"分割类型"选项组　　　图 9-24　单击"轮廓"单选按钮后的属性设置

-  "要分割的面"：选择一个或者多个要分割的面。
- "反向"：设置拔模方向。
-  "角度"：设置拔模角度，主要用于制造工艺方面的考虑。

（2）单击"投影"单选按钮后的属性设置

单击"曲线"工具栏中的  "分割线"按钮，或者选择"插入" | "曲线" | "分割线"菜单命令，在"属性管理器"中弹出"分割线"属性管理器。单击"投影"单选按钮，其属性设置如图 9-25 所示。

-  "要投影的草图"：在图形区域或者"特征管理器设计树"中选择草图，作为要投影的草图。
- "单向"：以单方向进行分割以生成分割线。

（3）单击"交叉点"单选按钮后的属性设置

单击"曲线"工具栏中的  "分割线"按钮，或者选择"插入" | "曲线" | "分割线"菜单命令，在"属性管理器"中弹出"分割线"属性管理器。单击"交叉点"单选按钮，其属性设置如图 9-26 所示。

图 9-25　单击"投影"单选按钮后的属性设置　　　图 9-26　单击"交叉点"单选按钮后的属性设置

206

- "分割所有"：分割线穿越曲面上所有可能的区域，即分割所有可以分割的曲面。
- "自然"：按照曲面的形状进行分割。
- "线性"：按照线性方向进行分割。

2．生成分割线的操作步骤

【案例9-6】 利用基准面和空间曲面之间存在的交线，自动把曲面分割成几个部分。

	实例素材	实例素材\9\9-1-6 草图 1.SLDPRT
	最终效果	最终效果\9\9-1-6 分割线 1.SLDPRT

具体操作步骤如下：

1）打开"9-1-6 草图 1.SLDPRT"零件图，如图 9-27 所示。

2）单击"曲线"工具栏中的 "分割线"按钮，或单击"插入"|"曲线"| "分割线"菜单命令，系统弹出"分割线"属性管理器。在"分割类型"选项组下，选择"轮廓"单选按钮。在"选择"选项组下， "拔模方向"文本框中选择"管理器设计树"中的"上视基准面"， "要分割的面"文本框中选择如图 9-28 中所示的曲面，其他设置使用系统默认参数。

图 9-27 打开草图

3）单击 "确定"按钮，完成"分割线-轮廓"特征的创建，如图 9-29 所示。

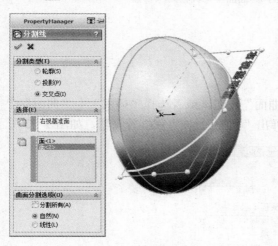

图 9-28 "分割线-轮廓"属性设置

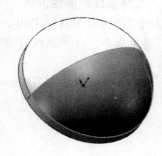

图 9-29 创建"分割线-轮廓"特征

9.2 制作曲面

曲面是一种可以用来生成实体特征的几何体（如圆角曲面等）。一个零件中可以有多个曲面实体。

SolidWorks 提供了生成曲面的工具栏和菜单命令。选择"插入"|"曲面"菜单命令，可以选择生成相应曲面的类型，如图 9-30 所示，或者选择"视图"|"工具栏"|"曲面"菜单命令，打开"曲面"工具栏，如图 9-31 所示。

图 9-30 "曲面"菜单命令

图 9-31 "曲面"工具栏

9.2.1 拉伸曲面

拉伸曲面是将一条曲线拉伸为曲面。

1. 拉伸曲面的属性设置

单击"曲面"工具栏中的 "拉伸曲面"按钮，或者选择"插入" | "曲面" | "拉伸曲面"菜单命令，在"属性管理器"中弹出"曲面-拉伸"属性管理器，如图 9-32 所示。

图 9-32 "曲面-拉伸"属性管理器

（1）"从"选项组

● 草图基准面：以此基准面为拉伸曲面的开始条件。

● 曲面/面/基准面：选择一个面作为拉伸曲面的开始条件。

● 顶点：选择一个顶点作为拉伸曲面的开始条件。

● 等距：从与当前草图基准面等距的基准面上开始拉伸曲面，在数值框中可以输入等距数值。

（2）"方向 1"和"方向 2"选项组

● "终止条件"：决定拉伸曲面的方式，如图 9-33 所示。

● "反向"：可以改变曲面拉伸的方向。

● 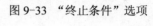 "拉伸方向"：在图形区域中选择方向向量以垂直于草图轮廓的方向拉伸草图。

● "深度"：设置曲面拉伸的深度。

● "拔模开/关"：设置拔模角度，主要用于制造工艺的考虑。

● "向外拔模"：设置拔模的方向。

图 9-33 "终止条件"选项

其他属性设置不再赘述。

2．生成拉伸曲面的操作步骤

【案例 9-7】 已知存在一个草图曲线，沿着垂直于草图基准面的方向拉伸曲线，形成一个空间曲面。

	实例素材	实例素材\9\9-2-1 草图 1.SLDPRT
	最终效果	最终效果\9\9-2-1 拉伸曲面 1.SLDPRT

具体操作步骤如下：

1）打开"9-2-1 草图 1.SLDPRT"零件图，选择"草图 1"，如图 9-34 所示。

2）单击"曲面"工具栏中的 "拉伸曲面"按钮，或执行"插入"|"曲面"| "拉伸曲面"菜单命令，系统弹出"曲面-拉伸"属性管理器。在"从"选项组下，在下拉列表框中选择"草图基准面"选项。在"方向 1"选项组下，"终止条件"下拉列表框中选择"给定深度"选项， "深度"文本框中输入"60mm"，如图 9-35 所示。

3）单击 "确定"按钮，完成拉伸曲面特征的创建，如图 9-36 所示。

图 9-34 打开草图

图 9-35 拉伸曲面属性设置

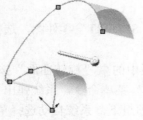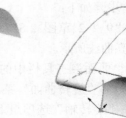

图 9-36 创建拉伸曲面特征

9.2.2 旋转曲面

从交叉或者非交叉的草图中选择不同的草图，并用所选轮廓生成旋转的曲面，即为旋转曲面。

1．旋转曲面的属性设置

单击"曲面"工具栏中的  "旋转曲面"按钮，或者选择"插入"｜"曲面"｜"旋转曲面"菜单命令，在"属性管理器"中弹出"曲面-旋转"属性管理器，如图 9-37 所示。

图 9-37 "曲面-旋转"的属性设置

1）"旋转轴"：设置曲面旋转所围绕的轴，所选择的轴可以是中心线、直线，也可以是一条边线。

2）"反向"：改变旋转曲面的方向。

3）"旋转类型"：设置生成旋转曲面的类型。

4）<span></span> "角度"：设置旋转曲面的角度。系统默认的角度为 360°，角度从所选草图基准面以顺时针方向开始。

2．生成旋转曲面的操作步骤

【案例 9-8】 将已存在的曲线草图绕中心线按给定深度旋转形成曲面。

⊚	实例素材	实例素材\9\9-2-2 草图 2.SLDPRT
	最终效果	最终效果\9\9-2-2 旋转曲面 2.SLDPRT

具体操作步骤如下：

1）打开"9-2-2 草图 2.SLDPRT"零件图，选择"草图 1"，如图 9-38 中高亮曲线所示。

2）单击"曲面"工具栏中的 <span></span> "旋转曲面"按钮，或执行"插入"｜"曲面"｜<span></span> "旋转曲面"菜单命令，系统弹出"曲面-旋转"属性管理器。在"旋转轴"选项组下，系统自动选择草图中的中心线为 <span></span> "旋转轴"，在"方向 1"选项组中，"旋转类型"下拉列表框中选择"给定深度"选项，<span></span> "角度"文本框中输入"180 度"，如图 9-39 所示。

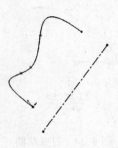

图 9-38 打开草图

210

3）单击 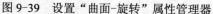 "确定" 按钮，完成曲面-旋转特征的创建，如图 9-40 所示。

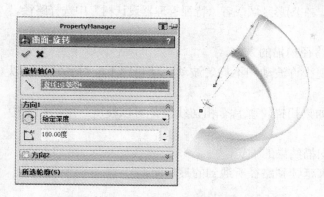

图 9-39　设置"曲面-旋转"属性管理器

图 9-40　创建曲面-旋转特征

9.2.3　扫描曲面

利用轮廓和路径生成的曲面被称为扫描曲面。扫描曲面和扫描特征类似，也可以通过引导线生成。

1．扫描曲面的属性设置

单击"曲面"工具栏中的 "扫描曲面"按钮，或者选择"插入"｜"曲面"｜"扫描曲面"菜单命令，在"属性管理器"中弹出"曲面-扫描"属性管理器，如图 9-41 所示。

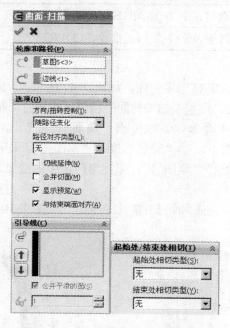

图 9-41　"曲面-扫描"属性管理器

（1）"轮廓和路径"选项组

● "轮廓"：设置扫描曲面的草图轮廓，在图形区域或者"特征管理器设计树"中选择草图轮廓，扫描曲面的轮廓可以是开环的，也可以是闭环的。

- "路径"：设置扫描曲面的路径，在图形区域或者"特征管理器设计树"中选择路径。

（2）"选项"选项组

- "方向/扭转控制"：控制轮廓沿路径扫描的方向。
- "路径对齐类型"：当路径上出现少许波动和不均匀波动，使轮廓不能对齐时，可以将轮廓稳定下来。
- "合并切面"：在扫描曲面时，如果扫描轮廓具有相切线段，可以使所产生的扫描中的相应曲面相切。
- "显示预览"：以上色方式显示扫描结果的预览。
- "与结束端面对齐"：将扫描轮廓延续到路径所遇到的最后面。

（3）"引导线"选项组

- "引导线"：在轮廓沿路径扫描时加以引导。
- "上移"：调整引导线的顺序，使指定的引导线上移。
- "下移"：调整引导线的顺序，使指定的引导线下移。
- "合并平滑的面"：改进通过引导线扫描的性能，并在引导线或者路径不是曲率连续的所有点处进行分割扫描。
- "显示截面"：显示扫描的截面，单击箭头可以进行滚动预览。

2. 生成扫描曲面的操作步骤

【案例9-9】 将已存在的曲线草图轮廓随路径变化，生成复杂形状的面。

	实例素材	实例素材\9\9-2-3 草图.SLDPRT
	最终效果	最终效果\9\9-2-3 扫描曲面.SLDPRT

具体操作步骤如下：

1）打开"9-2-3 草图.SLDPRT"零件图，如图9-42 所示。

2）单击"曲面"工具栏中的"扫描曲面"按钮，或执行"插入"|"曲面"|"扫描曲面"菜单命令，系统弹出"曲面-扫描"属性管理器。在"轮廓和路径"选项组下，"轮廓"选择"草图 2"，即图形区域中的草图圆；"路径"选择"草图 1"，即图形区域中的圆弧，预览如图9-43 所示。

3）单击"确定"按钮，完成曲面-扫描特征的创建，如图9-44 所示。

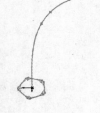

图9-42 打开草图

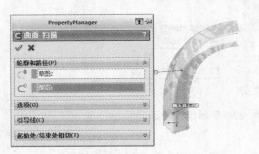

图9-43 曲面-扫描属性管理器　　　图9-44 创建曲面-扫描特征

9.2.4 放样曲面

通过曲线之间的平滑过渡生成的曲面被称为放样曲面。放样曲面由放样的轮廓曲线组成，也可以根据需要使用引导线。

1. 放样曲面的属性设置

单击"曲面"工具栏中的  "放样曲面"按钮，或者选择"插入"｜"曲面"｜"放样曲面"菜单命令，在"属性管理器"中弹出"曲面-放样"属性管理器，如图 9-45 所示。

（1）"轮廓"选项组

- ⬡ "轮廓"：设置放样曲面的草图轮廓，可以在图形区域或者"特征管理器设计树"中选择草图轮廓。
- ⬆ "上移"：调整轮廓草图的顺序，选择轮廓草图，使其上移。
- ⬇ "下移"：调整轮廓草图的顺序，选择轮廓草图，使其下移。

（2）"起始/结束约束"选项组

"开始约束"和"结束约束"有相同的选项。

- "无"：不应用相切约束，即曲率为 0。
- "方向向量"：根据方向向量所选实体而应用相切约束。
- "垂直于轮廓"：应用垂直于开始或者结束轮廓的相切约束。

图 9-45 "曲面-放样"属性管理器

- "与面相切"：使相邻面在所选开始或者结束轮廓处相切。
- "与面的曲率"：在所选开始或者结束轮廓处应用平滑、具有美感的曲率连续放样（仅在附加放样到现有几何体时可用）。

（3）"引导线"选项组

- ⬡ "引导线"：选择引导线以控制放样曲面。
- ⬆ "上移"：调整引导线的顺序，选择引导线，使其上移。
- ⬇ "下移"：调整引导线的顺序，选择引导线，使其下移。
- "引导线相切类型"：控制放样与引导线相遇处的相切。
- "无"：不应用相切约束。

（4）"中心线参数"选项组

- ⬡ "中心线"：使用中心线引导放样形状，中心线可以和引导线是同一条线。
- "截面数"：在轮廓之间围绕中心线添加截面，截面数可以通过移动滑杆进行调整。
- 👁 "显示截面"：显示放样截面，单击⬍箭头显示截面数。

（5）"草图工具"选项组

该选项组用于在从同一草图（特别是 3D 草图）中的轮廓中定义放样截面和引导线。

- ●　"拖动草图"：激活草图拖动模式。
- ●　↶"撤销草图拖动"：撤销先前的草图拖动操作并将预览返回到其先前状态。

（6）"选项"选项组

- ●　"合并切面"：在生成放样曲面时，如果对应的线段相切，则使在所生成的放样中的曲面保持相切。
- ●　"闭合放样"：沿放样方向生成闭合实体，选择此选项，会自动连接最后一个和第一个草图。
- ●　"显示预览"：若选择此选项，则显示放样的上色预览；若取消选择此选项，则只显示路径和引导线。

2．生成放样曲面的操作步骤

【案例9-10】　将两个不同的轮廓通过引导线连接生成复杂曲面。

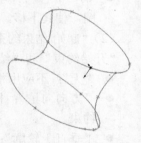	实例素材	实例素材\9\9-2-4 草图.SLDPRT
	最终效果	最终效果\9\9-2-4 放样曲面.SLDPRT

具体操作步骤如下：

1）打开"9-2-4 草图.SLDPRT"零件图，如图 9-46 中高亮曲线所示。

2）单击"曲面"工具栏中的 🗋"放样曲面"按钮，或执行"插入"|"曲面"|🗋"放样曲面"命令，系统弹出"曲面-放样"属性管理器。

3）在"轮廓"选项组下，👤"轮廓"选择"草图 1"和"草图
2"，即图形区域中的两个圆；在"引导线"选项组下，🖗"引导线"
选框中选择图形区域中轮廓之间的 4 条空间曲线，如图 9-47 所示。

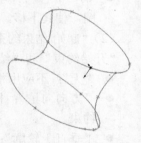

图 9-46　打开草图

4）单击 ✅"确定"按钮，完成放样曲面特征的创建，如图 9-48 所示。

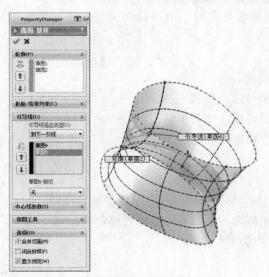

图 9-47　"曲面-放样"属性管理器

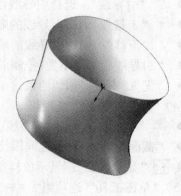

图 9-48　创建放样曲面特征

9.2.5 等距曲面

将已经存在的曲面以指定距离生成的另一个曲面被称为等距曲面。该曲面既可以是模型的轮廓面，也可以是绘制的曲面。

1. 等距曲面的属性设置

单击"曲面"工具栏中的  "等距曲面"按钮，或者选择"插入"｜"曲面"｜"等距曲面"菜单命令，在"属性管理器"中弹出"等距曲面"属性管理器，如图9-49所示。

-  "要等距的曲面或面"：在图形区域中选择要等距的曲面或者平面。
- "等距距离"：可以输入等距距离的数值。
- "反转等距方向"：改变等距的方向。

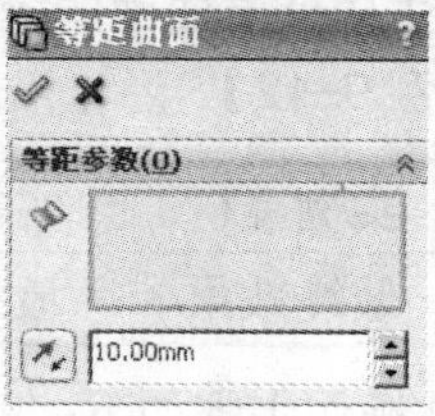

图9-49 "等距曲面"属性管理器

2. 生成等距曲面的操作步骤

【案例9-11】 将选定的曲面沿其法线方向偏移生成曲面。

实例素材	实例素材\9\9-2-5 草图.SLDPRT
最终效果	最终效果\9\9-2-5 等距曲面.SLDPRT

具体操作步骤如下：

1）打开"9-2-5 草图.SLDPRT"零件图，如图9-50所示。

2）单击"曲面"工具栏中的  "等距曲面"按钮，或执行"插入"｜"曲面"｜  "等距曲面"菜单命令，系统弹出"等距曲面"属性管理器。在"等距参数"选项组下，  "要等距的曲面或面"选项中选择图中的曲面。"距离"文本框输入"3.00mm"，如图9-51所示。

图9-50 打开草图

3）单击 "确定"按钮，完成等距曲面特征的创建，如图9-52所示。

图9-51 "等距曲面"属性管理器及预览效果

图9-52 创建等距曲面特征

9.2.6 延展曲面

通过沿所选平面方向延展实体或者曲面的边线而生成的曲面被称为延展曲面。

1. 延展曲面的属性设置

单击"插入"｜"曲面"｜"延展曲面"菜单命令，在"属性管理器"中弹出"延展曲面"属性管理器，如图9-53所示。

图9-53 "延展曲面"属性管理器

- "沿切面延展"：在图形区域中选择一个面或者基准面。
- "反转延展方向"：改变曲面延展的方向。
- "要延展的边线"：在图形区域中选择一条边线或者一组连续边线。
- "沿切面延伸"：使曲面沿模型中的相切面继续延展。
- "延展距离"：设置延展曲面的宽度。

2．生成延展曲面的操作步骤

【案例9-12】 通过沿所选平面方向延展实体的边线来生成曲面。

⊙	实例素材	实例素材\9\9-2-6 草图.SLDPRT
	最终效果	最终效果\9\9-2-6 延展曲面.SLDPRT

具体操作步骤如下：

1）打开"9-2-6 草图.SLDPRT"零件图，如图9-54所示。

2）单击"曲面"工具栏中的 "延展曲面"按钮，或执行"插入"|"曲面"| "延展曲面"菜单命令，系统弹出"延展曲面"属性管理器。在"延展参数"选项组下，"延展方向参考"文本框中选择"上视基准面"， "要延展的边线"中选择如图 9-55所示的红色边线， "距离"文本框输入"40mm"，同时单击 "反向"按钮，使得曲面延展方向沿法向朝外。

3）单击 "确定"按钮，完成延展曲面特征的创建，如图9-56所示。

图9-54 打开草图

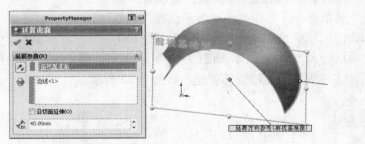

图9-55 "延展曲面"属性管理器

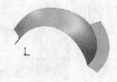

图9-56 创建延展曲面特征

9.3 编辑曲面

在 SolidWorks 中，既可以生成曲面，也可以对生成的曲面进行编辑。编辑曲面的命令可以通过菜单命令进行选择，也可以通过工具栏进行调用。

9.3.1 剪裁曲面

用户可以使用曲面、基准面或者草图作为剪裁工具剪裁相交曲面，也可以将曲面和其他曲面配合使用，相互作为剪裁工具。

1．剪裁曲面的属性设置

单击"曲面"工具栏中的 "剪裁曲面"按钮，或者选择"插入"｜"曲面"｜"剪裁曲面"菜单命令，在"属性管理器"中弹出"剪裁曲面"
属性管理器，如图9-57所示。

（1）"剪裁类型"选项组

● "标准"：使用曲面、草图实体、曲线或者基准面
等剪裁曲面。

● "相互"：使用曲面本身剪裁多个曲面。

（2）"选择"选项组

●  "剪裁工具"：在图形区域中选择曲面、草图实
体、曲线或者基准面作为剪裁其他曲面的工具。

● "保留选择"：设置剪裁曲面中选择的部分为要保
留的部分。

● "移除选择"：设置剪裁曲面中选择的部分为要移
除的部分。

（3）"曲面分割选项"选项组

图 9-57　"剪裁曲面"属性管理器

● "分割所有"：显示曲面中的所有分割。

● "自然"：强迫边界边线随曲面形状变化。

● "线性"：强迫边界边线随剪裁点的线性方向变化。

2．生成剪裁曲面的操作步骤

【案例9-13】　通过闭合曲线将相交的曲面进行剪裁，切除曲面上与曲线相交的区域。

	实例素材	实例素材\9\9-3-1 草图.SLDPRT
	最终效果	最终效果\9\9-3-1 剪裁曲面.SLDPRT

具体操作步骤如下：

1）打开"9-3-1 草图.SLDPRT"零件图，如图9-58所示。

2）单击"曲面"工具栏中的  "剪裁曲面"按钮，或执行"插
入"|"曲面"| "剪裁曲面"菜单命令，系统弹出"剪裁-曲面"属
性管理器。在"剪裁类型"选项组下选择"标准"单选按钮。在"选
择"选项组下，"剪裁工具"下的 "剪裁曲面、基准面或草图"中选
择图形区域中的封闭空间曲线草图 2，选择"保留选择"单选按钮，

图 9-58　打开草图

"保留的部分"选框选择图形区域中的曲面拉伸 1，如图9-59所示。

3）单击 "确定"按钮，完成剪裁曲面特征的创建，如图9-60所示。

9.3.2　延伸曲面

将现有曲面的边缘沿着切线方向进行延伸所形成的曲面被称为延伸曲面。

1．延伸曲面的属性设置

单击"曲面"工具栏中的 "延伸曲面"按钮，或者选择"插入" | "曲面" | "延伸
曲面"菜单命令，在"属性管理器"中弹出"延伸曲面"属性管理器，如图9-61所示。

（1）"拉伸的边线/面"选项组

● "所选面/边线"：在图形区域中选择延伸的边线或者面。

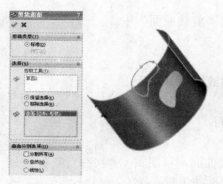

图 9-59　"剪裁-曲面"属性管理器

图 9-60　创建曲面-剪裁特征

（2）"终止条件"选项组

- "距离"：按照设置的 "距离"数值确定延伸曲面的距离。
- "成形到某一面"：在图形区域中选择某一面，将曲面延伸到指定的面。
- "成形到某一点"：在图形区域中选择某一顶点，将曲面延伸到指定的点。

（3）"延伸类型"选项组

- "同一曲面"：以原有曲面的曲率沿曲面的几何体进行延伸。
- "线性"：沿指定的边线相切于原有曲面进行延伸。

2．生成延伸曲面的操作步骤

图 9-61　"延伸曲面"属性管理器

【案例 9-14】 将已有的面沿着与选定的边线垂直方向延伸指定距离。

	实例素材	实例素材\9\9-3-2 草图.SLDPRT
	最终效果	最终效果\9\9-3-2 延伸曲面.SLDPRT

具体操作步骤如下：

1）打开"9-3-2 草图.SLDPRT"零件图，如图 9-62 所示。

图 9-62　打开草图

2）单击"曲面"工具栏中的 "延伸曲面"按钮，或执行"插入"|"曲面"| "延伸曲面"菜单命令，系统弹出"延伸曲面"属性管理器。在"拉伸的边线/面"选项组下， "所选面/边线"中选择曲面的一条边线；在"终止条件"选项组下选择"距离"单选按钮；

"距离"文本框中输入"40mm",如图9-63所示。

3)单击 ✔ "确定"按钮,完成延伸曲面特征的创建,如图9-64所示。

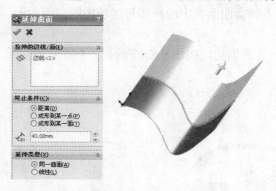

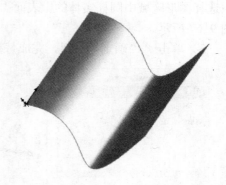

图9-63 "延伸曲面"属性管理器及预览效果   图9-64 创建延伸曲面特征

9.3.3 替换面

利用新曲面实体替换曲面或者实体中的面,这种方式被称为替换面。

1. 替换面的属性设置

单击"曲面"工具栏中的 ⊕ "替换面"按钮,或者选择"插入"|"面"|"替换"菜单命令,在"属性管理器"中弹出"替换面1"属性管理器,如图9-65所示。

- ⊟ "替换的目标面":在图形区域中选择曲面、草图实体、曲线或者基准面作为要替换的面。
- ⊟ "替换曲面":选择替换曲面实体。

2. 生成替换面的操作步骤

【案例9-15】 用曲面去替换实体模型的表面。

图9-65 "替换面1"属性

◎	实例素材	实例素材\9\9-3-3 草图.SLDPRT
	最终效果	最终效果\9\9-3-3 替换面.SLDPRT

具体操作步骤如下:

1)打开"9-3-3 草图.SLDPRT"零件图,如图9-66所示。

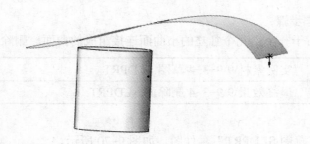

图9-66 打开草图

2）单击"曲面"工具栏中的 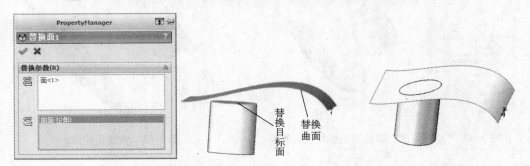 "替换面"按钮，或执行"插入"|"面"|"替换"菜单命令，系统弹出"替换面"属性管理器。在"替换参数"选项组下，⊟"替换的目标面"中选择图形区域中圆柱实体的上表面；在⊟"替换曲面"中选择图形区域中的空间曲面，如图 9-67 所示。

3）单击 ✔ "确定"按钮，完成替换面特征的创建，如图 9-68 所示。

图 9-67 "替换面 1"属性管理器及预览效果　　　图 9-68 创建替换面特征

9.3.4 删除面

删除面是将存在的面删除并进行编辑。

1. 删除面的属性设置

使用"曲面"工具栏中的  "删除面"按钮，或者选择"插入"｜"面"｜"删除"菜单命令，在"属性管理器"中弹出"删除面"属性管理器，如图 9-69 所示。

（1）"选择"选择组

▢ "要删除的面"：在图形区域中选择要删除的面。

（2）"选项"选项组

● "删除"：从曲面实体删除面或者从实体中删除一个或者多个面以生成曲面。

● "删除和修补"：从曲面实体或者实体中删除一个面，并自动对实体进行修补和剪裁。

● "删除和填充"：删除存在的面并生成单一面，可以填补任何缝隙。

图 9-69 "删除面"属性管理器

2. 删除面的操作步骤

【案例 9-16】 对于一个由几个独立的小曲面连接组成的曲面，删除其中一个小曲面。

◉	实例素材	实例素材\9\9-3-4 草图.SLDPRT
	最终效果	最终效果\9\9-3-4 删除面.SLDPRT

具体操作步骤如下：

1）打开"9-3-4 草图.SLDPRT"零件图，如图 9-70 所示。

2）单击"曲面"工具栏中的  "删除面"按钮，或执行"插入"|"面"|"删除"

菜单命令，系统弹出"删除面"属性管理器。在"选择"选项组下，"要删除的面"中选择图形区域中文字所包括的面域；在"选项"选项组下，选择"删除"单选项，如图 9-71 所示。

3）单击 ✅ "确定"按钮，完成删除面特征的创建，如图 9-72 所示。

 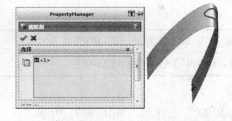 

图 9-70　打开草图　　图 9-71　"删除面"属性管理器及预览效果　　图 9-72　创建删除面特征

9.3.5　中面

在实体上选择合适的双对面，在双对面之间可以生成中面。

1．中面的属性设置

选择"插入"｜"曲面"｜"中面"菜单命令，在"属性管理器"中弹出"中间面"属性管理器，如图 9-73 所示。

（1）"选择"选项组

● "面 1"：选择生成中间面的其中一个面。

● "面 2"：选择生成中间面的另一个面。

● "查找双对面"：系统会自动查找模型中合适的双对面，并自动过滤不合适的双对面。

● "识别阈值"：由"阈值运算符"和"阈值厚度"两部分组成，如图 9-74 所示。"阈值运算符"为数学操作符，"阈值厚度"为壁厚度数值。

图 9-73　"中间面"属性管理器　　图 9-74　"识别阈值"参数

● "定位":设置生成中间面的位置。

(2)"选项"选项组

"缝合曲面":将中间面和临近面缝合。

2.生成中面的操作步骤

【案例 9-17】 两个同心圆柱面构成了一对双对面,在所选双对面之间生成一个面,距双对面的两面等距。

	实例素材	实例素材\9\9-3-5 草图.SLDPRT
	最终效果	最终效果\9\9-3-5 中面.SLDPRT

具体操作步骤如下:

1)打开"9-3-5 草图.SLDPRT"零件图,如图 9-75 所示。

2)单击"曲面"工具栏中的 "中面"按钮,或执行"插入"|"曲面"| "中面"菜单命令,系统弹出"中面 1"属性管理器。在"选择"选项组下,"面 1"中选择圆柱实体外侧圆柱面,"面 2"中选择圆柱实体内侧圆柱面,"定位"文本框中输入"50%",如图 9-76 所示。

3)单击 "确定"按钮,完成中面特征的创建,如图 9-77 所示。

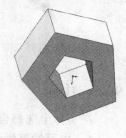

图 9-75 打开草图

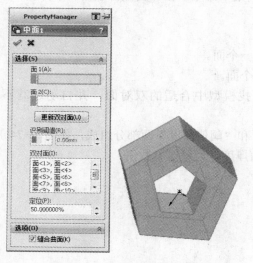

图 9-76 "中面 1"属性管理器及预览效果

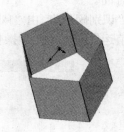

图 9-77 创建中面特征

9.3.6 圆角曲面

使用圆角将曲面实体中以一定角度相交的两个相邻面之间的边线进行平滑过渡,则生成的圆角被称为圆角曲面。

1.圆角曲面的属性设置

单击"曲面"工具栏中的 "圆角"按钮,或者选择"插入"|"曲面"|"圆角"菜单命令,在"属性管理器"中弹出"圆角"属性管理器,如图 9-78 所示。

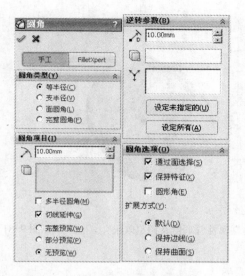

图 9-78 "圆角"属性管理器

圆角曲面命令与圆角特征命令基本相同，在此不再赘述。

2.生成圆角曲面的操作步骤

【案例9-18】 在指定的两组曲面之间建立光滑连接的过渡曲面。

💿	实例素材	实例素材\9\9-3-6 草图.SLDPRT
	最终效果	最终效果\9\9-3-6 圆角曲面.SLDPRT

具体操作步骤如下：

1）打开"9-3-6 草图.SLDPRT"零件图，如图 9-79 所示。

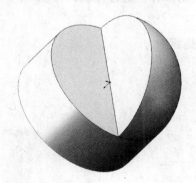

图 9-79　打开草图

2）单击"曲面"工具栏中的 🖾 "圆角"按钮，或执行"插入"|"曲面"|🖾 "圆角"菜单命令，系统弹出"圆角"属性管理器。在"圆角类型"选项组下，选择"等半径"单选按钮；在"圆角项目"选项组下，🏛 "边线、面、特征和环"中选择如图 9-80 中所示的 4 条边线；🖊 "半径"文本框中输入"10mm"。

3）单击 ✅ "确定"按钮，完成圆角曲面特征的创建，如图 9-81 所示。

223

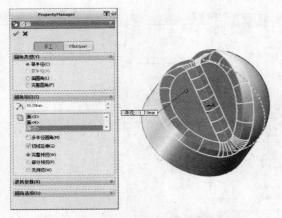
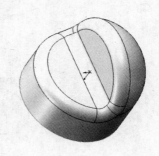

图 9-80 "圆角"属性管理器及预览效果   图 9-81 创建圆角曲面特征

9.3.7 填充曲面

在现有模型边线、草图或者曲线定义的边界内生成带任何边数的曲面修补，被称为填充曲面。

1. "填充曲面"属性管理器

单击"曲面"工具栏中的 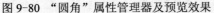 "填充曲面"按钮，或者选择"插入"｜"曲面"｜"填充"菜单命令，在"属性管理器"中弹出"填充曲面"属性管理器，如图 9-82 所示。

（1）"修补边界"选项组

- 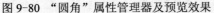 "修补边界"：定义所应用的修补边线。对于曲面或者实体边线，可以使用二维和三维草图作为修补的边界；对于所有草图边界，只可以设置"曲率控制"类型为"相触"。
- "交替面"：只在实体模型上生成修补时使用，用于控制修补曲率的反转边界面。
- "曲率控制"：在生成的修补上进行控制，可以在同一修补中应用不同的曲率控制，其选项如图 9-83 所示。

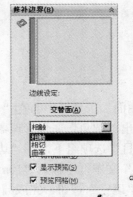

图 9-82 "填充曲面"属性管理器   图 9-83 "曲率控制"选项

- "应用到所有边线"：可以将相同的曲率控制应用到所有边线中。
- "优化曲面"：用于对曲面进行优化，其潜在优势包括加快重建时间以及当与模型中的其他特征一起使用时增强稳定性。
- "显示预览"：以上色方式显示曲面填充预览。
- "预览网格"：在修补的曲面上显示网格线，以直观地观察曲率的变化。

（2）"约束曲线"选项组

 "约束曲线"：在填充曲面时添加斜面控制，主要用于工业设计中，可以使用如草图点或者样条曲线等草图实体生成约束曲线。

（3）"选项"选项组

- "修复边界"：可以自动修复填充曲面的边界。
- "合并结果"：如果边界至少有一个边线是开环，可以用边线所属的曲面进行缝合。
- "尝试形成实体"：如果边界实体都是开环边线，可以选择此选项生成实体。
- "反向"：此选项用于纠正填充曲面时不符合填充需要的方向。

2. 生成填充曲面的操作步骤

【案例 9-19】 根据模型的边线在其内部构建任意边数的曲面修补。

实例素材	实例素材\9\9-3-7 草图.SLDPRT
最终效果	最终效果\9\9-3-7 填充曲面.SLDPRT

具体操作步骤如下：

1）打开 "9-3-7 草图.SLDPRT" 零件图，如图 9-84 所示。

2）单击 "曲面" 工具栏中的 "填充" 按钮，或执行 "插入" | "曲面" | "填充" 菜单命令，系统弹出 "填充曲面" 属性管理器。在 "修补边界" 选项组下， "修补边界" 中选择曲面中心漏洞的边线；在 "曲率控制" 下拉列表框中选择 "相切" 选项，如图 9-85 所示。

图 9-84 打开草图

3）单击 "确定" 按钮，完成填充曲面特征的创建，如图 9-86 所示。

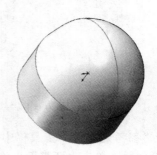

图 9-85 "填充曲面" 属性管理器及预览效果　　　　图 9-86 创建填充曲面特征

9.4 范例

下面应用本章所讲解的知识完成一个曲面模型的范例，最终效果如图 9-87 所示。

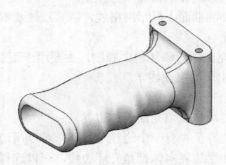

图 9-87　曲面模型

9.4.1　生成基体部分

1）单击"参考几何体"工具栏中的 ⬧ "基准面"按钮，在"属性管理器"中弹出"基准面"属性管理器。在"第一参考"中的图形区域中选择"前视基准面"，单击"距离"按钮 ⬔，在文本框中输入"100.00mm"，如图 9-88 所示，在图形区域中显示出新建基准面的预览，单击"确定"按钮 ✓，生成基准面。

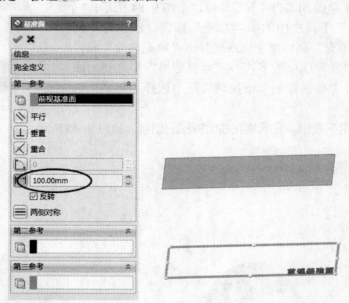

图 9-88　"基准面"属性管理器生成基准面

2）单击"参考几何体"工具栏中的"基准轴"按钮 ⬈，在"属性管理器"中弹出"基准轴"属性管理器。单击"两平面"按钮，选择模型的曲面，检查 ⬚ "参考实体"选择框中列出的项目，如图 9-89 所示，单击"确定"按钮 ✓，生成基准轴 1。

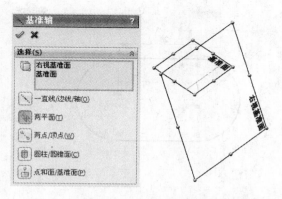

图 9-89 单击 "两平面" 按钮及生成基准轴

3）单击 "参考几何体" 工具栏中的 "基准面" 按钮 ⬨，在 "属性管理器" 中弹出 "基准面" 属性管理器。在 "第一参考" 中的图形区域中选择 "基准面"，单击 "角度" 选项，输入 "8.00 度"；在 "第二参考" 中的图形区域中选择 "基准轴"，单击 "重合" 按钮，如图 9-90 所示，在图形区域中显示出新建基准面的预览，单击 "确定" 按钮 ✔，生成基准面。

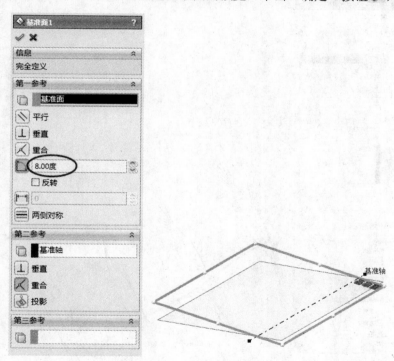

图 9-90 设置 "基准面 1" 属性管理器生成基准面

4）单击 "特征管理器设计树" 中的 "前视基准面" 按钮，使其成为草图绘制平面。单击 "标准视图" 工具栏中的 "正视于" 按钮 ↧，并单击 "草图" 工具栏中的 "草图绘制" 按钮 ⨐，进入草图绘制状态。使用 "草图" 工具栏中的 ╲ "直线"、⌒ "圆弧" 和 ⬨ "智能尺寸" 工具，绘制如图 9-91 所示的草图。单击 "退出草图" 按钮 ⨐，退出草图绘制状态。

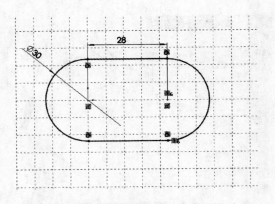

图 9-91　绘制草图并标注尺寸

5）单击"曲面"工具栏中的"边界曲面"按钮 ，弹出"边界曲面"属性管理器。在"方向 1"选项组中选择"草图 2"和"草图 3"，在"方向 2"选项组中选择"草图 4"，单击"确定"按钮 ✔，如图 9-92 所示。

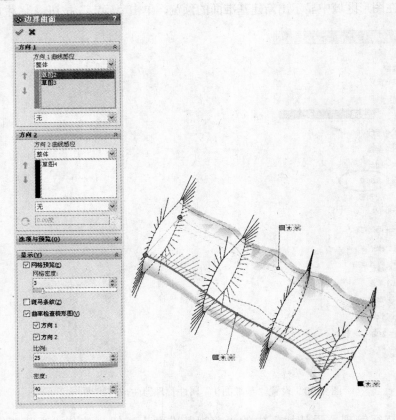

图 9-92　"边界曲面"属性管理器及预览效果

6）单击"曲面"工具栏中的"平面区域"按钮 ，在"属性管理器"中弹出"平面区域"属性管理器。单击 ◇ "边界实体"选择框，在图形区域中选择 4 条边线，如图 9-93 所示，单击"确定"按钮 ✔，生成平面区域特征。

7）单击"曲面"工具栏中的"平面区域"按钮 ，在"属性管理器"中弹出"平面区域"属性管理器。单击 ◇"边界实体"选择框，在图形区域中选择一条边线，如图 9-94 所示，单击"确定"按钮 ✔，生成平面区域特征。

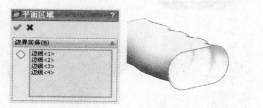
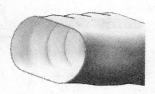

图 9-93　生成平面区域特征（一）　　　　　图 9-94　生成平面区域特征（二）

8）单击"曲面"工具栏中的"缝合曲面"按钮 ，在"属性管理器"中弹出"曲面缝合"属性管理器。单击"选择"选择框，在图形区域中选择 3 个曲面特征，勾选"尝试形成实体"复选框，如图 9-95 所示，单击"确定"按钮 ✔，生成缝合曲面特征。

9）单击"特征"工具栏中的"圆角"按钮 ⚙，在"属性管理器"中弹出"圆角"属性管理器。在"圆角项目"选项组中，设置 ↗"半径"为"5.00mm"，单击 □"边线、面、特征和环"选择框，在图形区域中选择模型的一条边线，单击"确定"按钮 ✔，生成圆角特征，如图 9-96 所示。

图 9-95　缝合曲面　　　　　　　　　　图 9-96　生成圆角特征

10）选择"插入"｜"面"｜"删除"菜单命令，在"属性管理器"中弹出"删除面"属性管理器。在"选择"选项组中单击 □"要删除的面"选择框，在图形区域中选择模型的上平面，单击"删除"单选按钮，如图 9-97 所示，单击"确定"按钮 ✔，生成删除面特征。

11）单击"参考几何体"工具栏中的"基准面"按钮 ◇，在"属性管理器"中弹出"基准面"属性管理器。在"第一参考"中的图形区域中选择"基准面"，单击"距离"按钮 ⊟，在文本框中输入"6.00mm"，如图 9-98 所示，在图形区域中显示出新建基准面的预览，单击"确定"按钮 ✔，生成基准面。

12）单击"特征管理器设计树"中的"基准面 2"图标，使其成为草图绘制平面。单击"标准视图"工具栏中的"正视于"按钮 ↓，并单击"草图"工具栏中的"草图绘制"按钮 ⊡，进入草图绘制状态。使用"草图"工具栏中的 ＼"直线"、⚙"圆弧"和 ◇"智能尺寸"工具，绘制如图 9-99 所示的草图。单击"退出草图"按钮 ⊡，退出草图绘制状态。

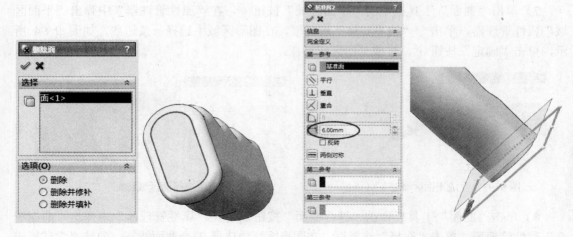

图 9-97　生成删除面特征　　　　　　　　　图 9-98　生成基准面

13）用鼠标单击"曲面"工具栏中的"放样曲面"按钮 🔜，在"轮廓"中选择"草图7"和边线，单击"确定"按钮 ✔，如图 9-100 所示。

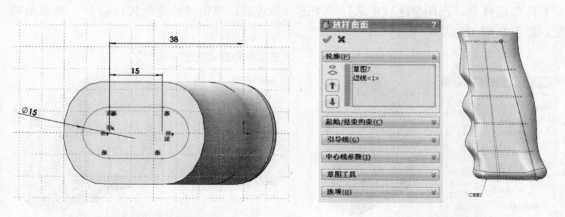

图 9-99　绘制草图并标注尺寸　　　　　　　图 9-100　放样曲面

14）单击"曲面"工具栏中的"平面区域"按钮 🔳，在"属性管理器"中弹出"平面区域 3"属性管理器。单击 ◇"边界实体"选择框，在图形区域中选择一条边线，如图 9-101 所示，单击"确定"按钮 ✔，生成平面区域特征。

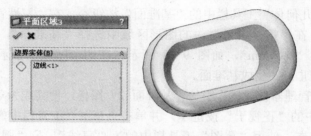

图 9-101　生成平面区域特征

15）单击"曲面"工具栏中的"缝合曲面"按钮 ，在"属性管理器"中弹出"曲面缝合"属性管理器。单击"选择"选择框，在图形区域中选择 3 个曲面特征，勾选"尝试形成实体"复选框，如图 9-102 所示，单击"确定"按钮 ，生成缝合曲面特征。

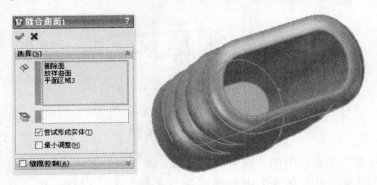

图 9-102　缝合曲面

9.4.2　生成端头部分

1）单击"特征管理器设计树"中的"上视基准面"图标，使其成为草图绘制平面。单击"标准视图"工具栏中的"正视于"按钮 ，并单击"草图"工具栏中的按钮 "草图绘制"，进入草图绘制状态。使用"草图"工具栏中的 "直线"、 "圆弧"和 "智能尺寸"工具，绘制如图 9-103 所示的草图。单击 "退出草图"按钮，退出草图绘制状态。

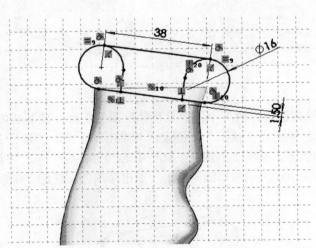

图 9-103　绘制草图并标注尺寸

2）单击"特征"工具栏中的"拉伸凸台/基体"按钮 ，在"属性管理器"中弹出"凸台-拉伸"属性管理器。在"方向 1"选项组中，设置 "终止条件"为"两侧对称"， "深度"为"53.00mm"，勾选"合并结果"复选框， "确定"按钮单击，生成拉伸特征，如图 9-104 所示。

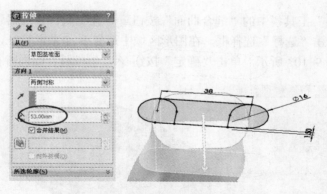

图 9-104 生成拉伸特征

3）单击"特征"工具栏中的"圆角"按钮 ⬤，在"属性管理器"中弹出"圆角 1"属性管理器。在"圆角项目"选项组中，设置 ⬠ "半径"为"12.00mm"，单击 ⬡ "边线、面、特征和环"选择框，在图形区域中选择模型的 4 条边线，单击"确定"按钮 ✓，生成圆角特征，如图 9-105 所示。

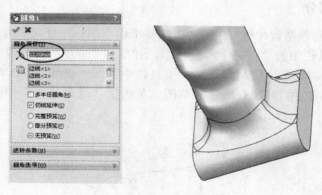

图 9-105 生成圆角特征

4）单击"特征管理器设计树"中的"上视基准面"图标，使其成为草图绘制平面。单击"标准视图"工具栏中的"正视于"按钮 ⬇，并单击"草图"工具栏中的"草图绘制"按钮 ⬢，进入草图绘制状态。使用"草图"工具栏中的 ⬈ "直线"、⬤ "圆弧"和 ⬧ "智能尺寸"工具，绘制如图 9-106 所示的草图。单击"退出草图"按钮 ⬢，退出草图绘制状态。

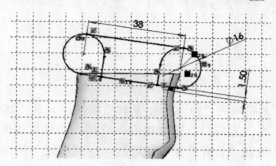

图 9-106 绘制草图并标注尺寸

232

5）单击"特征"工具栏中的"切除拉伸"按钮 🔲，在"属性管理器"中弹出"切除拉伸"属性管理器。在"方向 1"选项组中，设置"终止条件"为"到离指定面指定的距离"，🔧"深度"为"2.00mm"；在"方向 2"选项组中，设置"终止条件"为"到离指定面指定的距离"，🔧"深度"为"2.00mm"，单击"确定"按钮 ✔，生成拉伸切除特征，如图 9-107 所示。

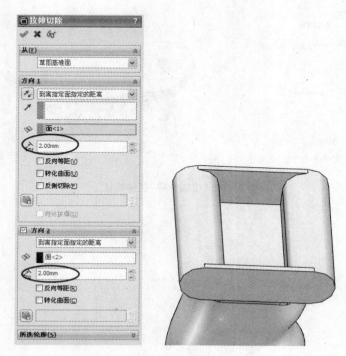

图 9-107　拉伸切除特征

6）单击"特征管理器设计树"中的"上视基准面"图标，使其成为草图绘制平面。单击"标准视图"工具栏中的"正视于"按钮 ⬆，并单击"草图"工具栏中的"草图绘制"按钮 🖉，进入草图绘制状态。使用"草图"工具栏中的 ⊙"圆弧"工具，绘制如图 9-108 所示的草图。单击"退出草图"按钮 🖉，退出草图绘制状态。

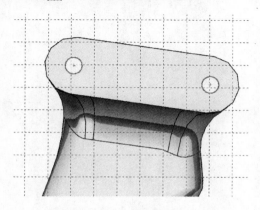

图 9-108　绘制草图并标注尺寸

7）单击"特征"工具栏中的"切除-拉伸"按钮，在"属性管理器"中弹出"切除-拉伸 1"属性管理器。在"方向 1"选项组中，设置"终止条件"为"完全贯穿"，单击"确定"按钮，生成拉伸切除特征，如图 9-109 所示。

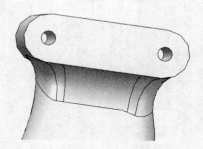

图 9-109　生成切除-拉伸特征

第10章 焊件设计

在 SolidWorks 中，运用"焊缝"命令可以将多种焊接类型的焊缝零件添加到装配体中。生成的焊缝属于装配体特征，是关联装配体中生成的新装配体零部件。

10.1 焊件轮廓

用户可以生成自己的焊件轮廓，以便在生成焊件结构构件时使用。将轮廓创建为库特征零件，然后将其保存于一个定义的位置即可。

1）打开一个新零件。

2）绘制轮廓草图。当使用轮廓生成一个焊件结构构件时，草图的原点为默认穿透点（穿透点可以相对于生成结构构件所使用的草图线段以定义轮廓上的位置），且可以选择草图中的任何顶点或者草图点作为交替穿透点。

3）选择所绘制的草图。

4）单击"文件"|"另存为"菜单命令，打开"另存为"对话框。

5）在"保存在"中选择"<安装目录>\data\weldment_profiles"，然后选择或者生成一个适当的子文件夹，在"保存类型"中选择库特征零件(*.SLDLFP)，输入文件名的名称，单击"保存"按钮。

10.2 结构构件

在零件中生成第一个结构构件时，🔖"焊件"图标将被添加到"特征管理器设计树"中。在"配置管理器"中生成两个默认配置，即一个父配置（默认<按加工>）和一个派生配置（默认<按焊接>）。

1. 结构构件的属性设置

单击"焊件"工具栏中的"结构构件"按钮🔲，或者选择"插入"|"焊件"|"结构构件"菜单命令，在"属性管理器"中弹出"结构构件"属性管理器，如图 10-1 所示。

（1）"选择"选项组

- "标准"：选择先前所定义的 iso、ansi inch 或者自定义标准。
- "类型"：选择轮廓类型。
- "大小"：选择轮廓大小。
- "路径线段"：可以在图形区域中选择一组草图实体。

（2）"设置"选项组

- 📐 "旋转角度"：可以相对于相邻的结构构件按照固定度数进行旋转。
- "找出轮廓"：更改相邻结构构件之间的穿透点（默认穿透点为草图原点）。

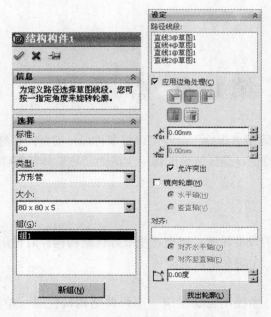

图 10-1 "结构构件"属性管理器

2. 生成结构构件的方法

1）绘制草图，如图 10-2 所示。

2）单击"焊件"工具栏中的"结构构件"按钮⬚，或者选择"插入"|"焊件"|"结构构件"菜单命令，在"属性管理器"中弹出"结构构件"属性管理器。在"选择"选项组中，设置"标准"、"类型"和"大小"参数，单击"路径线段"选择框，在图形区域中选择一组草图实体，如图 10-3 所示，单击✔"确定"按钮，消除路径线段的选择并生成额外的结构构件。

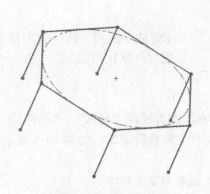

图 10-2 绘制草图

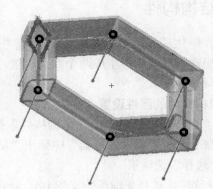

图 10-3 选择草图实体

3）重复步骤 2）的操作，生成另一组结构构件。

4）如果有必要，可以设置不同的"标准"、"类型"和"大小"参数，在图形区域中显示出预览，如图 10-4 所示，单击"确定"按钮✔，消除路径线段的选择并生成额外的结构构件，如图 10-5 所示。

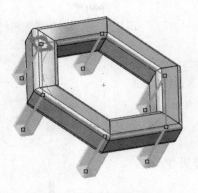
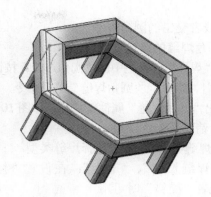

图 10-4　结构构件的预览　　　　　图 10-5　生成结构构件

10.3　子焊件

子焊件将复杂模型分为管理更容易的实体。子焊件包括列举在"特征管理器设计树"的
🗃 "切割清单"中的任何实体，包括结构构件、顶端盖、角撑板、圆角焊缝以及使用"剪裁
/延伸"命令所剪裁的结构构件。

1）在焊件模型的"特征管理器设计树"中，展开🗃 "切割清单"。

2）选择要包含在子焊件中的实体，可以使用键盘上的"Shift"键或者"Ctrl"键进行批
量选择，所选实体在图形区域中呈高亮显示。

3）用鼠标右键单击选择的实体，在弹出的菜单中选择"生成子焊件"命令，如图 10-6
所示，包含所选实体的 📁 "子焊件"文件夹出现在🗃 "切割清单"中。

4）用鼠标右键单击📁 "子焊件"文件夹，在弹出的菜单中选择"插入到新零件"命令，
如图 10-7 所示。子焊件模型在新的 SolidWorks 窗口中打开，并弹出"另存为"对话框。

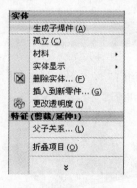
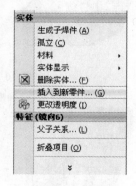

图 10-6　快捷菜单　　　　　　　图 10-7　快捷菜单

5）设置"文件名"，单击"保存"按钮，在焊件模型中所做的更改扩展到子焊件模型中。

10.4　圆角焊缝

用户可以在任何交叉的焊件实体（如结构构件、平板焊件或者角撑板等）之间添加全

长、间歇或者交错的圆角焊缝。

1．圆角焊缝的属性设置

单击"焊件"工具栏中的"圆角焊缝"按钮，或者选择"插入"|"焊件"|"圆角焊缝"菜单命令，在"属性管理器"中弹出"圆角焊缝"属性管理器，如图 10-8 所示。

（1）"箭头边"选项组

● "焊缝类型"：可以选择焊缝类型。

● "焊缝长度"、"节距"：在设置"焊缝类型"为"间歇"或者"交错"时可用。

（2）"另一边"选项组

其属性设置不再赘述。

2．生成圆角焊缝的方法

1）单击"焊件"工具栏中的"圆角焊缝"按钮，或者单击"插入"|"焊件"|"圆角焊缝"菜单命令，在"属性管理器"中弹出"圆角焊缝"属性管理器。

2）在"箭头边"选项组中，选择"焊缝类型"，设置"焊缝大小"数值，单击"面组 1"选择框，在图形区域中选择一个面组，如图 10-9 所示；单击"面组 2"选择框，在图形区域中选择一个交叉面组，如图 10-10 所示。

图 10-8 "圆角焊缝"的属性设置

图 10-9 选择"面组 1"

a）角撑板面　b）结构构件面

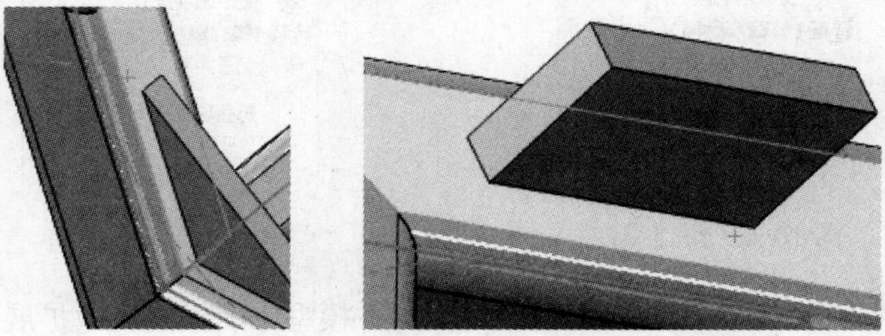

图 10-10 选择"面组 2"

a）结构构件面　b）平板焊件面

3）在图形区域中沿交叉实体之间的边线显示圆角焊缝的预览。

4）在"另一边"选项组中，选择"焊缝类型"，设置 "焊缝大小"的数值，单击 "面组 1"选择框，在图形区域中选择一个面组，如图 10-11 所示；单击 "面组 2"选择框，在图形区域中选择一个交叉面组（为"箭头边）选项组中 "面组 2"所选择的同一个面组），如图 10-12 所示。

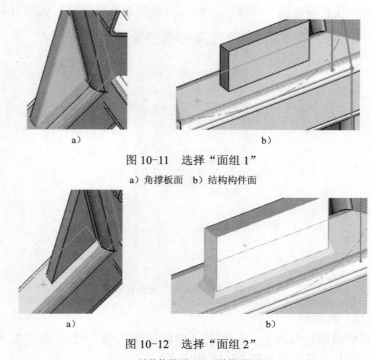

a)   b)

图 10-11　选择"面组 1"

a）角撑板面　b）结构构件面

a)   b)

图 10-12　选择"面组 2"

a）结构构件面　b）平板焊件面

5）在图形区域中沿交叉实体之间的边线显示圆角焊缝的预览，单击"确定"按钮 ，如图 10-13 所示。

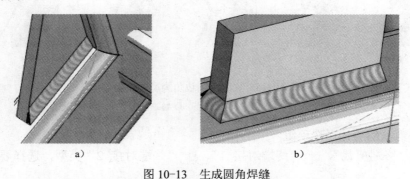

a)   b)

图 10-13　生成圆角焊缝

a）结构构件和角撑板之间的圆角焊缝　b）结构构件和平板焊件之间的圆角焊缝

10.5　剪裁/延伸

用户可用结构构件和其他实体剪裁结构构件，使其在焊件零件中正确对接也可利用"剪裁/延伸"命令剪裁或延伸两个在角落处汇合的结构构件、一个或多个相对于另一实体的结构构件等。

1. 剪裁/延伸的属性设置

单击"焊件"工具栏中的"剪裁/延伸"按钮<img_1 />，或者选择"插入"|"焊件"|"剪裁/延伸"菜单命令，在"属性管理器"中弹出"剪裁/延伸"属性管理器，如图 10-14 所示。

图 10-14 "剪裁/延伸"属性管理器

（1）"边角类型"选项组

用户可以设置剪裁的边角类型，包括<img>"终端剪裁"、<img>"终端斜接"、<img>"终端对接1"和<img>"终端对接 2"，其效果如图 10-15 所示。

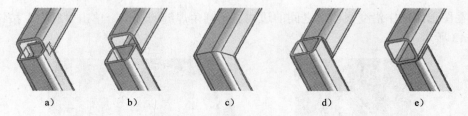

图 10-15 设置不同边角类型的效果

a）未剪裁　b）终端剪裁　c）终端斜接　d）终端对接 1　e）终端对接 2

（2）"要剪裁的实体"选项组

对于<img>"终端剪裁"、<img>"终端对接 1"、<img>"终端对接 2"类型，选择要剪裁的一个实体。

对于<img>"终端剪裁"类型，选择要剪裁的一个或者多个实体。

（3）"剪裁边界"选项组

当单击"终端剪裁"按钮<img>时，"剪裁边界"选项组如图 10-16 所示，选择剪裁所相对的一个或者多个相邻面。

● "平面"：使用平面作为剪裁边界。

- "实体": 使用实体作为剪裁边界。
- "预览": 在图形区域中预览剪裁。
- "延伸": 选择此选项，则允许结构构件进行延伸或者剪裁；取消选择此选项，则只可以进行剪裁。

2. 剪裁/延伸结构构件的方法

1）单击"焊件"工具栏中的"剪裁/延伸"按钮，或者选择"插入"|"焊件"|"剪裁/延伸"菜单命令，在"属性管理器"中弹出"剪裁/延伸"属性管理器。

2）在"边角类型"选项组中，单击"终端剪裁"按钮；在"要剪裁的实体"选项组中，单击"实体"选择框，在图形区域中选择要剪裁的实体，如图 10-17 所示；在"剪裁边界"选项组中，单击"面/实体"选择框，在图形区域中选择作为剪裁边界的实体，如图 10-18 所示。在图形区域中显示出剪裁的预览，如图 10-19 所示，单击"确定"按钮。

图 10-16　选择要剪裁的实体

图 10-17　选择实体

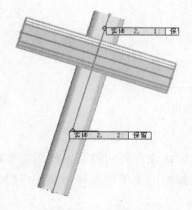

图 10-18　剪裁预览

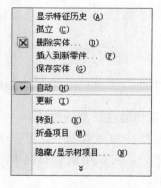

图 10-19　快捷菜单

10.6　焊件工程图

焊件工程图包括整个焊件零件的视图、焊件零件单个实体的视图（即相对视图）、焊件切割清单、零件序号、自动零件序号、剖面视图的备选剖面线等。

所有配置在生成零件序号时均参考同一切割清单。即使零件序号是在另一视图中生成的，也会与切割清单保持关联。附加到整个焊件工程图视图中的实体的零件序号，以及附加到只显示实体的工程图视图中，同一实体的零件序号具有相同的项目号。

如果将自动零件序号插入到焊件的工程图中，而该工程图不包含切割清单，则会提示是否生成切割清单。如果删除切割清单，所有与该切割清单相关的零件序号的项目号都会变为 1。

10.7　生成切割清单

当第一个焊件特征被插入到零件中时，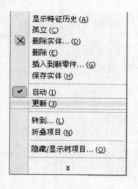"实体"文件夹会重新命名为"切割清单"，以表示要包括在切割清单中的项目。图标表示切割清单需要更新，图标表示切割清单已更新。

10.7.1　生成切割清单的方法

1. 更新切割清单

在焊件零件的"特征管理器设计树"中，用鼠标右键单击"切割清单"图标，在弹出的菜单中选择"更新"命令，如图 10-20 所示，"切割清单"图标变为。相同项目在"切割清单"项目子文件夹中列组。

图 10-20　快捷菜单

2. 将特征排除在切割清单外

焊缝不包括在切割清单中，可以选择其他也可排除在外的特征。如果需要将特征排除在切割清单之外，可以用鼠标右键单击特征，在弹出的菜单中选择"制作焊缝"命令，如图 10-21 所示。

3. 将切割清单插入到工程图中

1）在工程图中，单击"表格"工具栏中的"焊件切割清单"按钮，或者单击"插入）|"表格"|"焊件切割清单"菜单命令，在"属性管理器"中弹出"焊件切割清单"属性管理器，如图 10-22 所示。

2）选择一个工程视图，设置"焊件切割清单"属性，单击"确定"按钮。

如果在属性设置中取消选择"附加到定位点"选项，在图形区域中单击放置切割清单。

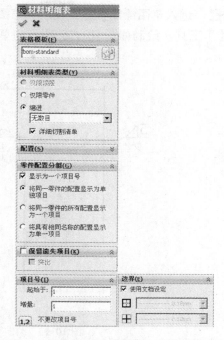

图 10-21　快捷菜单　　　　　　　图 10-22　"焊件切割清单"属性管理器

10.7.2　自定义属性

焊件切割清单包括项目号、数量以及切割清单自定义属性。在焊件零件中，属性包含在使用库特征零件轮廓从结构构件所生成的切割清单项目中，包括"说明"、"长度"、"角度 1"和"角度 2"等，可以将这些属性添加到切割清单项目中。

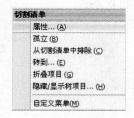

1）在零件文件中，用鼠标右键单击切割清单项目图标，在弹出的菜单中选择"属性"命令，如图 10-23 所示。

2）在"<切割清单项目> 自定义属性"对话框中，设置"属性名称"、"类型"和"数值/文字表达"等参数。

3）根据需要重复前面的步骤，单击"确定"按钮完成操作。

图 10-23　快捷菜单

10.8　范例

本例通过一个铁架的建模过程进一步熟悉焊件的相关功能，最终效果如图 10-24 所示。

10.8.1　生成主体部分

1）单击"特征管理器设计树"中的"前视基准面"图标，使前视基准面成为草图绘制平面。单击"标准视图"工具栏中的"正视于"按钮 ↥，并单击"草图"工具栏中的"草图绘

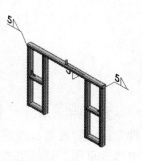

图 10-24　焊件模型

243

制"按钮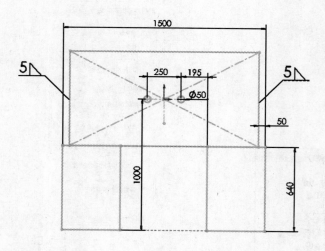，进入草图绘制状态。使用"草图"工具栏中的 "直线"、 "圆弧"和 "智能尺寸"工具，绘制如图 10-25 所示的草图。单击"退出草图"按钮 ，退出草图绘制状态。

图 10-25　绘制草图并标注尺寸

2）单击"特征管理器设计树"中的"前视基准面"图标，使前视基准面成为草图绘制平面。单击"标准视图"工具栏中的"正视于"按钮 ，并单击"草图"工具栏中的"草图绘制"按钮 ，进入草图绘制状态。使用"草图"工具栏中的 "直线"和 "智能尺寸"工具，绘制如图 10-26 所示的草图。单击"退出草图"按钮 ，退出草图绘制状态。

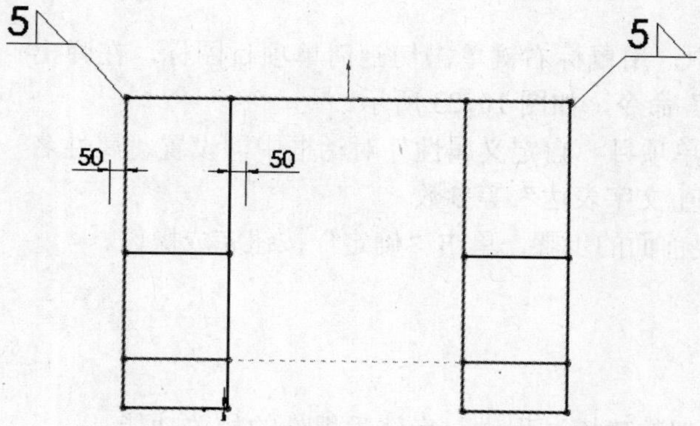

图 10-26　绘制草图并标注尺寸

3）单击"焊件"工具栏中的"结构构件"按钮 ，在"属性管理器"中弹出"结构构件"属性管理器，设置"标准"、"类型"和"大小"参数。单击"组"选择框，在图形区域中选择草图。系统生成一个垂直于所选路径的平面，并在该平面上应用前面选择的轮廓类型绘制草图，单击"确定"按钮 ，生成独立实体的结构构件，如图 10-27 所示。

244

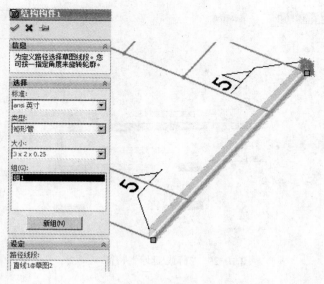

图 10-27　生成结构件

4）单击"焊件"工具栏中的"结构构件"按钮 ，在"属性管理器"中弹出"结构构件"属性管理器，设置"标准"、"类型"和"大小"参数。单击"组"选择框，在图形区域中选择草图。系统生成一个垂直于所选路径的平面，并在该平面上应用前面选择的轮廓类型绘制草图，单击"确定"按钮 ✅，生成独立实体的结构构件，如图 10-28 所示。

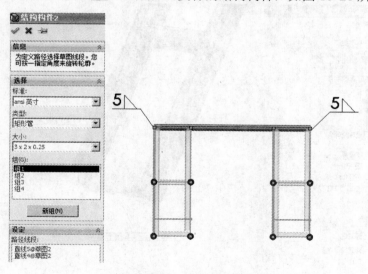

图 10-28　生成结构件

5）单击"焊件"工具栏中的"剪裁/延伸"按钮，在"属性管理器"中弹出"剪裁/延伸"属性管理器。在"边角处理"选项组中单击"终端剪裁"按钮；在"要剪裁的实体"选项组中单击"实体"选择框，在图形区域中选择"结构构件 2"的 4 个实体；在"剪裁边界"选项组中单击"面/实体"选择框，在图形区域中选择"结构构件 1"的下平面，如图 10-29 所示，单击"确定"按钮 ✅，生成剪裁特征。

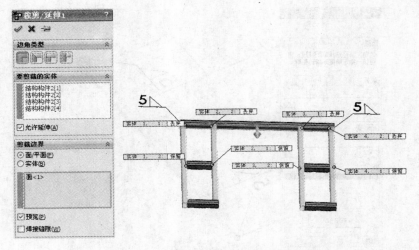

图 10-29 "剪裁/延伸"特征

6）单击"焊件"工具栏中的"剪裁/延伸"按钮 🔲，在"属性管理器"中弹出"剪裁/延伸"属性管理器。在"边角处理"选项组中单击"终端剪裁"按钮 🔲；在"要剪裁的实体"选项组中单击"实体"选择框，在图形区域中选择"结构构件 2[7]"；在"剪裁边界"选项组中单击"面/实体"选择框，在图形区域中选择相邻实体的表面，如图 10-30 所示，单击"确定"按钮 ✅，生成剪裁特征。

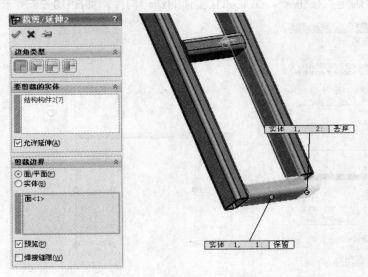

图 10-30 "剪裁/延伸"特征

7）单击"焊件"工具栏中的"剪裁/延伸"按钮 🔲，在"属性管理器"中弹出"剪裁/延伸"属性管理器。在"边角处理"选项组中单击"终端剪裁"按钮 🔲；在"要剪裁的实体"选项组中单击"实体"选择框，在图形区域中选择需要裁减的实体"裁减/延伸 1[2]"；在"剪裁边界"选项组中单击"面/实体"选择框，在图形区域中选择相邻实体的下表面，如图 10-31 所示，单击"确定"按钮 ✅，生成剪裁特征。

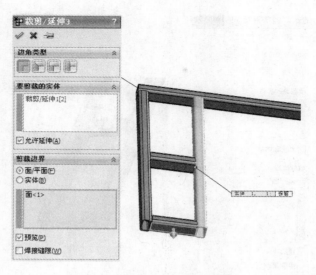

图 10-31 "剪裁/延伸"特征

8）单击"焊件"工具栏中的"剪裁/延伸"按钮![icon]，在"属性管理器"中弹出"剪裁/延伸"属性管理器。在"边角处理"选项组中单击"终端剪裁"按钮![icon]；在"要剪裁的实体"选项组中单击"实体"选择框，在图形区域中选择需要裁减的实体"裁减/延伸 1[4]"；在"剪裁边界"选项组中单击"面/实体"选择框，在图形区域中选择相邻实体的下表面，如图 10-32 所示，单击"确定"按钮![icon]，生成剪裁特征。

图 10-32 "剪裁/延伸"特征

9）单击"焊件"工具栏中的"剪裁/延伸"按钮![icon]，在"属性管理器"中弹出"剪裁/延伸"属性管理器。在"边角处理"选项组中单击"终端剪裁"按钮![icon]；在"要剪裁的实体"选项组中单击"实体"选择框，在图形区域中选择"结构构件 2[8]"；在"剪裁边界"选项组中单击"面/实体"选择框，在图形区域中选择相邻实体的表面，如图 10-33 所示，单击"确定"按钮![icon]，生成剪裁特征。

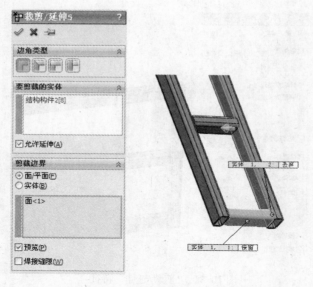

图 10-33　生成"剪裁/延伸"特征

10.8.2　生成辅助部分

1）单击"焊件"工具栏中的"顶端盖"按钮 ⬚，在"属性管理器"中弹出"顶端盖"属性管理器。在"参数"选项组中单击 ⬚ "面"选择框，在图形区域中选择结构件的两个端面，设置 ⬚ "厚度"为"5.00mm"；在"等距"选项组中，选择"使用厚度比率"选项，设置 ⬚ "厚度比率"为"0.5"，如图 10-34 所示，单击"确定"按钮 ✓，生成顶端盖特征。

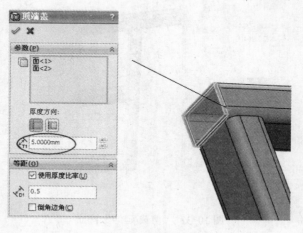

图 10-34　顶端盖特征

2）单击"特征"工具栏中的"圆角"按钮 ⬚，在"属性管理器"中弹出"圆角"属性管理器。在"圆角项目"选项组中，设置 ⬚ "半径"为"10.00mm"，单击 ⬚ "边线、面、特征和环"选择框，在图形区域中选择模型的边线，单击"确定"按钮 ✓，生成圆角特征，如图 10-35 所示。

3）单击"特征"工具栏中的"圆角"按钮 ◯，在"属性管理器"中弹出"圆角"属性管理器。在"圆角项目"选项组中，设置 ◢ "半径"为"10.00mm"，单击 ◻ "边线、面、特征和环"选择框，在图形区域中选择模型的 4 条边线，单击"确定"按钮 ✅，生成圆角特征，如图 10-36 所示。

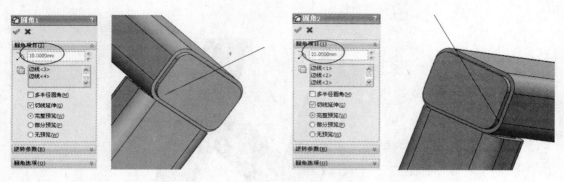

图 10-35　生成圆角特征　　　　　　　　图 10-36　生成圆角特征

4）单击"焊件"工具栏中的"角撑板"按钮 ◻，在"属性管理器"中弹出"角撑板"属性管理器。在"支撑面"选项组中单击 ◣ "选择面"选择框，选择相应的面；在"轮廓"选项组中单击"三角形轮廓" ◤ 按钮，设置其参数；在"参数"选项组中，在"位置"中单击 ↔ "轮廓定位于中点"按钮，如图 10-37 所示，单击"确定"按钮 ✅，生成角撑板。

5）单击"焊件"工具栏中的"角撑板"按钮 ◻，在"属性管理器"中弹出"角撑板"属性管理器。在"支撑面"选项组中单击 ◣ "选择面"选择框，选择相应的面；在"轮廓"选项组中单击"三角形轮廓"按钮 ◤，设置其参数；在"参数"选项组中，在"位置"中单击"轮廓定位于中点"按钮 ↔，如图 10-38 所示，单击"确定"按钮 ✅，生成角撑板。

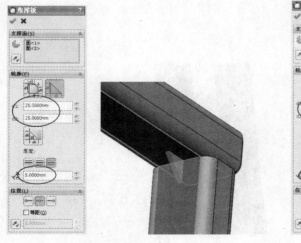

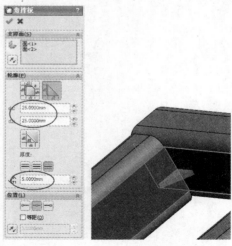

图 10-37　生成角撑板　　　　　　　　　图 10-38　生成角撑板

6）单击"焊件"工具栏中的"角撑板"按钮 ◻，在"属性管理器"中弹出"角撑板"属性管理器。在"支撑面"选项组中单击 ◣ "选择面"选择框，选择相应的面；在"轮廓"

选项组中单击"三角形轮廓"按钮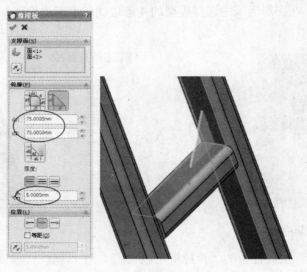，设置其参数；在"参数"选项组中，在"位置"中单击"轮廓定位于中点"按钮，如图10-39所示，单击"确定"按钮，生成角撑板。

图10-39　生成角撑板

7）单击"焊件"工具栏中的"角撑板"按钮，在"属性管理器"中弹出"角撑板"属性管理器。在"支撑面"选项组中单击"选择面"选择框，选择相应的面；在"轮廓"选项组中单击"三角形轮廓"按钮，设置其参数；在"参数"选项组中，在"位置"中单击"轮廓定位于中点"按钮，如图10-40所示，单击"确定"按钮，生成角撑板。

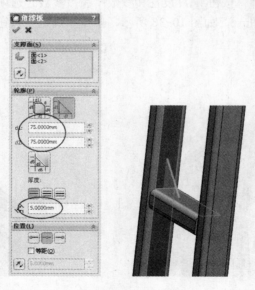

图10-40　生成角撑板

8）单击实体特征上表面，使其成为草图绘制平面。单击"标准视图"工具栏中的"正视于"按钮，并单击"草图"工具栏中的"草图绘制"按钮，进入草图绘制状态。使用"草图"工具栏中的 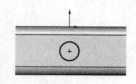 "圆弧"工具，绘制如图 10-41 所示的草图。单击 "退出草图"按钮，退出草图绘制状态。

9）单击"特征"工具栏中的"拉伸凸台/基体"按钮 ，在"属性管理器"中弹出"凸台-拉伸 1"属性设置。在"方向 1"选项组中，设置 "终止条件"为"给定深度"， "深度"为"60.00mm"，单击"确定"按钮 ，生成拉伸特征，如图 10-42 所示。

图 10-41 绘制草图并标注尺寸

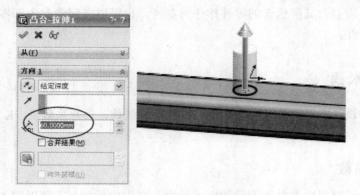

图 10-42 拉伸特征

10）单击"焊件"工具栏中的"圆角焊缝"按钮 ，在"属性管理器"中弹出"圆角焊缝"属性管理器。在"箭头边"选项组中，设置"焊缝类型"为"全长"，"焊缝大小"为"3.00mm"，选择"切线延伸"选项。单击"第一组面"选择框，在图形区域中选择凸台拉伸 1 特征的外轮廓面；单击"第二组面"选择框，在图形区域中实体横梁与凸台接触的上表面，如图 10-43 所示，单击"确定"按钮 ，生成圆角焊缝特征。

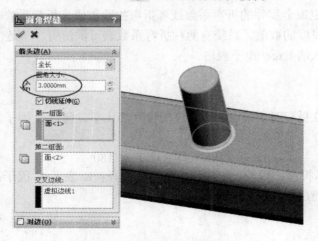

图 10-43 "圆角焊缝"特征

第11章 钣金设计

钣金零件通常用做零部件的外壳，或者用于支撑其他零部件。SolidWorks 可以独立设计钣金零件，而不需要对其所包含的零件作任何参考，也可以在包含此内部零部件的关联装配体中设计钣金零件。

11.1 基本术语

在钣金零件设计中经常涉及一些术语，包括折弯系数、折弯系数表、K 因子和折弯扣除等。

11.1.1 折弯系数

折弯系数是沿材料中性轴所测量的圆弧长度。在生成折弯时，可以键入数值给任何一个钣金折弯以指定明确的折弯系数。以下方程式用来决定使用折弯系数数值时的总平展长度。

$$L_t = A + B + BA$$

式中，L_t 表示总平展长度；A 和 B 的含义如图 11-1 所示；BA 表示折弯系数值。

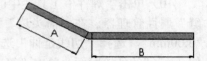

11.1.2 折弯系数表

图 11-1 折弯系数中 A 和 B 的含义

折弯系数表指定钣金零件的折弯系数或者折弯扣除数值。折弯系数表还包括折弯半径、折弯角度以及零件厚度的数值。系统有两种折弯系数表可供使用，一是带有*.BTL 扩展名的文本文件，二是嵌入的 Excel 电子表格。

11.1.3 K 因子

K 因子代表中立板相对于钣金零件厚度的位置的比率。包含 K 因子的折弯系数使用以下计算公式。

$$BA = \prod (R+KT)A/180$$

式中，BA 表示折弯系数值；R 表示内侧折弯半径；K 表示 K 因子；T 表示材料厚度；A 表示折弯角度（经过折弯材料的角度）。

11.1.4 折弯扣除

折弯扣除，通常是指回退量，也是一种简单算法来描述钣金折弯的过程。在生成折弯时，可以通过输入数值以给任何钣金折弯指定明确的折弯扣除。

下面的方程用来决定使用折弯扣除数值时的总平展长度。

$$L_t = A + B - BD$$

式中，L_t 表示总平展长度；A 和 B 的含义如图 11-2 所示；BD 表示折弯扣除值。

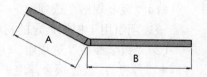

图 11-2 折弯扣除中 A 和 B 的含义

11.2 零件设计特征

系统有两种基本方法可以生成钣金零件，一是利用钣金命令直接生成，二是将现有零件进行转换。

11.2.1 生成钣金零件

首先使用特定的钣金命令生成钣金零件。

1. 基体法兰

基体法兰是钣金零件的第一个特征。当基体法兰被添加到 SolidWorks 零件后，系统会将该零件标记为钣金零件，在适当位置生成折弯，并且在"特征管理器设计树"中显示特定的钣金特征。

单击"钣金"工具栏中的"基体法兰/薄片"按钮🗐，或者单击"插入"|"钣金"|"基体法兰"菜单命令，在"属性管理器"中弹出"基体法兰"属性管理器，如图 11-3 所示。

图 11-3 "基体法兰"属性管理器

（1）"钣金规格"选项组

该选项组用于根据指定的材料，选择"使用规格表"选项定义钣金的电子表格及数值。

（2）"钣金参数"选项组

● "厚度"：设置钣金厚度。

● "反向"：以相反方向加厚草图。

（3）"折弯系数"选项组

● 选择"K因子"选项，其参数如图11-4所示。

● 选择"折弯系数"选项，其参数如图11-5所示。

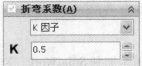

图11-4　选择"K因子"选项　　　　　图11-5　选择"折弯系数"选项

● 选择"折弯扣除"选项，其参数如图11-6所示。

● 选择"折弯系数表"选项，其参数如图11-7所示。

（4）"自动切释放槽"选项组

在"自动释放槽类型"中可以进行选择，如图11-8所示。

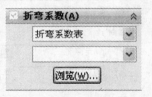

图11-6　选择"折弯扣除"选项　图11-7　选择"折弯系数表"选项　图11-8　"自动释放槽类型"选项

【案例11-1】　在已经存在的草图基础上，通过给定钣金壁厚度和深度值，将草图延伸至指定的深度，生成基体法兰特征。

	实例素材	实例素材\11\11-1-1 草图.SLDPRT
	最终效果	最终效果\11\11-1-1 基体法兰.SLDPRT

具体操作步骤如下：

1）打开"11-1-1 草图.SLDPRT"零件图，移动鼠标指针到绘图区域选择"草图 1"的轮廓，或者在"特征管理树"中选中"草图 1"，此时被选中的"草图 1"轮廓呈高亮显示，如图11-9所示。

2）单击"钣金"工具栏中的 "基体法兰"按钮，或单击"插入"|"钣金"| "基体法兰"菜单命令，系统弹出"基体法兰"属性管理器。

3）定义钣金参数属性，如图11-10所示。在"方向 1"选项组下，在 旁的"终止条件"下拉列表框中选择"给定深度"， "深度"文本框中输入"10mm"。在"钣金参数"选项组下， "厚度"文本框中输入"0.5mm"， "折弯半径"文本框中输入"1mm"。在"折弯系数"选项组下，下拉列表框中选择"K 因子"，

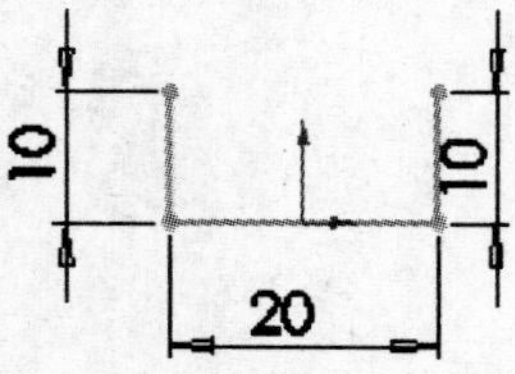

图11-9　打开草图

K "K-因子"文本框中输入"0.5"。在"自动切释放槽"选项组下，在其下拉列表框中选择"矩形"，选中"使用释放槽比例"复选框，在"比例"文本框中输入"0.5"。

4）单击"确定"按钮 ✓，完成基体法兰特征的创建，如图 11-11 所示。

图 11-10 "基体法兰"属性管理器

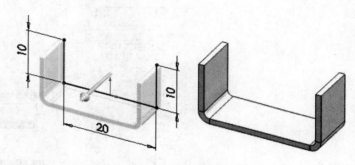

图 11-11 创建基体法兰特征

2. 边线法兰

在一条或者多条边线上可以添加边线法兰。单击"钣金"工具栏中的"边线法兰"按钮 🖳，或者单击"插入" | "钣金" | "边线法兰"菜单命令，在"属性管理器"中弹出"边线-法兰"属性管理器，如图 11-12 所示。

（1）"法兰参数"选项组

● 🖳 "选择边线"：在图形区域中选择边线。

● "编辑法兰轮廓"：编辑轮廓草图。

● "使用默认半径"：可以使用系统默认的半径。

● ╲ "折弯半径"：在取消选择"使用默认半径"选项时可用。

● ╳ "缝隙距离"：设置缝隙数值。

（2）"角度"选项组

● ◻ "法兰角度"：设置角度数值。

● ◻ "选择面"：为法兰角度选择参考面。

（3）"法兰长度"选项组

● "长度终止条件"：选择终止条件。

● ↗ "反向"：改变法兰边线的方向。

● ╳ "长度"：设置长度数值，然后为测量选择一个原点，包括 ▨ "外部虚拟交点"和

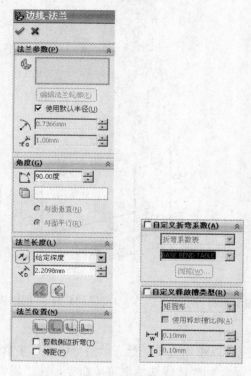 "内部虚拟交点"。

（4）"法兰位置"选项组

● "法兰位置"：可以单击以下按钮之一，包括 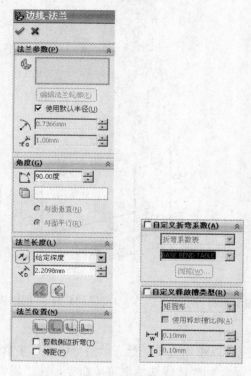 "材料在内"、 "材料在外"、 "折弯在外"和 "虚拟交点的折弯"。

● "剪裁侧边折弯"：移除邻近折弯的多余部分。

● "等距"：选择此选项，可以生成等距法兰。

图 11-12   "边线-法兰"的属性设置

（5）"自定义折弯系数"选项组

选择"折弯系数类型"并为折弯系数设置数值。

（6）"自定义释放槽类型"选项组

选择"释放槽类型"以添加释放槽切除。

【案例 11-2】   在已存在的钣金壁的边缘上创建出简单的折弯和弯边区域，厚度与原钣金厚度相同。

	实例素材	实例素材\11\11-1-2 草图.SLDPRT
	最终效果	最例素材\11\11-1-2 草图.SLDPRT

具体操作步骤如下：

1）打开"11-1-2 草图.SLDPRT"零件图，出现一个基体法兰，如图 11-13 所示。

2）单击"钣金"工具栏中的"边线法兰"按钮，或单击"插入"|"钣金"| "边线法兰"菜单命令，系统弹出"边线-法兰"属性管理器。

3）选取模型边缘为边线法兰的附着边，如图 11-14 中高亮边线所示。

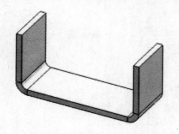
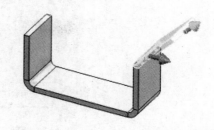

图 11-13 打开草图   图 11-14 选取边线法兰附着边

4）定义法兰参数属性，如图 11-15 所示。在"角度"选项组下，⬜ "法兰角度"文本框中输入"45.00 度"。在"法兰长度"选项组下， "长度终止条件"下拉列表框中选择"给定深度"， "长度"文本框中输入"10.00mm"，单击 "外部虚拟交点"按钮。在"法兰位置"选项组下，单击 "材料在外"按钮，取消选中"剪裁侧边折弯"和"等距"复选框。

5）单击"确定"按钮✔，完成边线法兰特征的创建，如图 11-16 所示。

图 11-15 "边线-法兰"属性管理器

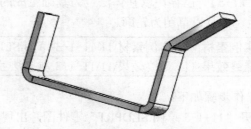

图 11-16 创建边线法兰

3. 斜接法兰

单击"钣金"工具栏中的"斜接法兰"按钮，或者单击"插入"|"钣金"|"斜接法兰"菜单命令，在"属性管理器"中弹出"斜接法兰"属性管理器，如图 11-17 所示。

图 11-17　斜接法兰

（1）"斜接参数"选项组

"沿边线"：选择要斜接的边线。

其他参数不再赘述。

（2）"启始/结束处等距"选项组

如果需要令斜接法兰跨越模型的整个边线，则需将"开始等距距离"和"结束等距距离"设置为 0。

【案例 11-3】　已存在以基体法兰为基础生成的草图，然后在基体法兰的一条边线上创建斜接法兰，并且以草图为轮廓。

	实例素材	实例素材\11\11-1-3 草图.SLDPRT
	最终效果	最终效果\11\11-1-3 斜接法兰.SLDPRT

具体操作步骤如下：

1）打开"11-1-3 草图.SLDPRT"零件图，出现基体法兰和草图，如图 11-18 所示。

2）单击"钣金"工具栏中的 "斜接法兰"按钮，或单击"插入"|"钣金"| "斜接法兰"菜单命令，系统弹出"斜接法兰"属性管理器。

3）选取模型边缘上的圆弧草图为斜接法兰的轮廓，系统默认选中法兰边线，如图 11-19 所示。

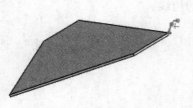

图 11-18　打开草图

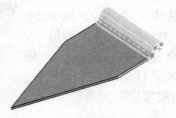

图 11-19　定义斜接法兰轮廓

4）定义法兰参数属性，如图 11-20 所示。在"斜接参数"选项组下，"折弯半径"文本框中输入"0.2mm"，"法兰位置"选项组中单击 "材料在内"，选中"剪裁侧边折弯"复选框。在"启始/结束处等距"选项组下， "开始等距距离"文本框中输入"2mm"， "结束等距距离"文本框中输入"1mm"。在"自定义折弯系数"选项组下，下拉列表框中选择"K 因子"， "K-因子"文本框中输入"0.5"。在"自定义释放槽类型"选项组下，下拉列表框中选择"矩形"，选中"使用释放槽比例"复选框，在"比例"文本框中输入"0.5"。

5）单击 "确定"按钮，完成斜接法兰特征的创建，如图 11-21 所示。

图 11-20　设置"斜接法兰"属性管理器

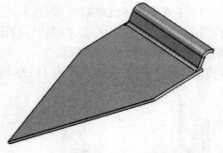

图 11-21　创建斜接法兰

4. 褶边

褶边可以被添加到钣金零件的所选边线上。

单击"钣金"工具栏中的 "褶边"按钮，或者单击"插入"|"钣金"|"褶边"菜单命令，在"属性管理器"中弹出"褶边"属性管理器，如图 11-22 所示。

（1）"边线"选项组

图 11-22　"褶边"的属性设置

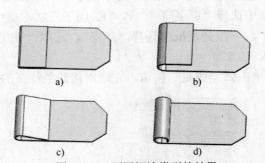

图 11-23　不同褶边类型的效果
a) 闭环　b) 开环　c) 撕裂形　d) 滚轧

"边线"：在图形区域中选择需要添加褶边的边线。

（2）"类型和大小"选项组

选择褶边类型，包括 "闭环"、 "开环"、 "撕裂形"和 "滚轧"，选择不同类型的效果如图 11-23 所示。

【案例 11-4】　在钣金模型的边线上添加卷曲，其厚度与基体法兰相同。

实例素材	实例素材\11\11-1-4 草图.SLDPRT	
最终效果	最终效果\11\11-1-4 褶边.SLDPRT	

具体操作步骤如下：

1）打开"11-1-4 草图.SLDPRT"零件图，出现基体法兰，如图 11-24 所示。

2）单击"钣金"工具栏中的 "褶边"按钮，或执行"插入"|"钣金"| "褶边"菜单命令，系统弹出"褶边"属性管理器。

3）选取模型边线为褶边边线，如图 11-25 所示。

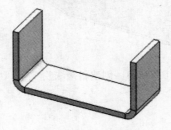

图 11-24　打开草图

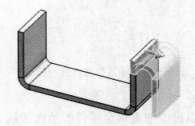

图 11-25　定义褶边边线

4）定义褶边参数属性，如图 11-26 所示。在"边线"选项组下，单击 "材料在内"选项。在"类型和大小"选项组下，单击 "打开"按钮，在 "长度"文本框中输入

"10.00mm"，在 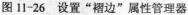 "缝隙距离"文本框中输入"3.00mm"。在"自定义折弯系数"选项组下，下拉列表框中选择"K因子"，**K** "K-因子"文本框中输入"0.5"。

（5）单击 ✓ "确定"按钮，完成褶边特征的创建，如图 11-27 所示。

图 11-26　设置"褶边"属性管理器

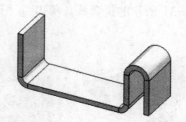

图 11-27　创建褶边特征

5．绘制的折弯

绘制的折弯在钣金零件处于折叠状态时将折弯线添加到零件，使折弯线的尺寸标注到其他折叠的几何体上。

单击"钣金"工具栏中的 🔩 "绘制的折弯"按钮，或者选择"插入"|"钣金"|"绘制的折弯"菜单命令，在"属性管理器"中弹出"绘制的折弯"属性管理器，如图 11-28 所示。

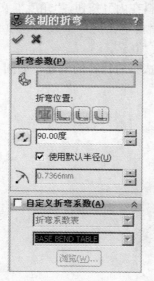

图 11-28　"绘制的折弯"属性管理器

1）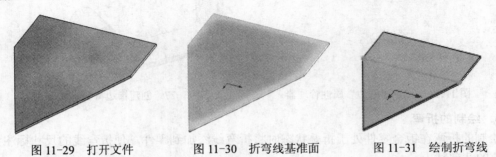"固定面"：在图形区域中选择一个不因为特征而移动的面。

2）"折弯位置"：包括![]"折弯中心线"、![]"材料在内"、![]"材料在外"和![]"折弯在外"。

【案例 11-5】 将钣金的平面区域以折弯线为基准弯曲给定的角度。

	实例素材	实例素材\11\11-1-5 草图.SLDPRT
	最终效果	最终效果\11\11-1-5 绘制的折弯.SLDPRT

具体操作步骤如下：

1）打开"11-1-5 草图.SLDPRT"零件图，出现基体法兰，如图 11-29 所示。

2）单击"钣金"工具栏中的![]"绘制的折弯"按钮，或执行"插入"|"钣金"|![]"绘制的折弯"菜单命令，系统弹出"绘制草图"对话框。

3）定义特征的折弯线。选取模型表面作为草图基准面，如图 11-30 所示。在草图环境中绘制如图 11-31 所示的折弯线。单击![]"退出草图"按钮，系统弹出"绘制的折弯"属性管理器。

图 11-29 打开文件　　　　　图 11-30 折弯线基准面　　　　　图 11-31 绘制折弯线

4）"绘制的折弯"属性管理器的设置，如图 11-32 所示。在"折弯参数"选项组中，![]"固定面"选择折弯线的右半边平面，在图中黑色点所在位置单击，确定折弯固定面。在"折弯位置"选项组中单击![]"材料在内"按钮，"角度"文本框输入"45 度"，![]"折弯半径"文本框输入"1.00mm"。在"自定义折弯系数"选项组下，下拉列表框中选择"K 因子"，**K**"K-因子"文本框中输入"0.5"。

5）单击![]"确定"按钮，完成折弯特征的创建，如图 11-33 所示。

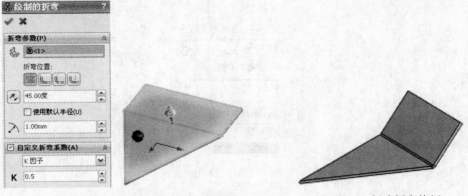

图 11-32 "绘制的折弯"属性管理器及预览效果　　　　　图 11-33 创建折弯特征

6．闭合角

用户可以在钣金法兰之间添加闭合角。

单击"钣金"工具栏中的  "闭合角"按钮，或者选择"插入"|"钣金"|"闭合角"菜单命令，在"属性管理器"中弹出"闭合角"属性管理器，如图 11-34 所示。

图 11-34 "闭合角"属性管理器

-  "要延伸的面"：选择一个或者多个平面。
- "边角类型"：可以选择边角类型，包括 "对接"、 "重叠"和 "欠重叠"。
- "缝隙距离"：设置缝隙数值。
- "重叠/欠重叠比率"：设置比率数值。

【案例 11-6】 将法兰延伸至大于 90°的法兰壁，使开放的区域闭合相关壁，并且在边角处进行剪裁，以达到封闭边角的效果。

◎	**实例素材**	实例素材\11\11-1-6 草图.SLDPRT
	最终效果	最终效果\11\11-1-6 闭合角.SLDPRT

具体操作步骤如下：

1) 打开"11-1-6 草图.SLDPRT"零件图，如图 11-35 所示。

2) 单击"钣金"工具栏中的 "闭合角"按钮，或执行"插入"|"钣金"| "闭合角"菜单命令，系统弹出"闭合角"属性管理器。

3) "要延伸的面"选取模型两个侧平面为延伸面，如图 11-36 所示。

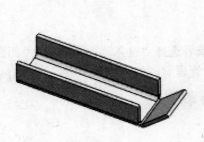
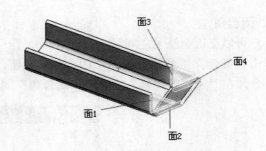

图 11-35　打开草图　　　　　　　　　　　图 11-36　定义延伸面

4）在"要延伸的面"选项组下，"边角类型"选项组中单击  "对接"按钮， "缝隙距离"文本框中输入"0.1mm."，如图 11-37 所示。

5）单击 "确定"按钮，完成闭合角特征的创建，如图 11-38 所示。

7. 转折

转折通过从草图线生成两个折弯而将材料添加到钣金零件上。

单击"钣金"工具栏中的 "转折"按钮。或者选择"插入"|"钣金"|"转折"菜单命令，在"属性管理器"中弹出"转折"属性管理器，如图 11-39 所示。

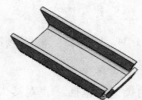

图 11-37　"闭合角"属性管理器　　　　图 11-38　创建闭合角特征　　　　图 11-39　"转折"属性管理器

其属性设置不再赘述。

【案例 11-7】　在平整钣金件上创建一条折弯线，将钣金折成两个成一定角度的折弯区域。

	实例素材	实例素材\11\11-1-7 草图.SLDPRT
	最终效果	最终效果\11\11-1-7 转折.SLDPRT

具体操作步骤如下：

1）打开"11-1-7 草图.SLDPRT"零件图，出现基体法兰，如图 11-40 所示。

2）单击"钣金"工具栏中的 "转折"按钮，或执行"插入"|"钣金"| "转折"菜单命令，系统弹出"绘制草图"对话框。

264

3）定义特征的折弯线。选取模型上表面作为草图基准面，如图 11-41 所示。在草图环境中绘制如图 11-42 所示的折弯线。单击  "退出草图"按钮，系统弹出"折弯"属性管理器。

图 11-40　打开草图

图 11-41　草图基准面

图 11-42　绘制折弯线

4）设置"转折"属性管理器，如图 11-43 所示。在"选择"选项组中， "固定面"选择折弯线的右半边平面，在图中黑色点所在位置单击，确定折弯固定面，"折弯半径"文本框中输入"0.2mm"。在"转折等距"选项组下，旁的"终止条件"下拉列表框中选择"给定深度"，"等距距离"文本框中输入"10mm"，"尺寸位置"选项组中单击"外部等距"按钮。在"转折位置"选项组下，单击"折弯中心线"按钮。在"转折角度"选项组下，"转折角度"文本框中输入"90 度"。

5）单击 ✔ "确定"按钮，完成转折特征的创建，如图 11-44 所示。

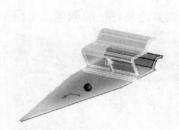

图 11-43　设置"转折"属性管理器及预览的效果

图 11-44　创建转折特征

8. 断开边角

单击"钣金"工具栏中的 "断开边角/边角剪裁"按钮，或者选择"插入"|"钣金"|"断开边角"菜单命令，在"属性管理器"中弹出"断开边角"属性管理器，如图 11-45 所示。

1）"边角边线和/或法兰面"：选择要断开的边角、边线或者法兰面。

2）"折断类型"：可以选择折断类型，包括 "倒角"、 "圆角"，选择不同类型的效果如图 11-46 所示。

图 11-45 "断开边角"属性管理器

a)   b)

图 11-46 不同折断类型的效果

a) 倒角 b) 圆角

3）"距离"：在单击 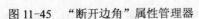 "倒角"按钮时可用来设置倒角的距离。

4）"半径"：在单击 "圆角"按钮时可用来设置圆角的半径。

【案例 11-8】 在平整钣金件上创建断开边角特征。

⊙	实例素材	实例素材\11\11-1-8 草图.SLDPRT
	最终效果	最终效果\11\11-1-8 断开边角.SLDPRT

具体操作步骤如下：

1）打开"11-1-8 草图.SLDPRT"零件图，出现基体法兰，如图 11-47 所示。

2）单击"钣金"工具栏中的 "断开边角"按钮，或执行"插入"|"钣金"| "断裂边角"菜单命令，系统弹出"断开边角"属性管理器。

3）在 "边角边线和/或法兰面"中，在图形区域中选择边线，定义边角边线，如图 11-48 所示。在"折断边角选项"选项组中，"折断类型"中单击 "倒角"按钮， "距离"文本框中输入"5.00mm"。

4）单击 "确定"按钮，完成断开边角特征的创建，如图 11-49 所示。

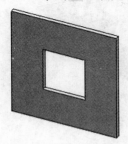  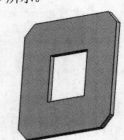

图 11-47 打开草图　　　图 11-48 设置"断开边角"属性管理器　　　图 11-49 创建断裂边角特征

及预览效果

11.2.2 将现有零件转换为钣金零件

1. 使用折弯生成钣金零件

单击"钣金"工具栏中的 "插入折弯"按钮，或者选择"插入"|"钣金"|"折弯"

菜单命令，在"属性管理器"中弹出"折弯"属性管理器，如图 11-50 所示。

（1）"折弯参数"选项组

🖑 "固定的面或边线"：选择模型上的固定面，当零件展开时，该固定面的位置保持不变。

（2）"切口参数"选项组

🖾 "要切口的边线"：选择内部或者外部边线，也可以选择线性草图实体。

2．添加薄壁特征到钣金零件

1）在零件上选择一个草图。

2）选择需要添加薄壁特征的平面上的线性边线，并单击"草图"工具栏中的🖾 "转换实体引用"按钮。

3）移动距折弯最近的顶点至一定距离，留出折弯半径。

4）单击"特征"工具栏中的🖾 "拉伸凸台/基体"按钮，在"属性

图 11-50 【折弯】属性管理器

管理器"中弹出"拉伸"属性管理器。在"方向 1"选项组中，选择"终止条件"为"给定深度"，设置"深度"数值；在"薄壁特征"选项组中，设置"厚度"数值与基体零件相同，单击✔ "确定"按钮。

11.3 特征编辑

11.3.1 折叠

单击"钣金"工具栏中的🖾 "折叠"按钮，或者选择"插入"|"钣金"|"折叠"菜单命令，在"属性管理器"中弹出"折叠"属性管理器，如图 11-51 所示。

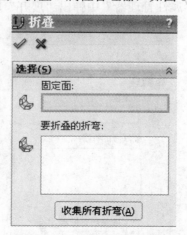

图 11-51 "折叠"属性管理器

- 🖑 "固定面"：在图形区域中选择一个不因为特征而移动的面。
- 🖑 "要折叠的折弯"：选择一个或者多个折弯。

其他属性设置不再赘述。

【案例 11-9】 将展开的钣金零件折叠回到原件，作用与展开相反。

⊚	实例素材	实例素材\11\11-3-1 草图.SLDPRT
	最终效果	最终效果\11\11-3-1 折叠.SLDPRT

具体操作步骤如下：

1）打开"11-3-1 草图.SLDPRT"零件图，如图 11-52 所示。

2）单击"钣金"工具栏中的 🛗 "折叠"按钮，或执行"插入"|"钣金"|🛗 "折叠"菜单命令，系统弹出"折叠"属性管理器。

3）在"选择"选项组下，🛠 "固定面"选择模型的上表面。单击"收集所有折弯"按钮，系统自动选中所有的折弯特征，如图 11-53 所示。

4）单击 ✅ "确定"按钮，完成折叠特征的创建，如图 11-54 所示。

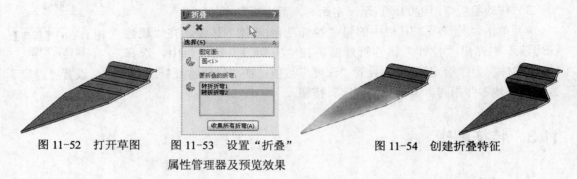

图 11-52 打开草图 图 11-53 设置"折叠" 图 11-54 创建折叠特征
属性管理器及预览效果

11.3.2 展开

在钣金零件中，单击"钣金"工具栏中的 🛗 "展开"按钮，或者选择"插入"|"钣金"|"展开"菜单命令，在"属性管理器"中弹出"展开"属性管理器，如图 11-55 所示。

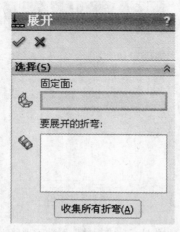

图 11-55 "展开"属性管理器

● 🛠 "固定面"：在图形区域中选择一个不因为特征而移动的面。
● 🛠 "要展开的折弯"：选择一个或者多个折弯。

其他属性设置不再赘述。

【案例 11-10】 将钣金上选定的折弯特征展平，并且以选中的固定面为参考面。

	实例素材	实例素材\11\11-3-2 草图.SLDPRT
	最终效果	最终效果\11\11-3-2 展开.SLDPRT

具体操作步骤如下：

1）打开"11-3-2 草图.SLDPRT"零件图，如图 11-56 所示。

2）单击"钣金"工具栏中的 "展开"按钮，或执行"插入"|"钣金"| "展开"菜单命令，系统弹出"展开"属性管理器。

3）在"选择"选项组下， "固定面"选择模型的上表面。 "展开的折弯"选择模型中的两个折弯特征，可单击"收集所有折弯"按钮，如图 11-57 所示。

图 11-56　打开草图　　　　　　　　图 11-57　设置"展开"属性管理器及预览效果

4）单击 "确定"按钮，完成展开特征的创建，如图 11-58 所示。

11.3.3　放样折弯

在钣金零件中，放样折弯使用由放样连接的两个开环轮廓草图，基体法兰特征不与放样折弯特征一起使用。

单击"钣金"工具栏中的 "放样折弯"按钮，或者选择"插入"|"钣金"|"放样折弯"菜单命令，在"属性管理器"中弹出"放样折弯"属性管理器，如图 11-59 所示。

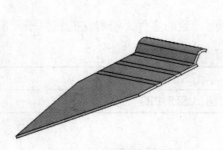

图 11-58　创建展开特征　　　　　　图 11-59　"放样折弯"属性管理器

"折弯线数量"：为控制平板型式折弯线的粗糙度设置数值。

其他属性设置不再赘述。

【案例 11-11】 已经存在两个不封闭的草图，对这两个草图通过放样的形式生成钣金壁。

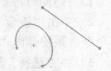	实例素材	实例素材\11\11-3-3 草图.SLDPRT
	最终效果	最终效果\11\11-3-3 放样折弯.SLDPRT

具体操作步骤如下：

1）打开"11-3-3 草图.SLDPRT"零件图，如图 11-60 所示。

2）单击"钣金"工具栏中的 🔧 "放样的折弯"按钮，或执行"插入"|"钣金"| 🔧 "放样的折弯"菜单命令，系统弹出"放样折弯"属性管理器。

图 11-60　打开草图

3）在"轮廓"选项组下，🔧 "轮廓"选择图形区域中绘制的"草图 1"和"草图 2"，在"厚度"选项组中，在"厚度"文本框中输入"2.00mm"，如图 11-61 所示。

4）单击 ✅ "确定"按钮，完成放样折弯特征的创建，如图 11-62 所示。

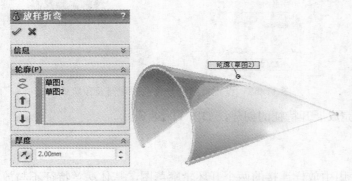

图 11-61　设置"放样折弯"属性管理器及预览效果

图 11-62　创建放样折弯特征

11.3.4　切口

切口特征通常用于生成钣金零件，但可以将切口特征添加到任何零件上。

单击"钣金"工具栏中的 🔧 "切口"按钮，或者选择"插入"|"钣金"|"切口"菜单命令，在"属性管理器】中弹出"切口"属性管理器，如图 11-63 所示。

其属性设置不再赘述。

【案例 11-12】 一个具有相邻平面且厚度一致的零件，沿着这些相邻平面形成的一条或多条线性边线切除部分材料，形成切口特征。

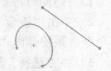	实例素材	实例素材\11\11-3-1 草图.SLDPRT
	最终效果	最终效果\11\11-3-1 切口.SLDPRT

具体操作步骤如下：

1）打开"11-3-1 草图.SLDPRT"零件图，如图 11-64 所示。

图 11-63　"切口"属性管理器　　　　　　　　图 11-64　打开草图

2）单击"钣金"工具栏中的 "切口"按钮，或执行"插入"|"钣金"| "切口"菜单命令，系统弹出"切口"属性管理器。

3）在图形区域中选择模型侧边线，定义要切口的边线 ，如图 11-65 所示。在"切口边线"选项组中，"切口缝隙"文本框中输入"1.00mm"。

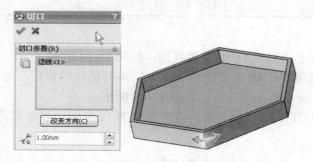

图 11-65　设置"切口"属性管理器及预览效果

4）单击 "确定"按钮，完成切口特征的创建，如图 11-66 所示。

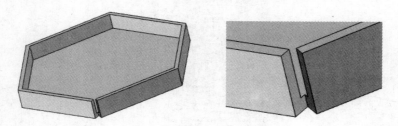

图 11-66　创建切口特征

11.4　成形工具

成形工具可以用做折弯、伸展或者成形钣金的冲模，生成一些成形特征，例如百叶窗、矛状器具、法兰和筋等。这些工具存储在"<安装目录>\data\design library\forming tools"

中。用户可以从"设计库"中插入成形工具，并将其应用到钣金零件。生成成形工具的许多步骤与生成 SolidWorks 零件的步骤相同。

11.4.1　成形工具的属性设置

用户可以生成成形工具并将它们添加到钣金零件中。生成成形工具时，可以添加定位草图以确定成形工具在钣金零件上的位置，并应用颜色以区分停止面和要移除的面。

选择"插入"|"钣金"|"成形工具"菜单命令，在"属性管理器"中弹出"成形工具"属性管理器，如图 11-67 所示。

其属性设置不再赘述。

11.4.2　使用成形工具到钣金零件的操作步骤

【案例 11-13】　把一个实体上的形状印贴在钣金件上形成特定的特征。

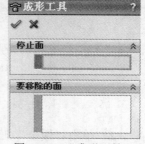

图 11-67　"成形工具"
属性管理器

⊙	实例素材	实例素材\11\11-4-1 草图.SLDPRT
	最终效果	最终效果\11\11-4-1 成形工具.SLDPRT

具体操作步骤如下：

1）打开"11-4-1 草图.SLDPRT"零件图，如图 11-68 所示。

2）单击任务窗格中的 ⚙ "设计库"按钮，弹出设计库窗口，选择"forming tools"|"embosses"|"circular emboss"文件，如图 11-69 所示。

3）选择成形工具，将其从"设计库"任务窗口中拖动到需要改变形状的面上，如图 11-70 所示。

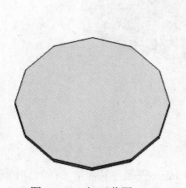

图 11-68　打开草图　　　　图 11-69　选择设计库文件　　　　图 11-70　拖放成形工具到平面

4）系统弹出"放置成形特征"对话框，进入编辑草图环境，添加几何约束，修改草图，如图 11-71 所示。

5）单击"确定"按钮，完成成形特征的创建，如图 11-72 所示。

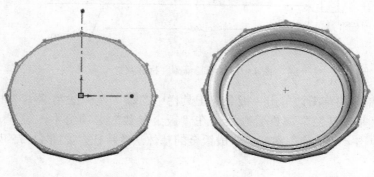

图 11-71　编辑草图　　　　　图 11-72　创建成形特征

11.5　范例

本节利用前面所讲的钣金知识制作一个钣金模型，如图 11-73 所示。

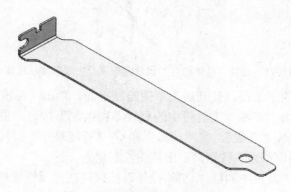

图 11-73　钣金模型

主要步骤如下：

1）生成主体部分。

2）生成其余部分。

11.5.1　生成主体部分

1）单击"特征管理器设计树"中的"上视基准面"按钮，使前视基准面成为草图绘制平面。单击"标准视图"工具栏中的 ⊥ "正视于"按钮，并单击"草图"工具栏中的 ℰ "草图绘制"按钮，进入草图绘制状态。使用"草图"工具栏中的 ＼ "直线"、⊙ "圆弧"和 ◇ "智能尺寸"工具，绘制如图 11-74 所示的草图。单击 ℰ "退出草图"按钮，退出草图绘制状态。

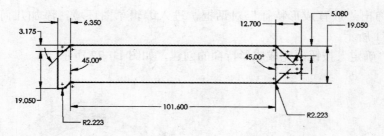

图 11-74　绘制草图并标注尺寸

2）选择绘制好的草图，单击"钣金"工具栏中的 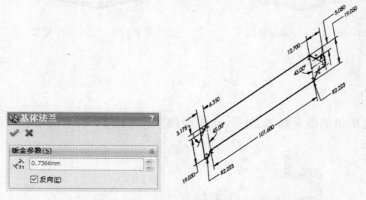 "基体法兰/薄片"按钮，"属性管理器"中弹出"基体法兰"属性管理器。在"钣金参数"选项组中，设置 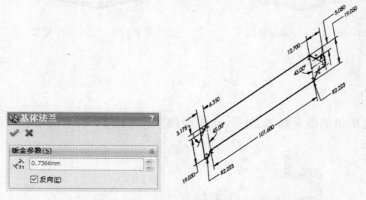 "厚度"为"0.7366mm"。单击 ✔ "确定"按钮，生成钣金的基体法兰特征，如图 11-75 所示。

图 11-75　设置"基体法兰"属性管理器及生成基体法兰特征

3）单击法兰特征的下表面，使其成为草图绘制平面。单击"标准视图"工具栏中的 ⊥ "正视于"按钮，并单击"草图"工具栏中的 ⊡ "草图绘制"按钮，进入草图绘制状态。使用"草图"工具栏中的 ＼ "直线"、⌒ "圆弧"和 ◇ "智能尺寸"工具，绘制如图 11-76 所示的草图。单击 ⊡ "退出草图"按钮，退出草图绘制状态。

4）单击"特征"工具栏中的 ⊡ "切除-拉伸"按钮，在"属性管理器"中弹出"拉伸切除 1"属性管理器。在"方向 1"选项组中，设置"终止条件"为"完全贯穿"，单击 ✔ "确定"按钮，生成拉伸切除特征，如图 11-77 所示。

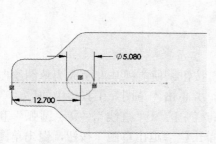

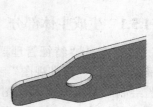

图 11-76　绘制草图并标注尺寸　　图 11-77　设置"拉伸切除 1"属性管理器及生成拉伸切除特征

5）单击"钣金"工具栏中的 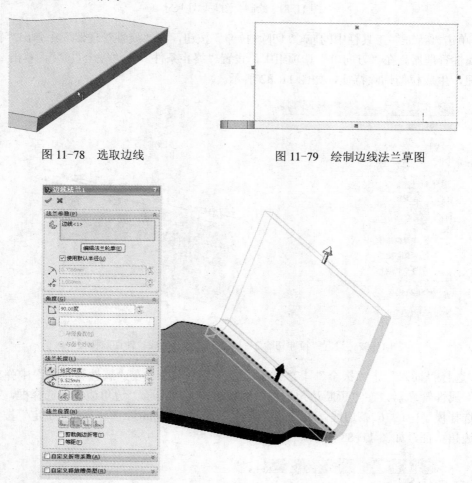 "边线法兰"按钮，"属性管理器"中弹出"边线法兰"属性管理器。在"法兰参数"选项组中，选择如图 11-78 所示的边线。单击"编辑法兰轮廓"按钮，绘制如图 11-79 所示的草图并标注尺寸。勾选"使用默认半径"选项，设置 "法兰角度"为"90 度"，在"法兰位置"选项组中，设置法兰位置为 "材料在外"，不勾选"等距"选项，等距的终止条件为"给定深度"，设置 "等距距离"为"9.525mm"。单击 "反向"按钮，使边线法兰产生在模型的外侧。单击 "确定"按钮，生成钣金边线法兰特征，如图 11-80 所示。

图 11-78　选取边线　　　　　　　图 11-79　绘制边线法兰草图

图 11-80　设置"边线法兰 1"属性管理器生成边线法兰特征

11.5.2　生成其余部分

1）单击新生成的折弯法兰特征内表面，使其成为草图绘制平面。单击"标准视图"工具栏中的 "正视于"按钮，并单击"草图"工具栏中的 "草图绘制"按钮，进入草图绘制状态。使用"草图"工具栏中的 "直线"、 "圆弧"和 "智能尺寸"工具，绘制如图 11-81 所示的草图。单击 "退出草图"按钮，退出草图绘制状态。

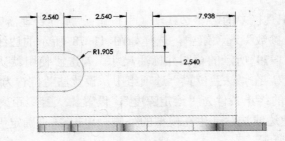

图 11-81　绘制草图并标注尺寸

2）单击"特征"工具栏中的 "切除-拉伸"按钮，在"属性管理器"中弹出"拉伸切除 2"属性管理器。在"方向 1"选项组中，设置"终止条件"为"完全贯穿"，单击 ✅ "确定"按钮，生成拉伸切除特征，如图 11-82 所示。

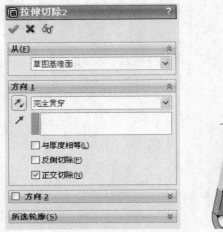
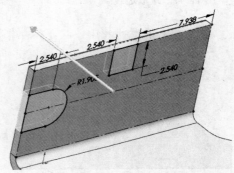

图 11-82　设置"拉伸切除 2"属性管理器及生成拉伸切除特征

3）选择"插入"｜"钣金"｜"断裂边角"菜单命令，在"属性管理器"中弹出"断裂边角"属性管理器。在"折断边角选项"选项组中，单击 🔧 "边角边线"选择框，在绘图区域中选择模型中的 6 条边线，设置 📐 "半径"为"0.635mm"，单击 ✅ "确定"按钮，生成断裂边角特征，如图 11-83 所示。

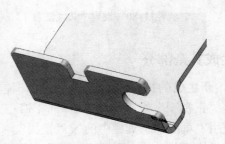

图 11-83　设置"断裂边角 1"属性管理器及生成断裂边角特征

第12章 线路设计

SolidWorks Routing 是 SolidWorks 专门用于管路和电力电缆线路设计的插件，可以使用 SolidWorks Routing 生成一特殊类型的子装配体，以在零部件之间创建管道、管筒，或其他材料的路径。

12.1 SolidWorks Routing 概述

12.1.1 SolidWorks Routing 插件设置

欲激活 SolidWorks Routing 插件，首先单击"工具"/"插件"，然后选择"SolidWorks Routing"，单击"确定"按钮，如图 12-1 所示。

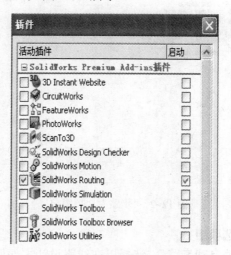

图 12-1 加载插件

12.1.2 步路系统分类

SolidWorks Routing 可以完成如下系统的设计。

1）"管道"：一般是指硬管道，在折弯处需要添加弯管，特别指需要安装才能完成的管道系统。在 SolidWorks 中，管道系统称为 Pipe。

2）"电力导管"：一般用于设计软管道系统，例如折弯管、塑性管。管筒不需要在折弯地方添加弯头。在 SolidWorks 中，管筒系统称为 Tube。

3）"电力电缆"：用于完成电子产品中三维电缆线设计和工程图中的电线清单或链接信息。

12.1.3　步路选项的属性设置

步路通过包含标准电力、管筒和管道零部件的文件夹来实现，通过设置步路选项可以选择性地设置步路时的状态，包括自动生成草图圆角、最小折弯半径检查等。

单击"工具"|"选项"，然后在"系统选项"选项卡上，单击选择"步路"，或单击"Routing"|"Routing 工具"|"Routing 选项设置"，选择"设定"选项卡。"步路"选项窗口如图 12-2 所示。

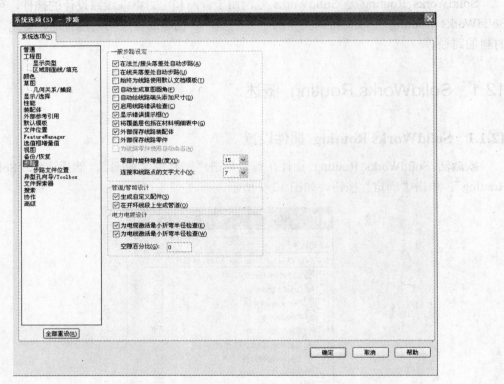

图 12-2　"步路"选项窗口

1．"一般步路设定"选项组

● "在法兰/接头落差处自动步路"：选择以在线路设计零部件（如法兰、管筒配件、或电气接头）丢放在装配体中时，自动生成子装配体并开始步路。

● "在线夹落差处自动步路"：针对灵活管筒和电气电缆。选择以在线夹放置于线路中时，从当前线路端通过丢放线夹而自动生成一样条曲线。

● "始终为线路使用默认文档模板"：当选取时，软件自动使用在步路文件位置步路模板区域中指定的默认模板。

● "自动生成草图圆角"：在绘制草图时自动在交叉点添加圆角。

● "自动给线路端头添加尺寸"：标注从接头或配件延伸出来的线路端头的长度，从而确保这些线路段在接头或配件移除时可正确更新。

● "启用线路错误检查"：进行错误检查。

● "显示错误提示框"：显示错误信息。

278

- "将覆盖层包括在材料明细表中"：为线路设计装配体在材料明细表中包括覆盖层。
- "外部保存线路装配体"：将线路装配体保存为外部文件。
- "外部保存线路零件"：将线路设计零部件保存为外部文件。
- "为线路零件使用自动命名"：当选取时，软件自动指派名称给线路零件。
- "零部件旋转增量(度数)"：在放置过程中，可以通过按住"Shift"键并按下左或右方向键来旋转弯管、T形接头和十字形接头以度数为旋转增量选择一个值。
- "连接和线路点的文字大小"：为连接点和线路点将文字比例缩放到文档注释字体的一小部分。

2．"管道/管筒设计"选项组

- "生成自定义接头"：当需要时，自动生成默认弯管接头的自定义配置。
- "在开环线段上生成管道"：为只有一端连接到接头的三维草图生成管道。

3．"电力电缆设计"选项组

- "为电缆激活最小折弯半径检查"：如果线路中圆弧或样条曲线的折弯半径小于电缆库中为电缆所指定的最小值，将报告错误。
- "为电线激活最小折弯半径检查"：如果线路中圆弧或样条曲线的折弯半径小于电缆库中为单独电线或电缆芯线所指定的最小值，将报告错误。
- "空隙百分比"：按空隙百分比自动增加所计算的电缆切割长度，从而弥补实际安装中可能产生的下垂、扭结等。

12.1.4　步路文件位置的设置

"步路文件位置"选项用于输入或浏览，以更改步路相关文件夹和文件名称。

单击"工具"|"选项"，然后在"系统选项"选项卡上，单击"步路文件位置"，或单击"Routing"|"Routing 工具"|"Routing 选项设置"，选择"文件位置"选项卡。在右侧的"步路文件位置"选项框中单击"启动 Routing Library"选项，弹出"Routing Library Manager"窗口，如图 12-3 所示。

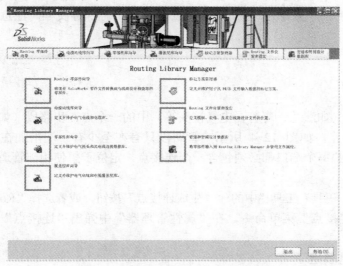

图 12-3　"Routing Library Manager"窗口

1．"普通步路"选项组
- "步路库"：用来指定储存步路零部件的文件夹。
- "步路模板"：用来指定要为新线路装配体所使用的步路模板。

2．"管道/管筒设计"选项组
- "标准管筒"：用来指定可定义标准管筒的 Excel 文件。
- "覆盖层库"：为管道/管筒的覆盖层指定.xml 文件。
- "标记方案库"：为管道/管筒的标记方案指定.xml 文件。

3．"电气电缆"选项组
- "电缆/电线库"：为电缆/电线库指定.xml 文件。
- "零部件库"：为零部件库指定.xml 文件。
- "标准电缆"：指定可定义标准电缆的 Excel 文件。
- "覆盖层库"：为电力电缆的覆盖层指定.xml 文件。

4．"设定文件"选项组
- "保存设定"：将设置保存到指定的位置内的.sqy 文件中。
- "装入设置"：从以前保存的.sqy 文件装入设置。
- "装入默认值"：装入原有系统默认值。

12.1.5 步路模板

在插入 SolidWorks Routing 后第一次创建装配体文档时，将生成一步路模板。步路模板使用与标准装配体模板相同的设置，但也包含与步路相关的特殊模型数据。自动生成的模板命名为 routeAssembly.asmdot，位于默认模板文件夹中（通常是 C:\Documents and Settings\All Users\Application Data\SolidWorks\SolidWorks \templates）。

欲生成自定义步路模板步骤如下：

1）打开自动生成的步路模板。

2）进行更改（例如设定不同的单位）。

3）单击"文件"|"另存为"菜单命令，然后以新名称保存文档。注意必须使用.asmdot作为文件扩展名。

12.2 连接点

连接点是接头（如法兰、弯管、电气接头等）中的一个点，步路段（如管道、管筒或电缆）由此开始或终止，如图 12-4 所示。管路段只有在至少有一端附加在连接点时才能生成。每个接头零件的每个端口都必须包含一个连接点，定位于想使相邻管道、管筒或电缆开始或终止的位置。

单击"Routing 工具"工具栏中的 "生成连接点"按钮，或者选择"Routing"|"Routing 工具"| "生成连接点"菜单命令，在"属性管理器"中弹出"连接点"属性管理器，如图 12-5 所示。

1．"选择"选项组
- "选择基准面或面和点"：定义线路的原点。

- ♪ "选择线路类型"：决定步路材料的类型，即管筒、装配的管道或电气。

图 12-4　连接点　　　　　　　　　　　图 12-5　"连接点"属性管理器

2. "参数"选项组

- ⊘ "标称直径"：端口的标称直径。
- "端头长度"：指定在将接头或配件插入到线路中时，从接头或配件所延伸的默认电缆端头长度。

3. 生成连接点的操作步骤

1）打开一个零件，如图 12-6 所示。

2）从菜单选择 "Routing" | "Routing 工具" | ━ "生成连接点"，或从工具栏选择 "Routing 工具" | "生成连接点"。

3）在"属性管理器"中弹出"连接点"属性管理器，▣ "选择基准面或面和点"选项框中选择圆柱的端面，♪ "选择线路类型"下拉列表中选择"电气"，"子类型"选择"缆束"，其余选项如图 12-7 所示。

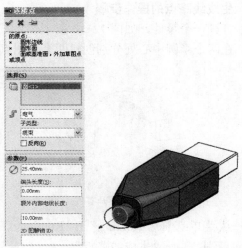

图 12-6　打开零件　　　　　　　图 12-7　设置"连接点"属性管理器及预览效果

4）单击 ✓ "确定"按钮。

12.3 步路点

线路点为配件（如法兰、弯管、电气接头等）中用于将配件定位在线路草图中的交叉点或端点的点，如图 12-8 所示。在具有多个端口的接头中（如 T 形或十字形），添加线路点之前必须在接头的轴线交叉点处生成一个草图点。

单击 "Routing 工具"工具栏中的 ➡ "生成线路点"按钮，或者选择 "Routing" | "Routing 工具" | ➡ "生成线路点"菜单命令，在"属性管理器"中弹出"步路点"属性管理器，如图 12-9 所示。

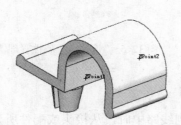

图 12-8 线路点　　　　　　　　图 12-9 "步路点"属性管理器

1. "选择"选项组

通过选取以下内容之一定义线路的原点：

- 对于硬管道和管筒配件，在图形区域中选择一草图点。
- 对于软管配件或电力电缆接头，在图形区域中选择一草图点和一平面。
- 在具有多个端口的配件中，选取轴线交叉点处的草图点。
- 在法兰中，选取与零件的圆柱面同轴心的点。

2. 生成线路点的操作步骤

1）打开一个零件，如图 12-10 所示。

2）在两个半圆中心处分别创建两个草图点，如图 12-11 所示。

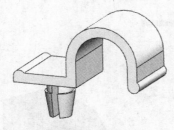

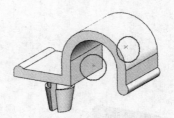

图 12-10 打开零件　　　　　　　图 12-11 创建两个草图点

3）从菜单选择 "Routing" | "Routing 工具" | ➡ "生成线路点"，或从工具栏选择 "Routing 工具" | ➡ "生成线路点"。

4）弹出"步路点"属性管理器，▱ "选择草图点"选项框中选择端面和相应的草图点，如图 12-12 所示。

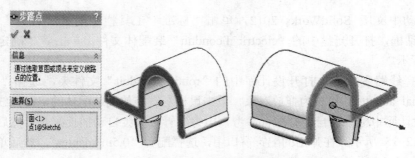

图 12-12 设置"步路点"属性管理器及预览效果

5）单击 ✔ "确定"按钮。

12.4 线路设计基本步骤

1. 生成管道或管筒线路的一般步骤

1）在主装配体中执行以下操作：在"步路选项"中确定选择了在法兰/接头处自动步路；通过从设计库、文件探索器、打开的零件窗口或资源管理器拖动对象，或者通过单击插入零部件（装配体工具栏）来将法兰或另一端配件插入到主装配体中。

2）在线路属性 PropertyManager 中设定选项。

3）使用直线绘制线路段的路径。对于灵活管筒线路，也可使用样条曲线。

4）根据需要添加接头。

5）退出草图。

2. 生成电力线路子装配体的一般步骤

1）通过以下操作生成线路子装配体：将一电接头插入到主装配体中；以"从-到"清单输入电力数据。

2）根据需要插入额外接头和步路硬件到线路子装配体中，然后将其与想连接的零部件配合。

3）在三维草图中定义接头之间的路径。

4）（可选项）指定电线属性和线路的连接要求。

5）关闭三维草图。

12.5 电力导管设计范例

本范例介绍插座的电力导管线路设计过程，模型如图 12-13 所示。

主要步骤如下：

1）创建第一条电力导管线路。

2）创建第二条电力导管线路。

3）保存装配体及线路子装配体。

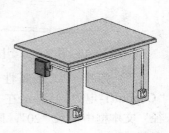

图 12-13 电力导管线路

12.5.1 创建第一条电力导管线路

1）启动中文版 SolidWorks 2012，单击"标准"工具栏中的 ☑ "打开"按钮，弹出"打开"对话框，打开光盘中的"electrical conduit"装配体文件，单击 ✔ "确定"按钮，如图 12-14 所示。

2）选择线路零部件。打开设计库中的"routing\conduit"文件夹，选择"pvc conduit-male terminal adapter"接头为拖放对象，单击鼠标左键拖放到装配体的电源接线盒接头处不放，由于设计库中标准件自带有配合参考，电力导管接头会自动捕捉配合，然后松开鼠标左键，如图 12-15 所示。在弹出的配置窗口中，选择配置"0.5inAdapter"，然后单击"确定"按钮，如图 12-16 所示。

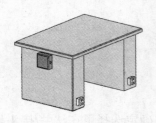
图 12-14　打开装配体

图 12-15　添加电力接头

图 12-16　选择配置

3）单击 ✖ "取消"按钮关闭弹出的"线路属性"对话框。

4）拖放和上面同样的零部件，用鼠标左键按住拖放到左侧第一个插座接头处，自动捕捉到配合后松开鼠标左键，如图 12-17 所示。在弹出的配置窗口中，选择配置"0.5inAdapter"，然后单击"确定"按钮。在弹出的"线路属性"对话框中单击 ✖ "取消"按钮关闭对话框。

5）选择"视图"|"步路点"菜单命令，显示装配体中刚刚插入的两个电力接头上所有的连接点。

6）在电源盒上的接头"conduit-male terminal adapter"上用鼠标右键单击连接点"Cpoint1-conduit"，从弹出的快捷菜单中选择"开始步路"命令，从连接点延伸出一小段端头，可以拖动端头端点延伸或缩短端头长度，如图 12-18 所示。

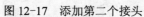
图 12-17　添加第二个接头

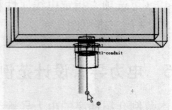
图 12-18　开始步路

7）弹出"线路属性"对话框，在"文件名称"选项卡下命名步路子装配体为"Conduit1-电力导管"；在"折弯-弯管"选项卡下选择"总是形成折弯"选项，"折弯半径"文本框中输入"20"，同时勾选"中心线"复选框，其余选项使用默认设置，如图 12-19 所示。

图 12-19 设置"线路属性"属性管理器

8）右键单击左侧插座上的接头连接点"Cpoint1-conduit"，从弹出的快捷菜单中选择"添加到线路"，从连接点延伸出一小段端头，拖动端头的端点就可以改变端头的长度，如图 12-20 所示。

9）选中上面生成的两个端头的端点，右键单击，在弹出的快捷菜单中选择"自动步路"命令，如图 12-21 所示。

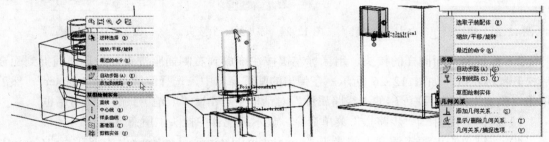

图 12-20 添加连接点到线路　　　　　　　　　图 12-21 选择步路端点

10）弹出"自动步路"属性管理器，在"步路模式"选项组下选择"自动步路"，在"自动步路"选项组下勾选"正交线路"复选框，单击"交替线路"上下箭头切换选择不同线路路径，"折弯半径"文本框中输入"20.00mm"，如图 12-22 所示。

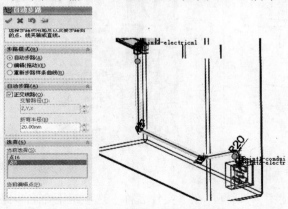

图 12-22 设置"自动步路"属性管理器及预览效果

11）单击 ✔ "确定"按钮，然后单击 ⤴ "退出路径草图"和 ⤵ "线路子装配体环境"，第一条电力导管线路生成，如图 12-23 所示。

12.5.2 创建第二条电力导管线路

1）选择线路零部件。打开设计库中的"routing\conduit"文件夹，选择"pvc conduit-male terminal adapter"接头为拖放对象，用鼠标左键按住拖放到电源接线盒右侧接头处不放，接头会自动捕捉配合，然后松开鼠标左键，如图 12-24 所示。在弹出的配置窗口中，选择配置"0.5inAdapter"，然后单击"确定"按钮，如图 12-25 所示，在弹出的"线路属性"对话框中单击 ✖ "取消"按钮关闭对话框。

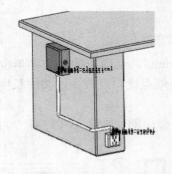 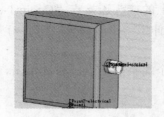 

图 12-23 生成第一条电力导管线路　　图 12-24 添加第一个接头　　图 12-25 选择配置

2）拖放和上面同样的接头，用鼠标左键按住拖放到右侧插座接头处，自动捕捉到配合后松开鼠标左键，如图 12-26 所示。在弹出的配置窗口中，选择配置"0.5inAdapter"，然后单击"确定"按钮。在弹出的"线路属性"对话框中单击 ✖ "取消"按钮关闭对话框。

3）选择"视图" | "步路点"菜单命令，显示装配体中接头上所有连接点。

4）右键单击电源接线盒上的接头"conduit-male terminal adapter"中连接点"Cpoint1-conduit"，从弹出的快捷菜单中选择"开始步路"，从连接点延伸出一小段端头，如图 12-27 所示。

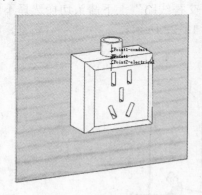 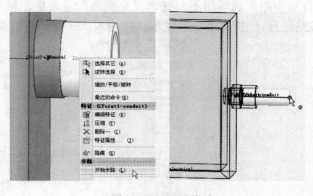

图 12-26 添加第二个接头　　　　　　图 12-27 开始步路

5）弹出"线路属性"对话框，在"文件名称"选项组下命名步路子装配体为"Conduit2-电力导管"；在"折弯-弯管"选项组下选择"总是形成折弯"选项，"折弯半径"文本框中输入"20.00mm"，同时勾选"中心线"复选框，其余选项使用默认设置，如图 12-28 所示。

6）右键单击右侧插座上接头的连接点"Cpoint1-conduit"，从弹出的快捷菜单中选择"添加到线路"命令，从连接点延伸出一小段端头，如图 12-29 所示。

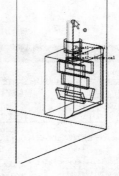

图 12-28　设置"线路属性"属性管理器　　　　图 12-29　添加连接点到线路

7）绘制三维草图。单击"草图"工具栏中的＼"直线"按钮，从电源接线盒接头的端点开始绘制草图。使用"Tab"键切换到"YZ"草图平面，绘制直线，绘制完成的直线自动添加上导管，并在直角处自动生成半径 20mm 圆角，如图 12-30 所示。

8）使用"Tab"键切换到"XZ"草图平面，绘制直线，自动添加上导管和圆角，如图 12-31 所示。

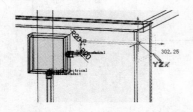

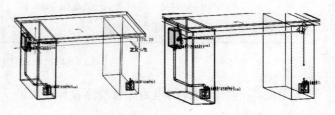

图 12-30　在"YZ"草图平面绘制直线　　　　图 12-31　在"XZ"草图平面绘制直线

9）选中上面生成的两个导管的端点，在弹出的"属性"对话框中添加合并几何关系，单击"确定"按钮，两段导管自动合并，如图 12-32 所示。

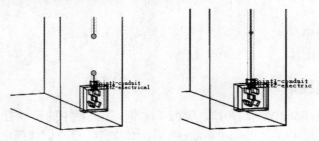

图 12-32　添加几何关系

10）然后单击 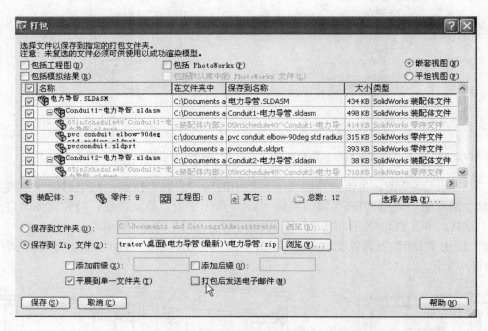"退出路径草图"和 线路子装配
体，第二条电力导管线路生成，如图 12-33 所示。

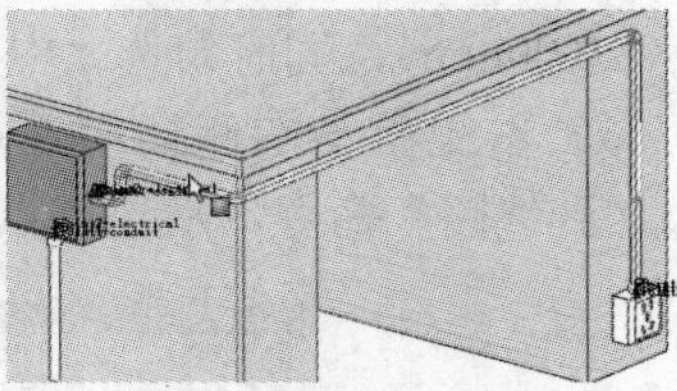

12.5.3　保存装配体及线路装配体

1）单击"文件"|"打包"菜单命令，打开"打包"
对话框，选所有相关的零件、子装配体和装配体文件，

图 12-33　完成第二条电力导管线路

选择"保存到文件夹"复选框，将以上文件保存到一个指定文件夹中，单击"保存"按
钮，如图 12-34 所示。

图 12-34　"打包"对话框

2）至此，一个装配体的电力导管线路设计完成。

12.6　管道设计范例

本范例介绍管道线路设计过程，模型如图 12-35 所示。
主要步骤如下：
1）创建管道线路。
2）保存相关装配体。

12.6.1　创建管道线路

1）启动中文版 SolidWorks 2012，单击"标准"工具栏中的 "打开"按钮，弹出"打
开"对话框，打开光盘中的"Piping Routes"装配体文件，单击 "确定"按钮，如图 12-36
所示。

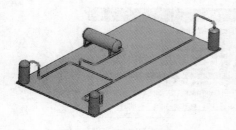

图 12-35 管道线路

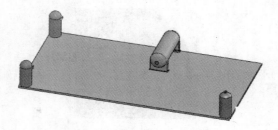

图 12-36 打开装配体

2）选择管道配件。打开设计库中的"routing\piping\flanges"文件夹，选择"slip on weld flange"法兰为拖放对象，用鼠标左键拖放到装配体中的立式油罐的出口，由于设计库中标准件自带有配合参考，配件会自动捕捉配合，然后松开左键，如图 12-37 所示。在弹出的"选择配置"对话框中，选择"Slip On Flange 150-NPS3.5"配置，然后单击"确定"按钮，如图 12-38 所示。弹出的"线路属性"对话框，单击 ✖ "取消"按钮关闭窗口。

图 12-37 添加法兰

图 12-38 "选择配置"对话框

3）拖放和上面同样的法兰，用鼠标左键按住拖放到另两个油罐出口，自动捕捉到配合后松开鼠标左键，如图 12-39 所示。在弹出的配置窗口中，选择配置"Slip On Flange 150-NPS3.5"，然后单击"确定"按钮。同样地，单击 ✖ "取消"按钮关闭弹出的"线路属性"对话框。

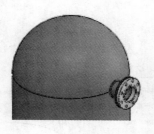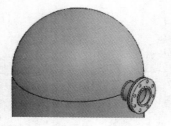

图 12-39 添加第二个和第三个法兰

4）继续从设计库中选择法兰"slip on weld flange"，并拖放到装配体中水平放置的油罐出口处，用鼠标左键按住自动捕捉到配合后松开鼠标左键，如图 12-40 所示。在弹出的配置窗口中选择"Slip On Flange 300-NPS3.5"配置，如图 12-41 所示。

5）选择"视图"|"步路点"菜单命令，显示装配体中配件上所有连接点。

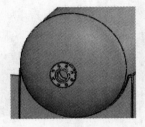

图 12-40　添加第四个法兰

图 12-41　"选择配置"对话框

6）在刚刚添加的法兰处右键单击连接点"Cpoint1"，从弹出的快捷菜单中选择"开始步路"，从连接点延伸出一小段端头，向外拖动端头上的端点以延长端头长度，如图 12-42 所示。

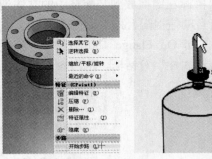

图 12-42　开始步路

7）弹出"线路属性"对话框，在"文件名称"选项组下命名步路子装配体为"Pipe1-Piping Routes"；在"折弯-弯管"选项组下选择"总是使用弯管"单选按钮，其余选项使用默认设置，如图 12-43 所示。

8）右键单击紫色油罐法兰上的连接点"Cpoint1"，从弹出的快捷菜单中选择"添加到线路"，从连接点延伸出一小段端头，向外拖动端头上的端点以延长端头长度，如图 12-44 所示。

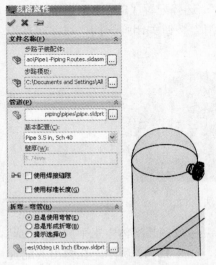

图 12-43　设置"线路属性"属性管理器
及预览效果

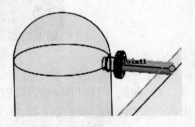

图 12-44　添加连接点到线路

9）按住"Ctrl"键单击选中刚刚生成的两个端头的端点，从弹出的快捷菜单中选择"自动步路"命令，如图 12-45 所示。

10）系统弹出"自动步路"属性管理器，在"步路模式"选项组下，选择"自动步路"单选按钮；在"自动步路"选项组下，选中"正交线路"复选框，单击"正交路径"中的滚动按钮，选择如图 12-46 所示的正交线路，单击"确定"按钮，自动步路完成。

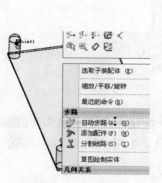

图 12-45　"自动步路"命令

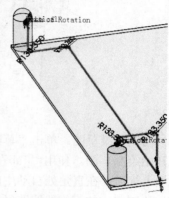

图 12-46　选择正交线路

11）右键单击刚刚生成的线路草图，在弹出的快捷菜单中选择"分割线段"命令，然后单击线路草图上一点即生成了一个分割点 JP1，将线路分割为两段，如图 12-47 所示。

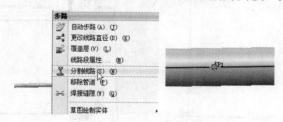

图 12-47　分割线段

12）添加 T 形接头。打开设计库中的"routing\piping\tees"文件夹，选择"straight tee inch"T 形接头为拖放对象，用鼠标左键拖放到刚刚设定的线段分割点 JP1 处，由于设计库中标准件自带有配合参考，配件会自动捕捉配合，通过按"Tab"键调整放置方向，然后松开鼠标左键。在弹出的配置窗口中，选择"Tee Inch3.5 Sch40"配置，然后单击"确定"按钮，在 T 形接头的开放端自动生成一截端头，拖动端头端点延长端头长度，如图 12-48 所示。

图 12-48　添加 T 形接头

13）右键单击绿色油罐上添加的法兰连接点"Cpoint1"，从弹出的快捷菜单中选择"添加到线路"，从连接点延伸出一小段端头，拖动端头的端点直到合适位置，如图 12-49 所示。

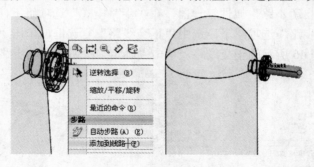

图 12-49　添加连接点到线路

14）绘制三维草图。单击"草图"工具栏中的＼"直线"按钮，从 T 形接头开放端的端头端点开始绘制草图。使用"Tab"键切换到"XY"草图平面，绘制直线，绘制完成的直线自动添加上管道并在直角处自动生成弯管，如图 12-50 所示。

15）绘制完成的三维线路路径，如图 12-51 所示。

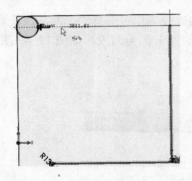

图 12-50　在"XY"平面绘制草图

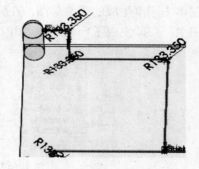

图 12-51　三维线路路径

16）在刚刚绘制的路径草图上右键单击，在弹出的快捷菜单中选择"分割线段"命令，然后单击线路草图上一点即生成了一个分割点 JP2 将线路分割为两段。

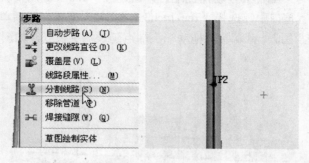

图 12-52　分割线段

17）添加 T 形接头。打开设计库中的"routing\piping\tees"文件夹，选择"straight tee inch" T 形接头为拖放对象，用鼠标左键拖放到刚刚设定的线段分割点 JP2 处，通过按

"Tab"键调整放置方向,然后松开鼠标左键。在弹出的配置窗口中,选择"Tee Inch3.5 Sch40"配置,然后单击"确定"按钮,在 T 形接头的开放端自动生成一截端头,拖动端头端点延长端头长度,如图 12-53 所示。

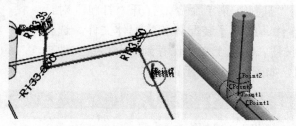

图 12-53　添加 T 形接头

18)右键单击水平油罐上添加的法兰连接点"Cpoint1",从弹出的快捷菜单中选择"添加到线路"命令,从连接点延伸出一小段端头,拖动端头的端点延长端头长度,如图 12-54 所示。

19)按住"Ctrl"键并且单击选中刚刚生成的两个端头的端点,从弹出的快捷菜单中选择"自动步路"命令,如图 12-55 所示。

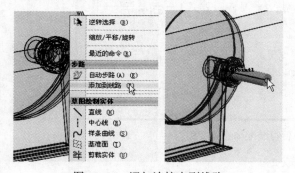

图 12-54　添加连接点到线路

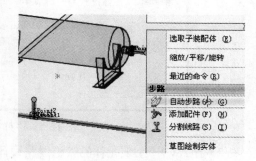

图 12-55　自动步路

20)弹出"自动步路"属性管理器,在"步路模式"选项组下,选择"自动步路"单选按钮;在"自动步路"选项组下,选中"正交线路"复选框,单击"正交路径"中的滚动按钮,选择如图 12-56 所示的正交线路,单击"确定"按钮,完成自动步路。

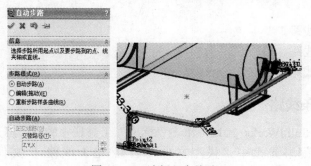

图 12-56　选择正交线路

21)单击 ⤾"退出草图"和 ⬮"退出装配体"按钮退出草图和线路子装配体,选择"视图"|"步路点"菜单命令,关闭显示装配体中配件上所有连接点,管道线路生成,

如图 12-57 所示。

12.6.2 保存相关装配体

1）单击"文件"|"打包"菜单命令，打开"打包"对话
框，勾选所有相关的零件、线路子装配体和装配体文件，选择
"保存到文件夹"单选按钮，将以上文件保存到一个指定文件夹
中，单击"保存"按钮，如图 12-58 所示。

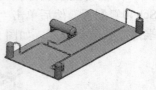

图 12-57　完成管道线路

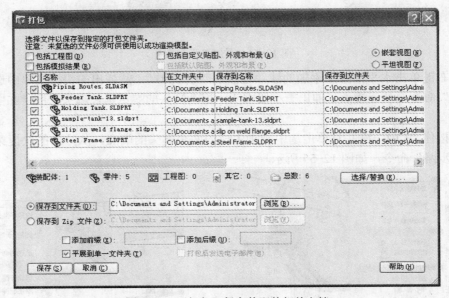

图 12-58　"打包"保存装配体相关文档

2）至此，一个装配体的管道线路设计完成。

12.7　电力线路设计范例

本范例介绍机箱中的电力线路设计过程 ，完成后的模型如图 12-59 所示。
主要步骤如下：
1）创建第一条线路。
2）创建第二条线路。
3）创建第三条线路。

12.7.1　创建第一条线路

1）启动中文版 SolidWorks 2012，单击"标准"工具栏中的 "打开"按钮，弹出"打
开"对话框，打开配书光盘中"模型文件\9\管路\电力线路\"文件夹下的"Electrical
wire .SLDASM"装配体文件，单击 "确定"按钮，如图 12-60 所示。

2）选择"Routing"|"电气"| "通过拖/放来创建"菜单命令，系统弹出"信息"
窗口和设计库。

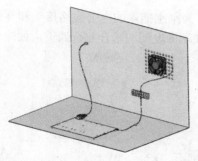

图 12-59　电力线路

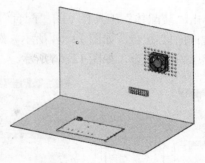

图 12-60　打开装配体

3）添加线路零部件。打开设计库中的"routing\electrical"文件夹，选择"connector (3pin)female"接头为拖放对象，用鼠标左键拖放到装配体的风扇接头处不放，此电力接头会自动捕捉配合，然后松开鼠标左键，如图 12-61 所示。

4）在弹出的"线路属性"属性管理器中，命名步路子装配体为"electrical wire1"，设置"子类型"为"缆束"，"外径"为"3mm"，其余参数采用默认设置，单击"确定"按钮，如图 12-62 所示。系统弹出"自动步路"属性管理器，单击✖"取消"按钮。

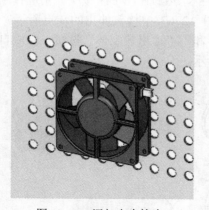

图 12-61　添加电力接头

图 12-62　设置"线路属性"属性管理器

5）添加其余线路零部件。打开设计库中的"routing\electrical"文件夹，选择"ring_ term_awg-14-16_awg-x8"接头为拖放对象，用鼠标左键按住不放拖放到装配体终端盒附近，到达如图 12-63 所示的位置处后松开鼠标左键。

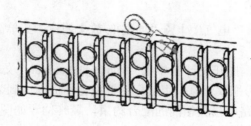

图 12-63　拖放第二个电力接头

6）单击"装配体"工具栏下的"配合"按钮，为刚刚拖入的电力线路接头和终端盒端子口之间添加同轴心配合，如图 12-64 所示。然后添加端面之间的重合配合约束，如图 12-65 所示。最后添加平行配合，如图 12-66 所示。

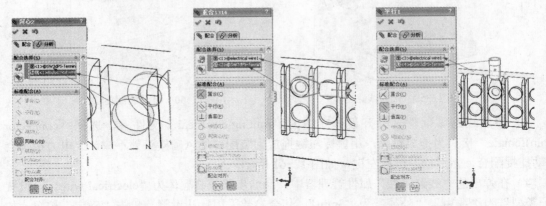

图 12-64　添加同轴心配合　　　　图 12-65　添加重合配合　　　　图 12-66　添加平行配合

7）创建自动步路。选择"Routing"｜"Routing 工具"｜ ☑ "自动步路"菜单命令，系统弹出"自动步路"属性管理器。在"步路模式"选项组中，选择"自动步路"单选按钮。在"选择"选项组中，单击"当前选择"选择框，然后在图形区域中分别选择刚刚拖放的两个电力接头上由连接点延伸出来的端头，如图 12-67 中接头伸出的端点所示。单击 ✅ "确定"按钮，然后单击右上角的 ☜ "退出草图"和 ☜ "退出装配体"按钮，完成自动步路的创建，第一条电力线路创建完成，如图 12-68 所示。

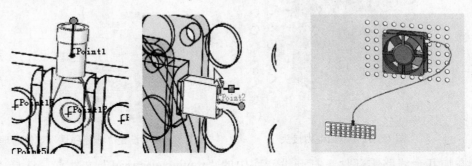

图 12-67　自动步路　　　　　　　　图 12-68　完成第一条线路

12.7.2　创建第二条线路

1）选择"Routing"｜"电气"｜ ▦ "通过拖/放来创建"菜单命令，系统弹出"信息"窗口和设计库。

2）选择线路零部件。打开设计库中的"routing\electrical"文件夹，选择"ring_term_awg-14-16_awg-x8"接头为拖放对象，用鼠标左键按住不放拖放到装配体接终端盒端子口附近，同时添加与第一条线路中接头相同的配合约束，最终位置如图 12-69 所示，从连接点"CPoint1"向外延伸出一段端头。

3）在弹出的"线路属性"属性管理器中，命名步路子装配体为"electrical wire2"，设置"子类型"为"缆束"，"外径"为"2mm"，其余参数采用默认设置，单击"确定"按钮，如图 12-70 所示。系统弹出"自动步路"属性管理器，单击✖"取消"按钮。

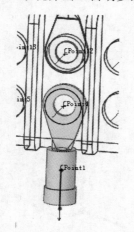

图 12-69 拖放第一个电力接头

图 12-70 设置"线路属性"属性管理器

4）使用同样的操作步骤，按住鼠标左键不放拖放同样的接头到电路板上的接线端子处，同时通过"Shift+左右键"来调整接头角度，到达如图 12-71 所示的位置处后松开左键，同样从连接点 Cpoint1 向外延伸出一截端头。

5）添加线夹。打开设计库中的"routing\electrical"文件夹，选择"richco_hurc-4-01-clip"线夹为拖放对象，用鼠标左键按住不放拖放到装配体中平板处，同时通过"Shift+左右键"来调整接头角度，到达如图 12-72 所示的位置后松开鼠标左键。线

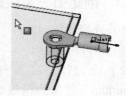

图 12-71 拖放第二个接头

夹固定之后自动在先前放入的电力接头和线夹的线路点 RPoint1 和 RPoint2 之间添加电力线路，如图 12-73 所示。

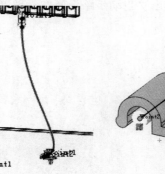

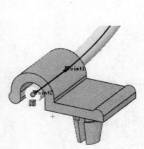

图 12-72 添加线夹

图 12-73 自动添加线路

6）创建余下线路。选择"Routing"｜"Routing 工具"｜✓"自动步路"菜单命令，系统弹出"自动步路"属性管理器。在"步路模式"选项组中，选择"自动步路"单选按钮。在"选择"选项组中，单击"当前选择"选择框，然后在图形区域中分别选择线夹的另一个

线路点 RPoint2 和第二个电力接头的端头端点, 如图 12-74 中端点所示。单击 ✔ "确定" 按钮, 然后单击右上角的 🖼 "退出草图" 按钮和 🖼 "退出装配体" 按钮, 完成自动步路的创建, 第二条电力线路创建完成, 如图 12-75 所示。

图 12-74　设置 "自动步路" 属性管理器及预览效果　　　　图 12-75　完成第二条线路

12.7.3　创建第三条线路

1) 选择 "Routing" │ "电气" │🖼 "通过拖/放来创建" 菜单命令, 系统弹出 "信息" 窗口和设计库。

2) 添加线路零部件。打开设计库中的 "routing\electrical" 文件夹, 选择 "socket-6pinmindin" 接头为拖放对象, 鼠标左键按住拖放到装配体侧壁上的孔处, 接头自动捕捉与孔之间的配合, 到达如图 12-76 所示的位置后松开鼠标左键。

3) 在弹出的 "线路属性" 属性管理器中, 命名步路子装配体为 "electrical wire3", 设置 "子类型" 为 "缆束", "外径" 为 "3mm", 其余参数采用默认设置, 单击 "确定" 按钮, 如图 12-77 所示。系统弹出 "自动步路" 属性管理器, 单击 ✖ "取消" 按钮。

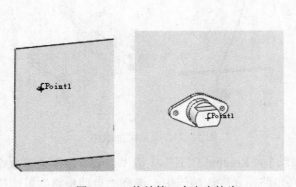

图 12-76　拖放第一个电力接头　　　　　图 12-77　设置 "线路属性" 属性管理器

4）打开设计库中"routing\electrical"文件夹，选择"db9 male"串口公头为拖放对象，用鼠标左键按住拖放到电路板上串口母头附近，到达如图 12-78 所示的位置后松开鼠标左键。

图 12-78 拖放第二个
电力接头

5）单击"装配体"工具栏下的"配合"按钮，为刚刚拖入的串口公头母头之间添加同轴心配合，如图 12-79 所示。然后添加端面之间的重合配合约束，如图 12-80 所示。最后添加平行配合，如图 12-81 所示。

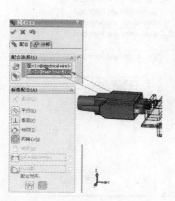

图 12-79 添加同轴心配合

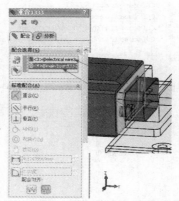

图 12-80 添加重合配合

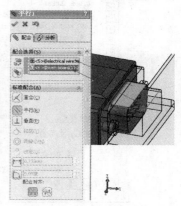

图 12-81 添加平行配合

6）创建自动步路。选择"Routing"｜"Routing 工具"｜ "自动步路"菜单命令，系统弹出"自动步路"属性管理器。在"步路模式"选项组中，选择"自动步路"单选按钮。在"选择"选项组中，单击"当前选择"选择框，然后在图形区域中分别选择刚刚拖放的两个电力接头上由连接点延伸出来的端头，如图 12-82 中的端点所示。单击 "确定"按钮，然后单击右上角的 "退出草图"按钮和 "退出装配体"按钮，完成自动步路的创建，第三条电力线路创建完成，如图 12-83 所示。

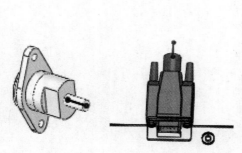

图 12-82 设置"自动步路"属性管理器及预览效果

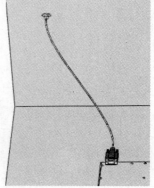

图 12-83 创建第三条线路

12.7.4 保存相关文件

1）单击"文件"｜"打包"菜单命令，打开"打包"对话框，勾选所有相关的零件、子装配体和装配体文件,选择"保存到文件夹"单选按钮,将以上文件保存到一个指定文件夹中,单击"保存"按钮,如图 12-84 所示。

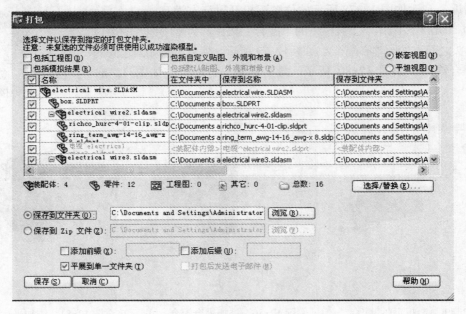

图 12-84 "打包"对话框

2)至此,一个装配体的电力线路设计完成。

第 13 章　以 PhotoView 360 进行渲染

PhotoView 360 是一个 SolidWorks 插件，可产生 SolidWorks 模型具有真实感的渲染。渲染的图像组合包括在模型中的外观、光源、布景及贴图。PhotoView 360 可用于 SolidWorks Professional 和 SolidWorks Premium。

工作流程如下：

1）在模型打开时插入 PhotoView 360。

2）在图形区域中开启预览或者打开预览窗口，查看对模型所作的更改如何影响渲染。单击工具和插件。

3）编辑外观、布景、以及贴图。

4）编辑光源。

5）编辑 PhotoView 选项。

6）当准备就绪时，进行最终渲染（选择"PhotoView"|"最终渲染"菜单命令）。

7）在渲染帧对话框中保存图像。

13.1　建立布景

布景是由环绕 SolidWorks 模型的虚拟框或者球形组成，可以调整布景壁的大小和位置。此外，可以为每个布景壁切换显示状态和反射度，并将背景添加到布景。

选择"PhotoView 360"|"编辑布景"菜单命令，弹出"编辑布景"对话框，如图 13-1 所示。

1．"基本"选项卡

（1）"背景"选项组

随布景使用背景图像，这样在模型背后可见的内容与由环境所投射的反射不同。背景类型包括以下几个选项。

- "无"：将背景设定到白色。
- "颜色"：将背景设定到单一颜色。
- "梯度"：将背景设定到由顶部渐变颜色和底部渐变颜色所定义的颜色范围。
- "图像"：将背景设定到选择的图像。
- "使用环境"：移除背景，从而使环境可见。

图 13-1 【编辑布景】属性管理器

🖋 "背景颜色"（在背景类型设定到颜色时可供使用）：将背景设定到单一颜色。

"保留背景"：在背景类型是彩色、渐变或图像时可供使用。在替换布景时保留背景。

（2）"环境"选项组

选取任何球状映射为布景环境的图像。

（3）"楼板"选项组

● "楼板反射度"：在楼板上显示模型反射。

● "楼板阴影"：在楼板上显示模型所投射的阴影。

● "将楼板与此对齐"：将楼板与基准面对齐，选取 XY、YZ、XZ 之一或选定的基准面。

● 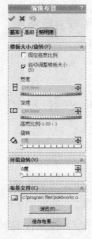 "反转楼板方向"：绕楼板移动虚拟天花板 180°。用来纠正在布景中看起来颠倒的模型。

● "楼板等距"：将模型高度设定到楼板之上或之下。

● "反转等距方向"：交换楼板和模型的位置。

2. "高级"选项卡

"高级"选项卡如图 13-2 所示。

（1）"楼板大小/旋转"选项组

● "固定高宽比例"：当更改宽度或高度时均匀缩放楼板。

● "自动调整楼板大小"：根据模型的边界框调整楼板大小。

● "宽度和深度"：调整楼板的宽度和深度。

● "高宽比例"（只读）：显示当前的高宽比例。

● "旋转"：相对环境旋转楼板。旋转环境以改变模型上的反射。当出现反射外观且背景类型是使用环境时，即表现出这种效果。

（2）"环境旋转"选项组

环境旋转相对于模型水平旋转环境。影响到光源、反射及背景的可见部分。

（3）"布景文件"选项组

● "浏览"：选取另一布景文件进行使用。

● "保存布景"：将当前布景保存到文件，会提示将保存了布景的文件夹在任务窗格中保持可见。当保存布景时，与模型关联的物理光源也被保存。

3. "照明度"选项卡

"照明度"选项卡如图 13-3 所示。

图 13-2 "高级"选项卡　　图 13-3 "背景/前景"选项卡

- "背景明暗度"：只在 PhotoView 中设定背景的明暗度，在"基本"选项卡上的"背景"是"无"或"白色"时没有效果。
- "渲染明暗度"：设定由 HDRI（高动态范围图像）环境在渲染中所促使的明暗度。
- "布景反射度"：设定由 HDRI 环境所提供的反射量。

13.2 建立光源

SolidWorks 提供 3 种光源类型，即线光源、点光源和聚光源。

1. 线光源

在"特征管理器设计树"中，展开 "DisplayManager"文件夹，单击 "查看布景、光源和相机"按钮，用鼠标右键单击"光源"按钮，在弹出的快捷菜单中选择"添加线光源"命令，如图 13-4 所示。在"属性管理器"中弹出"线光源"属性管理器（根据生成的线光源、数字顺序排序），如图 13-5 所示。

（1）"基本"选项组

- "在 SolidWorks 中打开"：打开或关闭模型中的光源。
- "在布景更改时保留光源"：在布景变化后，保留模型中的光源。
- "编辑颜色"：显示颜色调色板。
- "环境光源"：设置光源的强度。
- "明暗度"：设置光源的明暗度。
- "光泽度"：设置光泽表面在光线照射处显示强光的能力。移动滑杆或者在 0~1 之间输入数值。数值越高，强光越显著且外观更光亮。

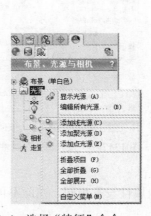
图 13-4 选择"特征"命令

图 13-5 "线光源"属性管理器

（2）"光源位置"选项组

- "锁定到模型"：选择此选项，相对于模型的光源位置被保留；取消选择此选项，光源在模型空间中保持固定。
- "经度"：设置光源的经度坐标。
- "纬度"：设置光源的纬度坐标。

2．点光源

在"特征管理器设计树"中，展开 "DisplayManager"文件夹，单击 "查看布景、光源和相机"按钮，用鼠标右键单击"光源"按钮，在弹出的快捷菜单中选择"点光源 1"命令，如图 13-6 所示，在"属性管理器"中弹出"线光源1"属性管理器。

（1）"基本"选项组

该选项组与线光源的"基本"选项组属性设置相同，在此不再赘述。

（2）"光源位置"选项组

● "球坐标"：使用球形坐标系指定光源的位置。

● "笛卡儿式"：使用笛卡儿式坐标系指定光源的位置。

● "锁定到模型"：选择此选项，相对于模型的光源位置被保留；取消选择此选项，则光源在模型空间中保持固定。

（3） "目标 X 坐标"：点光源的 X 轴坐标。

（4） "目标 Y 坐标"：点光源的 Y 轴坐标。

（5） "目标 Z 坐标"：点光源的 Z 轴坐标。

3．聚光源

在"特征管理器设计树"中，展开 "DisplayManager"文件夹，单击 "查看布景、光源和相机"按钮，用鼠标右键单击"光源"按钮，选择"点光源 1"命令，如图 13-7 所示，在"属性管理器"中弹出"线光源1"属性管理器。

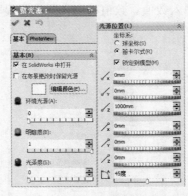

图 13-6 "点光源 1"属性管理器　　　　图 13-7 "聚光源 1"属性管理器

（1）"基本"选项组

"基本"选项组与线光源的"基本"选项组属性设置相同，在此不再赘述。

（2）"光源位置"选项组

1）"坐标系"中的选项如下。

● "球坐标"：使用球形坐标系指定光源的位置。

● "笛卡儿式"：使用笛卡儿式坐标系指定光源的位置。

● "锁定到模型"：选择此选项，相对于模型的光源位置被保留；取消选择此选项，则光源在模型空间中保持固定。

2）💉ₓ "光源 X 坐标"：聚光源在空间中的 X 轴坐标。

3）💉ᵧ "光源 Y 坐标"：聚光源在空间中的 Y 轴坐标。

4）💉z "光源 Z 坐标"：聚光源在空间中的 Z 轴坐标。

5）💉ₓ "目标 X 坐标"：聚光源在模型上所投射到的点的 X 轴坐标。

6）💉ᵧ "目标 Y 坐标"：聚光源在模型上所投射到的点的 Y 轴坐标。

7）💉z "目标 Z 坐标"：聚光源在模型上所投射到的点的 Z 轴坐标。

8）📐 "圆锥角"：指定光束传播的角度，较小的角度生成较窄的光束。

13.3 建立颜色外观

颜色外观是模型表面的材料属性，添加颜色外观是使模型表面具有某种材料的表面属性。

单击"PhotoWorks"工具栏中的 🔵 "颜色"按钮，或者选择"PhotoWorks"｜"颜色"菜单命令，在"属性管理器"中弹出"颜色"属性管理器，如图 13-8 所示。

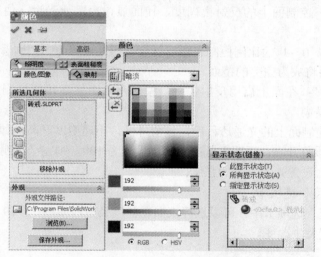

图 13-8 "颜色"属性管理器

1. "颜色/图像"选项卡

（1）"所选几何体"选项组

● "应用到零部件层"（仅用于装配体）：选择该单选按钮，则进行设置时，对于所选择的实体，更改颜色以所指定的配置应用到零部件文件。

● 🖐 "应用到零件文档层"：选择该单选按钮，则进行设置时，对于所选择的实体，更改颜色以所指定的配置应用到零件文件。

● 🔲、🔶、🔲、🔷 "过滤器"：可以帮助选择模型中的几何实体。

● "移除外观"：单击该按钮，可以从选择的对象上移除设置好的外观。

（2）"外观"选项组

● "外观文件路径"：标识外观名称和位置。

● "浏览"：单击以查找并选择外观。

● "保存外观"：单击以保存外观的自定义复件。

（3）"颜色"选项组

该选项组可以添加颜色到所选实体的所选几何体中所列出的外观。

（4）"显示状态（链接）"选项组

● "此显示状态"：所作的更改只反映在当前显示状态中。

● "所有显示状态"：所作的更改反映在所有显示状态中。

● "指定显示状态"：所作的更改只反映在所选的显示状态中。

2．"照明度"选项卡

在"照明度"选项卡中，可以选择显示其照明属性的外观类型，如图 13-9 所示。根据所选择的类型，其属性设置发生改变。

● "动态帮助"：显示每个特性的弹出工具提示。

● "漫射量"：控制面上的光线强度，值越高，面上显得越亮。

● "光泽量"：控制高亮区，使面显得更为光亮。如果使用较低的值，则会减少高亮区。

● "光泽颜色"：控制光泽零部件内反射高亮显示的颜色。

● "光泽传播"：控制面上的反射模糊度，使面显得粗糙或光滑，值越高，高亮区越大越柔和。

● "反射量"：以 0～1 的比例控制表面反射度。如果设置为 0，则看不到反射；如果设置为 1，表面将成为完美的镜面。

● "模糊反射度"：在面上启用反射模糊，模糊水平由光泽传播控制。当光泽传播为 0 时，不发生模糊。

● "透明量"：控制面上的光通透程度，该值降低，不透明度升高；如果设置为 0，则完全不透明。该值升高，透明度升高；如果设置为 100，则完全透明。

● "发光强度"：设置光源发光的强度。

3．"表面粗糙度"选项卡

在"表面粗糙度"选项卡中，可以选择表面粗糙度类型，如图 13-10 所示。根据所选择的类型，其属性设置发生改变。

图 13-9 "照明度"选项卡　　　图 13-10 "表面粗糙度"选项卡

（1）"表面粗糙度"选项组

"表面粗糙度类型"下拉列表中，有如下类型选项：颜色、从文件、涂刷、喷砂、磨光、铸造、机加工、菱形防滑板、防滑板 1、防滑板 2、节状凸纹、酒窝形、链节、锻制、粗制 1、粗制 2、无。

（2）"Photoview 表面粗糙度"选项组

● "隆起映射"：模拟不平的表面。
● "隆起强度"：设置模拟的高度。
● "位移映射"：在物体的表面加纹理。
● "位移距离"：设置纹理的距离。

13.4　建立贴图

贴图是在模型的表面附加某种平面图形，一般多用于商标和标志的制作。

选择"PhotoView360"|"编辑贴图"菜单命令，在"属性管理器"中弹出"贴图"属性管理器，如图 13-11 所示。

1．"图像"选项卡
● "贴图预览"：显示贴图预览。
● "浏览"：单击此按钮，选择浏览图形文件。

2．"映射"选项卡

"映射"选项卡如图 13-12 所示。

、 、 、 （过滤器）：可以帮助选择模型中的几何实体。

图 13-11　"贴图"属性
管理器

3．"照明度"选项卡

"照明度"选项卡如图 13-13 所示。用户可以选择贴图对照明度的反应，根据选择的选项不同，其属性设置发生改变，在此不再赘述。

图 13-12　"映射"选项卡

图 13-13　"照明度"选项卡

13.5 渲染图像

PhotoView 能以逼真的外观、布景、光源等渲染 SolidWorks 模型，并提供直观显示渲染图像的多种方法。

13.5.1 PhotoView 整合预览

用户可在 SolidWorks 图形区域内预览当前模型的渲染。要开始预览，插入 PhotoView 插件后，单击"PhotoView 360"|"整合预览"按钮，显示界面如图 13-14 所示。

图 13-14 整合预览

13.5.2 PhotoView 预览窗口

PhotoView 预览窗口是独立于 SolidWorks 主窗口外的单独窗口。要显示该窗口，插入 PhotoView 插件，单击"PhotoView 360"|"预览窗口"菜单命令，显示界面如图 13-15 所示。

图 13-15 预览窗口

13.5.3 PhotoView 选项

"PhotoView 360 选项"属性管理器可以控制图片的渲染质量，包括输出图像品质和渲染品质。在插入了 PhotoView 360 后，单击 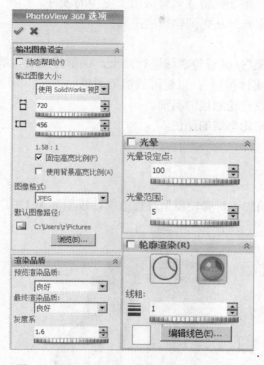 "PhotoView 选项"按钮以打开选项管理器，如图 13-16 所示。

图 13-16 "Photoview 360 选项"属性管理器

1．输出图像设定
- "动态帮助"：显示每个特性的弹出工具提示。
- "输出图像大小"：将输出图像的大小设定到标准宽度和高度，也可选取指派到当前相机的设定或设置自定义值。
- 日 "图像宽度"：以像素设定输出图像的宽度。
- 工口 "图像高度"：以像素设定输出图像的高度。
- "固定高宽比例"：保留输出图像中宽度到高度的当前比率。
- "使用相机高宽比例"：将输出图像的高宽比设定到相继视野的高宽比。在当前视图穿越相机时可供使用。
- "使用背景高宽比例"：将最终渲染的高宽比设定为背景图像的高宽比。如果此选项已清除，背景图像可能会扭曲。在当前布景使用图像作为其背景时可供使用。
- "图像格式"：为渲染的图像更改文件类型。
- "默认图像路径"：为使用 Task Scheduler 所排定的渲染设定默认路径。

2．渲染品质
- "预览渲染品质"：为预览设定品质等级，高品质图像需要更多时间才能渲染。

- "最终渲染品质"：为最终渲染设定品质等级。
- "灰度系"：设定灰度系数。

3．光晕
- "光晕设定点"：标识光晕效果应用的明暗度或发光度等级。降低百分比可将该效果应用到更多项目，增加则将该效果应用于更少的项目。
- "光晕范围"：设定光晕从光源辐射的距离。

4．轮廓渲染
- ◯ "只随轮廓渲染"：只以轮廓线进行渲染，保留背景或布景显示和景深设定。
- ● "渲染轮廓和实体模型"：以轮廓线渲染图像。
- "线粗"：以像素设定轮廓线的粗细。
- "编辑线色"：设定轮廓线的颜色。

13.6　范例

本节利用前面所讲的知识对脚轮模型进行渲染，模型如图 13-17 所示。

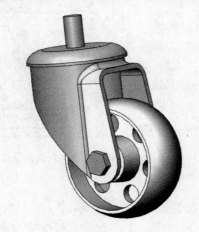

图 13-17　脚轮模型

主要步骤如下：
1）转换文件格式。
2）设置光源。
3）设置模型外观。
4）设置外部环境。
5）设置贴图。
6）完善其他设定。
7）输出图像。

13.6.1　转换文件格式

1）打开 SolidWorks 2012，选择"文件"|"打开"菜单命令，在弹出窗口中选择浏览

到模型文件脚轮.SLDPRT。单击 ⚠ "保存"按钮,将模型文件保存为最新版本,如图 13-18 所示。

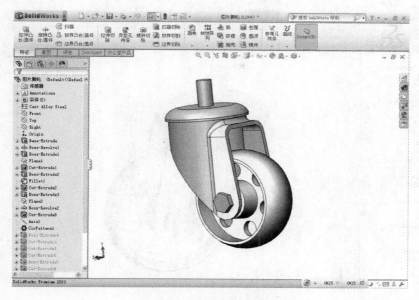

图 13-18　更新模型版本

2)由于在 SolidWorks 2012 中,PhotoView 360 是一个插件,因此在模型打开时需插入 PhotoView 360 才能进行渲染。单击"工具"|"插件"菜单命令,勾选 PhotoView 360 复选框,如图 13-19 所示。

图 13-19　启动 PhotoView 360 插件

3)在菜单栏中找到并选择 🔍 "适合视图"按钮,将模型位置调整至全屏窗口,以便全局观察模型,为后续的调整模型位置做好准备,如图 13-20 所示。

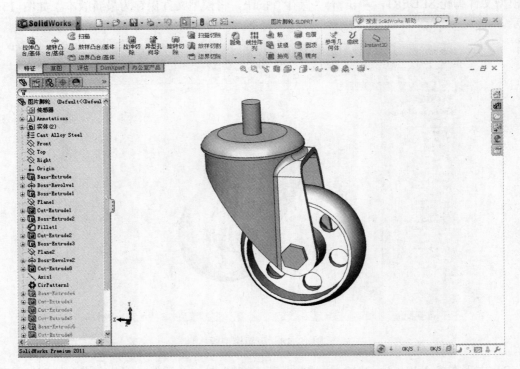

图 13-20　适合视图显示

4）在视图窗口中单击鼠标右键，选择试图定向，单击"上视"选项，切换到上视图方向，如图 13-21 所示。

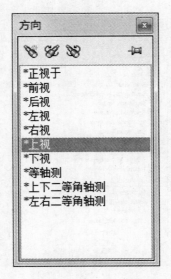

图 13-21　切换上视图

5）在视图窗口中单击鼠标右键，选择 ⟳ 旋转视图 (E) "旋转"按钮，调整模型视图位置，将其旋转到如图 13-22 所示的大致的位置。

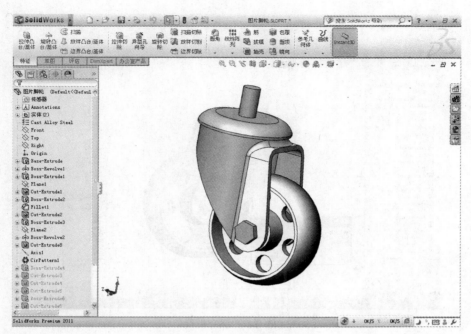

图 13-22 旋转模型

6）在视图窗口中单击鼠标右键，选取 🔍 放大或缩小 ⓒ "放大或缩小"按钮，放大图形；单选 ✛ 平移 ⑤ "平移"按钮，将模型位置调整到恰当位置，如图 13-23 所示。

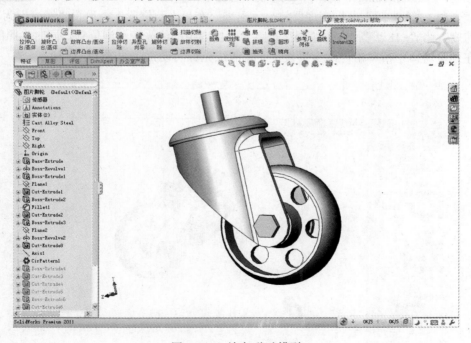

图 13-23 放大/移动模型

7）在视图窗口中单击鼠标右键，选择试图定向，选择 ✎ "新视图"按钮，将该方向视图保存，并取名为"视图 1"，单击"确定"按钮，如图 13-24 所示。

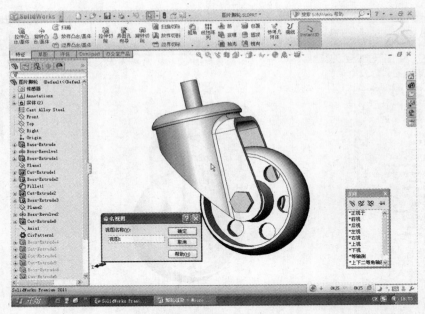

图 13-24　保存视图

13.6.2　设置光源

1）选择 FeatureManager 设计树 选项，右键单击 "光源、相机与布景" 文件夹，选择添加线光源，"线光源" 属性管理器将显示出来。在 "光源位置" 中设置 "经度" 为 "79.2度"，"纬度" 为 "-18 度"，右侧绘图区也将显示出虚拟的线光源灯泡位置，同时光照的效果也出现在预览窗口中，单击 "确定" 按钮，完成线光源的设置，如图 13-25 所示。

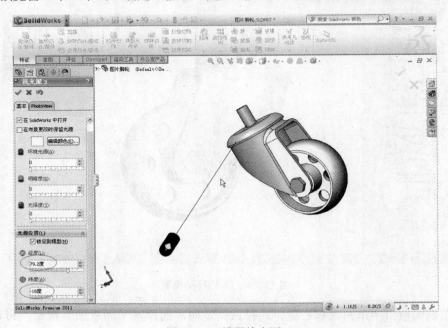

图 13-25　设置线光源

2）单击"草图"工具栏中的"视图"按钮，单击"光源与相机"，选择添加 ☀ 点光源，显示"点光源"属性管理器。在"光源位置"中设置"X"为"3.7in"，"Y"为"-3.7in"，"Z"为"1.68740157in"，右侧绘图区也将显示出一个虚拟的点光源位置，同时光照的效果也出现在预览窗口中，单击"确定"按钮，完成点光源的设置，如图 13-26 所示。

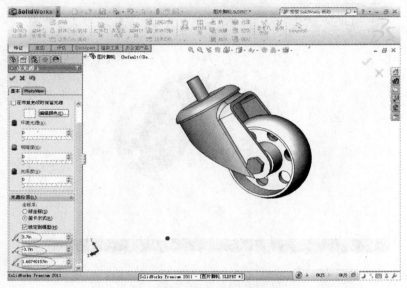

图 13-26　设置点光源

3）单击"草图"工具栏中的"视图"按钮，单击"光源与相机"，选择添加 ☀ 聚光源，显示"聚光源"属性管理器。在"光源位置"中设置"X"为"-3.6in"，"Y"为"-1.4in"，"Z"为"34.57007874in"，右侧绘图区也将显示出一个虚拟的聚光源位置，同时光照的效果也出现在预览窗口中，单击"确定"按钮，完成聚光源的设置如图 13-27 所示。

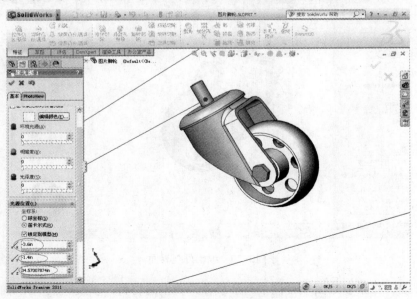

图 13-27　设置聚光源

13.6.3　设置模型外观

1) 在菜单栏中选择"Photoview 360"，单击 ![预览渲染] "预览渲染"按钮，弹出预览窗口，如图13-28所示。

图13-28　预览渲染

2) 在菜单栏中选择"Photoview 360"，单击 ![编辑外观] "编辑外观"按钮，弹出外观编辑栏及材料库，如图13-29所示。

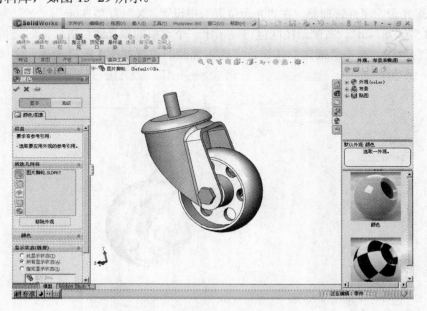

图13-29　编辑外观界面

3) 在外观、布景和贴图项目栏中列举了各种类型的材料，以及它们所附带的外观属性特性，如图13-30所示。

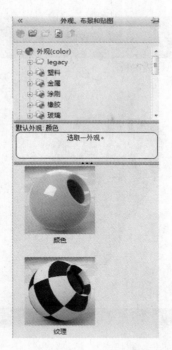

图 13-30 外观、布景和贴图项目栏

4）在外观、布景和贴图项目栏中，选取"金属"|"电镀"|"普通电镀"，在视图窗口中单击要渲染的部位，如图 13-31 所示，单击 ✓ "确定"按钮完成。其效果如图 13-32 所示。

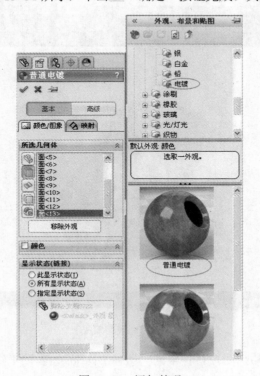

图 13-31 添加外观

图 13-32　渲染效果

　　5）用同样的方法选择材质库中的选取外观、布景和贴图项目栏中的"橡胶"|"纹理"材质，为其添加外观，如图 13-33 所示。

图 13-33　渲染效果

　　6）选取外观、布景和贴图项目栏中的"塑料"|"高光泽"|"红色高光泽塑料"材质，用同样的方法渲染外观，如图 13-34 所示。

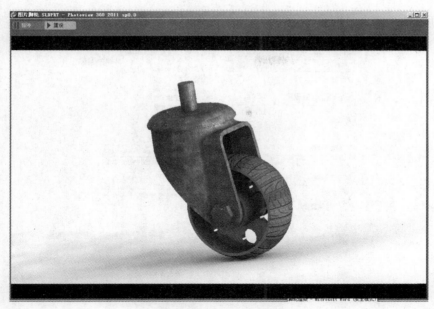

图 13-34　渲染效果

7）单击 Photoview 360 菜单栏中的"最终渲染"按钮 ，对先前得到的外观效果进行预览渲染。经过软件的渲染过程后，得到了初步的渲染效果图，如图 13-35 所示。

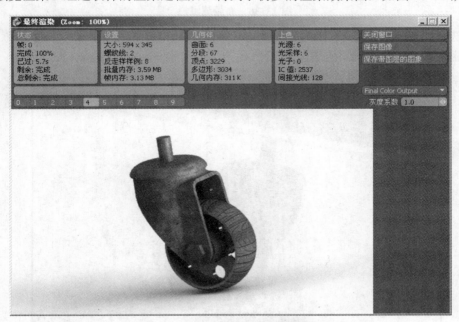

图 13-35　初步渲染效果

13.6.4　设置外部环境

1）应用环境会更改模型后面的布景。环境可影响到光源和阴影的外观。在菜单栏中选择"Photoview 360"，选择"编辑布景"按钮 ，弹出布景编辑栏及布景材料库，如图 13-36 所示。

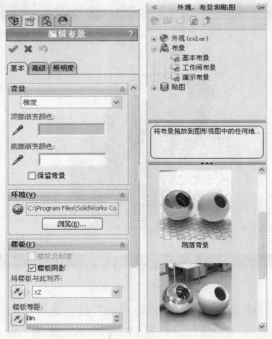

图 13-36　布景编辑栏

2）选择"院落背景"作为环境选项，双击鼠标或者利用鼠标拖动，将其放置到视图中。得到添加环境后的效果，如图 13-37 所示。

图 13-37　添加环境效果

3）单击"编辑布景"按钮 ，对环境进行设置。在"基本"选项卡中设置"背景"为"使用环境"，选择楼板背景与"XZ"轴对齐，勾选"楼板阴影"复选框，设置

"楼板等距"数值为 0,如图 13-38 所示。

4)在"高级"选项卡中选择"自动调整楼板大小"复选框,设置"环境旋转"为"108度",如图 13-39 所示。

 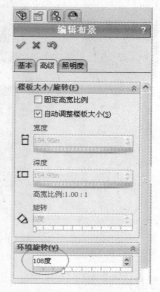

图 13-38　设置"基本"选项卡　　　　图 13-39　设置"高级"选项卡

5)返回到视图窗口中,利用"旋转"和"平移"命令对视图进行调整,得到模型在视图中适当的位置。利用缩放来调整模型的位置,使其与环境中的其他图形看起来适合的位置,如图 13-40 所示。

图 13-40　调整模型位置

6)在菜单栏中选择并单击"最终渲染"按钮,对效果再次进行渲染并查看结果。此时得到的是添加了环境之后对外观影响以后的总图。此时已经得到了较逼真的图像了,如

图 13-41 所示。

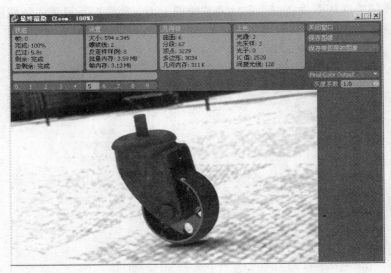

图 13-41　查看渲染结果

13.6.5　设置贴图

1）选择 Photoview 360 菜单栏中的 ![按钮] "编辑贴图"按钮，"Photoworks 项目"中将提供一些预置的贴图，如图 13-42 所示。

图 13-42　设置 Photoview 360 项目

2）选择"Solidworks"贴图，在绘图区模型中单击鼠标，则此贴图将出现在图形区域中，如图 13-43 所示，单击"确定"按钮完成贴图设置。

图 13-43　贴图预览

3）在菜单栏中选择并单击"最终渲染"按钮，对效果再次进行渲染并查看结果，如图 13-44 所示。

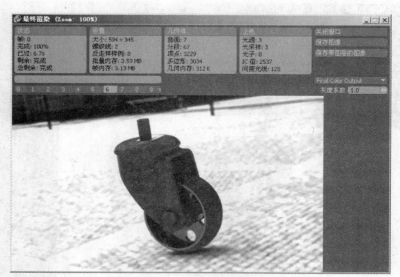

图 13-44　渲染效果

13.6.6　完善其他设置

1）单击 Photoview 360 菜单中的"选项"按钮，弹出"设定"对话框。调整渲染品质、启用光晕等项来完善渲染效果，如图 13-45 所示。

图 13-45　设置光晕参数

2）再次单击"最终渲染"按钮，对效果再次进行渲染并查看结果。此时得到的效果与先前的结果进行比较，又明显的反光效果了，如图 13-46 所示。

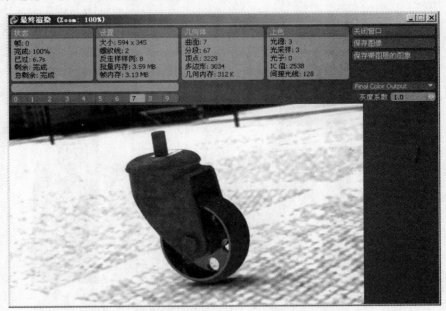

图 13-46　调整渲染明暗度后渲染

3）在进行预览渲染货最终渲染前，可启用透视图或增加相机来增加逼真感。在"视图"菜单栏中单击光源与相机，选择增加相机，弹出"设定"对话框，通过设置相机位置、相机旋转、相机视野等项目来调整视图中显现的画面，如图 13-47 所示。

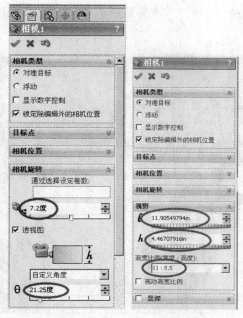

图 13-47　增加相机

　　此时，渲染效果的添加基本完成，如果还需要添加其他的设置可以进行自定义的调整。

13.6.7　输出图像

　　1）准备输出结果图像，首先需要对输出进行必要的设置。在 Photoview 360 菜单栏中单击"选项"按钮，弹出"设定"对话框，在"输出图像设定"选项卡中，设置"帧宽度"为"498"，"帧高度"为"289"，"图像格式"下拉列表中选择"JPEG"，如图 13-48 所示。

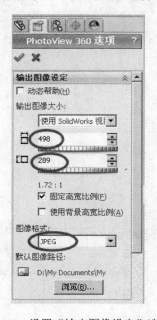

图 13-48　设置"输出图像设定"选项卡

2）在菜单栏中单击"最终渲染"，在完成所有设置后对图像进行渲染。得到最终效果图，如图 13-49 所示。

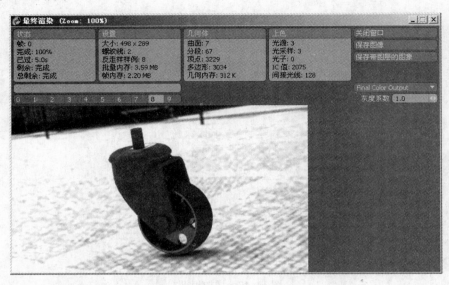

图 13-49　最终渲染

3）在最终渲染结果的窗口中单击"保存图像"按钮，为其指定保存的路径以及名称。指定"保存类型"为"JPEG（*JPG）"，输入"文件名"为"脚轮渲染效果图"，如图 13-50 所示。

图 13-50　保存图像

至此，渲染过程全部完成，得到图像结果后，可以通过图像浏览器直接查看。

第 14 章 仿 真 分 析

SolidWorks 为用户提供了多种仿真分析工具，包括 SimulationXpress（静力学分析）、FloXpress（流体分析），使用户可以在计算机中测试设计的合理性，无需进行昂贵而费时的现场测试，因此可以有助于减少成本、缩短时间。

14.1　SimulationXpress

SimulationXpress 根据有限元法，使用线性静态分析从而计算应力。SimulationXpress 对话框向导将定义材质、约束、载荷、分析模型以及查看结果。每完成一个步骤，SimulationXpress 会立即将其保存。如果关闭并重新启动 SimulationXpress，但不关闭该模型文件，则可以获取该信息，必须保存模型文件才能保存分析数据。

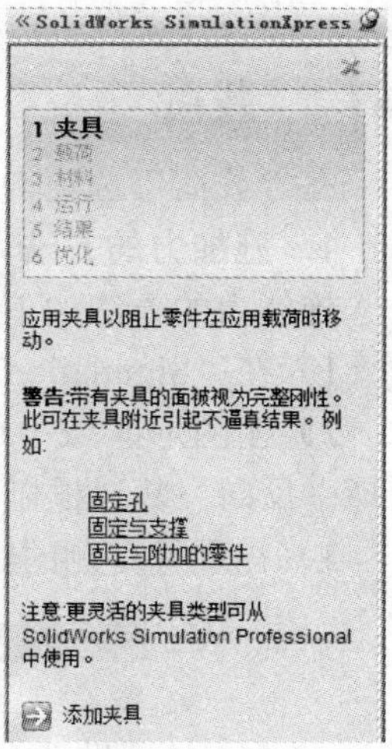

选择"工具"|"SimulationXpress"菜单命令，弹出"SimulationXpress"对话框，如图 14-1 所示。

1）"夹具"选项卡：应用约束到模型的面。

2）"载荷"选项卡：应用力和压力到模型的面。

3）"材料"选项卡：指定材质到模型。

4）"运行"选项卡：可以选择使用默认设置进行分析或者更改设置。

5）"结果"选项卡：查看分析结果。

6）"优化"选项卡：根据特定准则优化模型尺寸。

使用 SimulationXpress 完成静力学分析需要以下 5 个步骤：

1）应用约束。

2）应用载荷。

3）定义材质。

4）分析模型。

5）查看结果。

图 14-1　"Simulation Xpress"对话框

14.1.1　夹具

在"夹具"选项卡中定义约束。每个约束可以包含多个面，受约束的面在所有方向上都受到约束，必须至少约束模型的一个面，以防止由于刚性实体运动而导致分析失败。在"SimulationXpress"对话框中，单击"添加夹具"按钮。在图形区域中单击希望约束的面（如图 14-2 所示），在屏幕左侧的标签栏中出现夹具的列表，如图 14-3 所示，即可完成约束的定义。

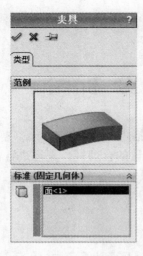

图 14-2　选择约束的面　　　　　　图 14-3　出现约束组的列表

14.1.2　载荷

在"载荷"选项卡中，可以应用力和压力载荷到模型的面。

1. 施加力的方法

施加力的方法如下：

1）在"SimulationXpress"对话框中，单击"添加力"按钮。

2）在图形区域中单击需要应用载荷的面，选择力的单位，输入力的数值，如果需要，选择"反向"复选框以反转力的方向，如图 14-4 所示。

3）在屏幕左侧的标签栏中出现外部载荷的列表，如图 14-5 所示。

图 14-4　设置"力"属性管理器　　　　图 14-5　出现载荷组的列表

2. 施加压力的方法

用户可以应用多个压力到单个或者多个面。SimulationXpress 垂直于每个面应用压力载荷。具体操作方法如下：

1）在"SimulationXpress"对话框中，单击"添加压力"按钮。

2）在图形区域中单击需要应用载荷的面，选择力的单位，输入压力的数值，如果需要，选择"反向"复选框以反转力的方向，如图 14-6 所示。

3）在屏幕左侧的标签栏中出现外部载荷的列表，如图 14-7 所示。

图 14-6　设置"压力"属性管理器　　　　　图 14-7　出现载荷组的列表

14.1.3　材质

SimulationXpress 通过材质库给模型指定材质。如果指定给模型的材质不在材质库中，退出 SimulationXpress，将所需材质添加到库，然后重新打开 SimulationXpress。

材质可以是各向同性、正交各向异性或者各向异性，SimulationXpress 只支持各向同性材质。设定"材质"对话框如图 14-8 所示。

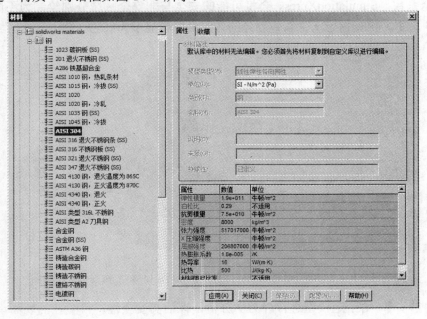

图 14-8　"材料"对话框

14.1.4 分析

在"SimulationXpress"对话框中选择"Run"（分析）选项卡，可以选择"更改网格密度"。如果希望获取更精确的结果，可以向右（良好）拖动滑杆；如果希望进行快速估测，可以向左（粗糙）拖动滑杆，如图 14-9 所示。

单击"运行模拟"按钮，进行分析运算，如图 14-10 所示。分析进行时，将动态显示分析进度，如图 14-11 所示。

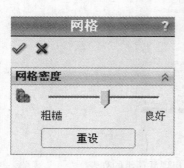
图 14-9　更改网格密度

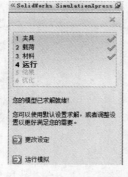
图 14-10　单击"运行模拟"按钮

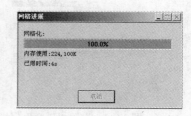
图 14-11　显示分析进度

14.1.5 结果

在"结果"对话框上显示出计算的结果，并且可以查看当前的材质、约束和载荷等内容，"结果"对话框如图 14-12 所示。

"结果"对话框可以显示模型所有位置的应力、位移、变形和最小安全系数。对于给定的最小安全系数，SimulationXpress 会将可能的安全与非安全区域分别绘制为不同的颜色，如图 14-13 所示。根据指定安全系数划分的非安全区域显示为红色（图中浅色区域）。

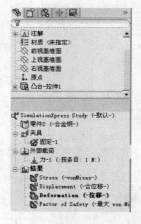
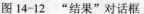
图 14-12　"结果"对话框

图 14-13　按安全区域绘图

【案例 14-1】　对给定模型进行静力学分析，评估其安全性，模型孔的表面承受 5000N 的力。

实例素材	实例素材\14\14.1.SLDPRT
最终效果	

1. 设置单位

具体操作步骤如下:

1）打开"14.1.SLDPRT"模型图,如图 14-14 所示。注意:包含模型的目录名称必须为英文或数字。

2）选择"工具"|"SimulationXpress"菜单命令,弹出"SimulationXpress"对话框,如图 14-15 所示。

3）在"欢迎"对话框中,单击"选项"按钮,弹出"SimulationXpress 选项"对话框,设置"单位系统"为"公制",并指定文件保存的"结果位置",如图 14-16 所示,最后单击"确定"按钮。

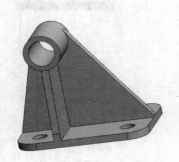

图 14-14 打开模型   图 14-15 "SimulationXpress"对话框   图 14-16 设置单位系统

2. 应用约束

具体操作步骤如下:

1）选择"夹具"（约束）选项卡,出现应用约束界面,如图 14-17 所示。

2）单击"添加夹具"按钮,出现定义约束组的界面,在图形区域中单击模型的 4 个内圆柱面,则约束固定符号显示在该面上,如图 14-18 所示。

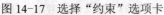
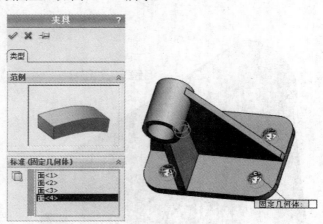

图 14-17 选择"约束"选项卡   图 14-18 固定约束

3）单击 ✔ "确定" 按钮，可以通过 "添加夹具" 按钮定义多个约束条件，如图 14-19 所示。单击 "下一步" 按钮，进入下一步骤。

3．应用载荷

具体操作步骤如下：

1）选择 "载荷" 选项卡，出现应用载荷界面，如图 14-20 所示。

2）单击 "添加力" 按钮，弹出 "力" 属性管理器，如图 14-21 所示。

图 14-19　定义约束组

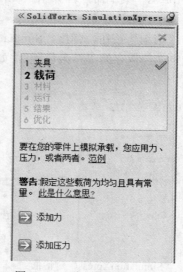

图 14-20　选择 "载荷" 选项卡

图 14-21　"力" 属性管理器

3）在图形区域中单击模型的两个圆柱面，如图 14-22 所示，单击 "选定的方向" 单选按钮，并选择上视基准面，输入 5000，单击 ✔ "确定" 按钮，完成载荷的设置，如图 14-23 所示，最后单击 "下一步" 按钮。

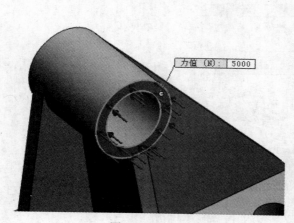

图 14-22　支撑面

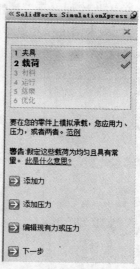

图 14-23　定义载荷组

4．定义材质

在"材料"对话框中，可以选择 SolidWorks 预置的材质。这里选择"合金钢"选项，单击"应用"按钮，合金钢材质被应用到模型上，如图 14-24 所示。单击"关闭"按钮，完成材质的设定，如图 14-25 所示，最后单击"下一步"按钮。

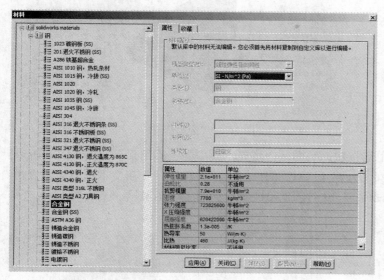

图 14-24　定义材质

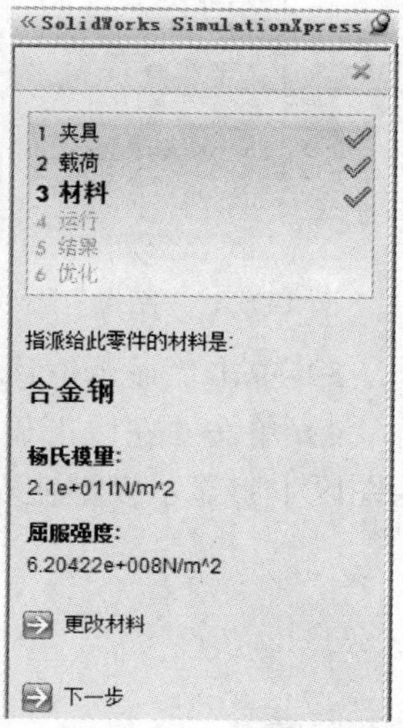

图 14-25　定义材质完成

5．运行分析

选择"运行"选项卡，再单击"运行模拟"按钮，如图 14-26 所示，屏幕上显示出运行状态以及分析信息，如图 14-27 所示。

图 14-26　"分析"选项卡

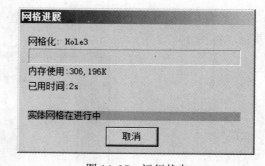

图 14-27　运行状态

6．观察结果

具体操作步骤如下：

1）运行分析完成，变形的动画将自动显示出来，如图 14-28 所示，单击"停止动画"按钮。

2）在"结果"选项卡中，单击"是，继续"单选按钮，进入下一个页面，单击"显示 von Mises 应力"单选按钮，绘图区中将显示模型的应力结果，如图 14-29 所示。

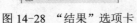

图 14-28 "结果"选项卡

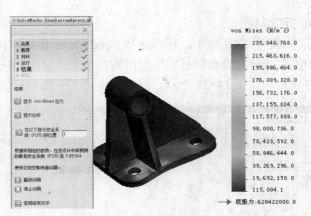

图 14-29 应力结果

3）单击"显示位移"单选按钮，绘图区中将显示模型的位移结果，如图 14-30 所示。

4）单击"在以下显示安全系数（FOS）的位置"单选按钮，并在文本框中输入"10"，绘图区中将显示模型在安全系数是 10 时的危险区域，如图 14-31 所示。

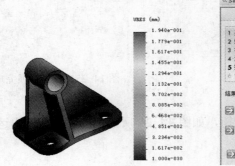

图 14-30 位移结果

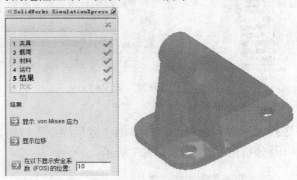

图 14-31 显示危险区域

5）在"结果"选项卡中，单击"生成 HTML 报表"单选按钮，如图 14-32 所示，进入下一个页面，如图 14-33 所示。

图 14-32 单击"生成
HTML 报表"按钮

图 14-33 生成报表

6）关闭报表文件，进入下一个页面，在"您想优化您的模型吗？"提问下，选择"否"，如图 14-34 所示。

7）完成应力分析，如图 14-35 所示。

图 14-34　优化询问界面

图 14-35　应力分析完成界面

14.2　FloXpress

SolidWorks FloXpress 是一个流体力学应用程序，可计算流体是如何穿过零件或装配体模型的。根据算出的速度场，可以找到设计中有问题的区域，以及在制造任何零件之前对零件进行改进。

使用 FloXpress 完成分析需要以下 5 个步骤：

1）检查几何体。

2）选择流体。

3）设定边界条件。

4）求解模型。

5）查看结果。

14.2.1　检查几何体

SolidWorks FloXpress 可计算模型单一内部型腔中的流体流量。要进行 SolidWorks FloXpress 分析，软件会检查几何体，必须在模型内有完全封闭的单型腔。如果型腔内的流体体积为 0，则该型腔不是完全封闭的，并且会出现一则警告，其注意事项有以下几项。

- 必须使用盖子闭合所有型腔开口。
- 要在装配体中生成盖子，请生成新零件以完全盖住入口和出口。
- 要在零件中生成盖子，请生成实体特征以完全盖住开口。
- 盖子必须由实体特征（如拉伸）组成，曲面对于作为盖子而言无效。

"检查几何体"属性管理器如图 14-36 所示。

其中，"流体体积"选项组中的参数介绍如下。

- "查看流体体积"：将模型转为线架图视图，然后放大以显示流体体积。
- "最小的流道"：定义用于最小的流道的几何体。

14.2.2　选择流体

用户可以选择水或空气作为计算的流体，但不可以同时使用不同的流体。选择流体的属性如图 14-37 所示。

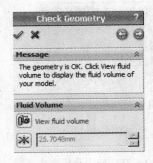

图 14-36　"检查几何体"属性管理器

图 14-37　选择流体

14.2.3　设定边界条件

设定边界条件包括设定入口条件和设定出口条件。

1. 设定入口条件

用户必须指定应用入口边界条件和参数的面。设定入口条件的属性管理器如图 14-38 所示。

- 🔲 "压力"：使用压力作为流量公制单位。SolidWorks FloXpress 将此值假设为入口流量的总压力和出口流量的静态压力。
- 🔲 "容积流量比"：将流量容积作为流量公制单位。
- 🔲 "质量流量比"：将流量质量作为流量公制单位。
- 🔲 "要应用入口边界条件的面"：设定用于入口边界的面。
- **T** "温度"：设定流进流体的温度。

2. 设定出口条件

用户必须选择应用出口边界条件和参数的面。设定出口条件的属性如图 14-39 所示。

"出口"选项组中的属性与"入口"选项组的设置属性基本相同，在此不再赘述。

图 14-38　流量入口

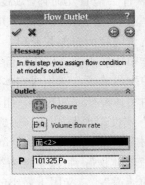

图 14-39　流量出口

14.2.4 求解模型

运行分析以计算流体参数，其属性管理器如图 14-40 所示。

14.2.5 查看结果

SolidWorks FloXpress 完成分析后，可以检查分析结果，其结果属性管理器如图 14-41 所示。

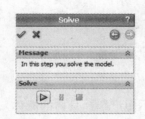

图 14-40 "解出"属性管理器　　　　图 14-41 查看结果

（1）"速度图表"选项组

　"轨迹"：显示轨迹的动态速度图解，图形区域会分色显示速度范围（米/秒，m/s），轨迹根据每点的速度值以不同颜色显示。

（2）"图解设定"选项组

● "入口"和"出口"：以入口或出口透视图视角展示流体在零件内的移动情况。

● "轨迹数"：轨迹的个数。

● "管道"：以管道代表轨迹。

● "滚珠"：以滚珠代表轨迹。

（3）"报表"选项组

● "捕捉图像"：将流动轨迹快照保存为 JPEG 图像，图像会自动保存在名为 fxp1 的文件夹中，该文件夹与模型位于同一文件夹内。

● 生产报告：生成 Microsoft Word 报告，其中包含所有项目信息、最高流速和任何快照图像。

【案例 14-2】针对给定的模型，分析其内部的流体状态。

	实例素材	实例素材\14\14.2.SLDPRT
	最终效果	无

1. 检查几何体

具体操作步骤如下：

1）启动中文版 SolidWorks 2012，单击"标准"工具栏中的 🗁 "打开"按钮，打开"打开"对话框，选择配书光盘中的"14.2.SLDPRT"，单击"打开"按钮，打开零件如图 14-42 所示。

2）选择"工具"|"FloXpress"菜单命令，弹出"检查几何体"对话框，如图 14-43 所示。

3）在"流体体积"选项组中，单击"查看流体体积"按钮，绘图区将高亮度显示出流体的分布，并显示出最小的流道的尺寸，如图 14-44 所示。

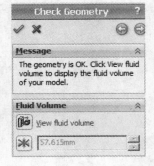
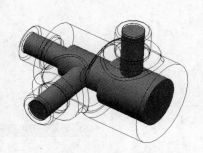

图 14-42　阀门模型　　　　图 14-43　"检查几何体"对话框　　　图 14-44　显示流体体积

2. 选择流体

单击 ⊙ "下一步"按钮，如图 14-45 所示，提示用户选择具体的流体，在本例中选择"水"。

3. 设定流量入口条件

具体操作步骤如下：

1）单击 ⊙ "下一步"按钮，弹出"流量入口"属性管理器，如图 14-46 所示。

图 14-45　选择流体类型　　　　图 14-46　"流量入口"属性管理器

2）在"入口"选项组中，选择"压力"按钮，在 ☐ "要应用入口边界条件的面"选框中选择绘图区中和流体相接触的端盖的内侧面，在 **P** "环境压力"中设置为"201325Pa"，如图 14-47 所示。

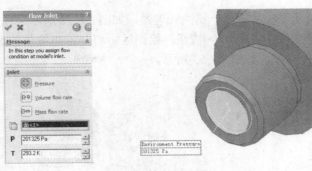

图 14-47　设置流量入口条件

4．设定流量出口条件

具体操作步骤如下：

1）单击 ⊙ "下一步"按钮，如图 14-48 所示，弹出"流量出口"属性管理器。

2）在"出口"选项组中，选择"压力"按钮，在 ⬡ "要应用出口边界条件的面"中选择绘图区中和流体相接触的端盖的内侧面，在 **P** "环境压力"中保持默认设置，如图 14-49 所示。

 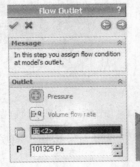 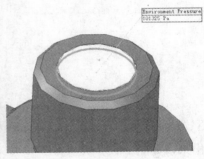

图 14-48　"流量出口"属性管理器　　　　　图 14-49　设置流量出口条件

5．求解模型

具体操作步骤如下：

1）单击 ⊙ "下一步"按钮，如图 14-50 所示，弹出"解出"属性管理器。

2）在"解出"属性管理器中，单击 ▷ 按钮，开始流体分析，屏幕上显示出运行状态及分析信息，如图 14-51 所示。

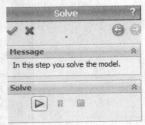 

图 14-50　"解出"属性管理器　　　　　图 14-51　求解进度

6．查看结果

具体操作步骤如下：

1）运行分析完成，显示"观阅结果"属性管理器，如图 14-52 所示。

2）在"速度图表"选项组中，单击 ▷ 按钮，绘图区中将显示出流体的速度分布。为了显示清晰，可以将阀体零件隐藏，如图 14-53 所示。

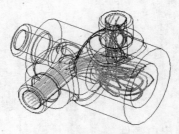

图 14-52　"观阅结果"属性管理器　　　　　图 14-53　显示轨迹

3）在"图解设定"选项组中，单击"滚珠"按钮，绘图区中的流体将以滚珠形式显示出来，如图 14-54 所示。

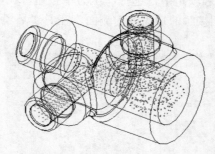

图 14-54　以滚珠形式显示轨迹图

4）在"报表"选项组中，单击"生成报表"按钮，有关流体分析的结果将以 Word 形式显示出来，如图 14-55 所示。

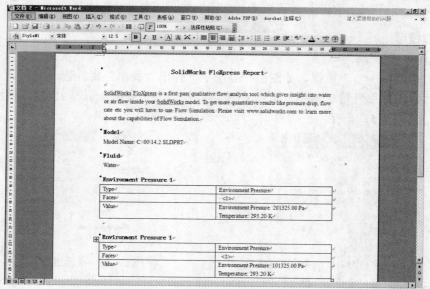

图 14-55　生成报表